옷 수선 디자이너의 특별 노하우!!

패턴을
그리지 않고
옷 만들기

김남선 · 김수겸 공저

fashion

예신 Books

머리말

빠른 인터넷 정보로 전 세계가 같이 움직이는 시대에서 개성 넘치는 나만의 맞춤형 옷을 내손으로 직접 만들어 입는다면 그 또한 보람되고 알찬 일 중 하나일 것이다.

옷을 만들기 위해서는 패턴이 필요하며 패턴에 따라 재단하고 만드는 것이 원칙이지만, 초보자나 패턴을 배우지 못했지만 봉제를 할 수 있는 분들은 간단한 옷이라도 패턴을 그리기 위하여 많은 시간을 소모해야 한다. 또한 만들어도 흐름이 아름답지 않은 것을 볼 수 있다. 하지만, 이 책은 패턴이 필요한 정교하고 난이도가 있는 책이 아니다. 현재 있는 옷으로 본을 떠서 똑같이 만들거나 조금만 변경한다면 재봉기를 다룰 수 있는 사람이라면 누구나 만들어 입을 수 있도록 상세한 사진을 곁들여 설명하였다. 특히 어린 자녀들의 옷은 더욱더 간단하고 쉽게 만들어 입힐 수 있으므로 편안하고 원하는 스타일의 옷을 직접 만들 수 있도록 하였다.

쉽게 이해할 수 있는 용어 사용과 같은 부위라도 다른 방법으로 재단하고 박음질하는 방법을 사용하여 다양한 봉제 방법을 선택할 수 있도록 하였으며, 장기적으로 폭넓게 활용하여 만들어 입을 수 있는 다양한 기법을 수록하였다. 디자인에 따라 원단을 선택하여 똑같은 듯하지만 뭔지 모르게 달라 보이고, 달라 보이지만 그리 튀지 않는 나만의 개성을 찾는 분들에게 조금이나마 도움이 되었으면 한다.

끝으로 책이 완성될 수 있도록 도와준 오랜 제자 이청하에게 감사의 마음을 전하고, 아울러 귀한 책을 펴낼 수 있도록 기회를 열어 주고 도와준 도서출판 **예신** 임직원 여러분께 감사드린다.

저자 씀

차례

Chapter

1

실무 기초 이론

- 본뜨기 할 때 알아야 할 상식
- 재봉틀 구조 및 사용 요령
- 여러 종류 재봉기 사용법
- 도구 및 부자재

본뜨기 할 때 알아야 할 상식

1. 바닥에 신문지 3장 이상이나 얇은 스펀지를 깔고 송곳이나 핀침을 사용할 때 흔적이 선명하게 날 수 있도록 한다.

2. 원단에 따라서 사용하는 송곳(핀침)이 달라야 한다. 청바지나 면바지 또는 두꺼운 원단은 일반 송곳을 사용해도 무방하지만 얇은 원단은 굵은 핀침을 사용한다.

3. 본뜨기 할 옷은 가능한 바르게 다림질하여 반을 접어 좌우가 틀려지는지 확인하고 바로 잡는다.

4. 오래된 옷, 특히 티셔츠 같은 것은 좌우가 틀리거나 늘어진 것이 많으니 그냥 사용하지 말고 깔끔하게 다림질하여 좌우 접어서 바른 형태를 확인하고 좌우를 맞추어 놓아야 한다.

5. 선을 이을 때는 점선만 믿지 말고 흐름을 잘 살펴보고 되도록 암홀자, 곡선자, 직선자를 이용하여 좌우를 확인한다. 예를 들면 양쪽 암홀의 길이와 어깨의 길이와 좌우의 길이가 맞는지 숫자로 확인하는 것이 좋다.

6. 몸통 부분을 자를 때는 반을 접어 골선으로 잘라 좌우가 달라지지 않도록 한다. 때로는 반으로 접었을 때 몸통의 좌우가 맞지 않을 때가 있다. 이때는 목 라인과 어깨 부분을 서로 맞춰 그린다.

7. 본뜨기가 완성되면 완성된 패턴으로 연결 부위를 서로 맞추어보는 것이 중요하다. 연결 부위를 맞춰보고 맞지 않으면 줄이든지 늘리든지 다시 뜨든지 하고 곡선 부분은 각이 생기지 않은 자연스러운 쪽으로 맞추면 좋다.

8. 목 라인이나 암홀 또는 바지의 밑위길이 등은 곡선의 흐름이 자연스러운 타원형을 유지해야 하며 주머니 위치나 다른 부착물의 위치를 미리 표기해 두어야 한다.

9. 본뜨기의 여유분은 품 수정이 가능하도록 옆 부분은 1~2 cm, 길이 부분은 4 cm, 나머지는 1 cm로 하면 좋으며 봉제할 때 간격을 정하여 자석을 이용하면 그리지 않아도 폭이 같아 박음질하기 편하다.

10. 재단을 할 때는 중간중간 좌우 맞춤선을 그려주어 박음질하기 편하도록 한다.

재봉틀 구조 및 사용 요령

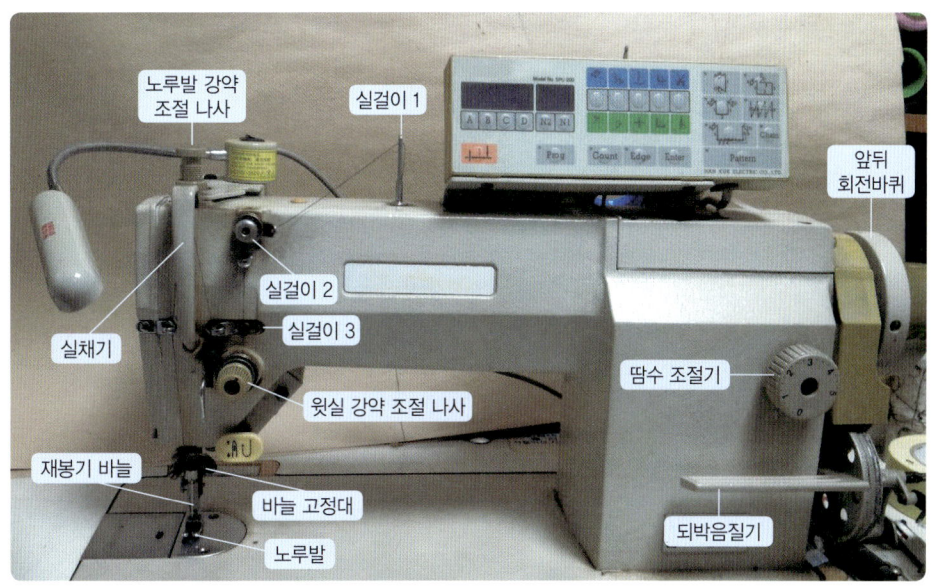

- **실걸이 1, 2, 3**

  실이 엉키거나 움직이는 것을 막고 자연스러운 길을 안내한다. 실을 걸 때는 물이 흐르듯 자연스럽게 실이 흐르도록 해야 한다.

- **노루발 강약 조절 나사**

  박음질할 때 원단이 흔들리지 않도록 눌러 주는 역할을 한다.

- **실채기**

  한 땀 분량만큼 윗실을 당겨 주는 역할을 한다.

- **윗실 강약 조절 나사**

  윗실과 밑실을 조정하여 바늘땀이 바르게 나오도록 한다. 오른쪽으로 돌리면 실의 장력이 강해지고 왼쪽으로 돌리면 약해진다.

- **바늘 고정대**

  바늘이 바르게 꽂힐 수 있도록 돕는다.

- **재봉기 바늘**

  호수가 높을수록 바늘의 굵기가 두껍다. 14호가 기본이며 얇은 원단은 11호, 실크 종류는 9호, 정바지 종류는 16호를 사용한다. 바늘 고정대에 바늘을 꽂을 때 바늘에 홈이 길게 피인 곳이 왼쪽으로 향하게 하고 정면에서 볼 때 바늘구멍이 보이지 않아야 한다.

• 노루발

 옷감을 눌러 고정해 주는 역할을 하며, 노루발 아래 있는 톱니바퀴가 돌아 가며 원단을 밀어낸다. 봉제하는 방법에 따라 다양한 종류의 노루발을 사용한다.

노루발 종류
──
① 외발(파이핑) 노루발 : 한쪽 발이 없는 노루발로 끝부분 바느질을 할 때 사용하다.

② 콘솔 지퍼 노루발 : 원피스나 치마에 콘솔 지퍼를 부착할 때 사용한다.

③ 스티치 노루발 : 사이즈별로 다양하다. 겉에서 스티치 모양을 박음질할 때 사용한다.

④ 셔링 노루발 : 주름 노루발이라고도 한다. 노루발을 교체하면 스스로 주름을 잡아 준다.

⑤ 말아박기(미쓰마키) 노루발 : 얇은 원단의 끝단을 깔끔하게 말아서 처리해 준다.

⑥ 테플론(가죽) 노루발 : 노루발 바닥이 플라스틱으로 되어 있어 잘 미끄러지도록 처리된 것과 롤러 노루발이라고 해서 플라스틱판에 둥글게 돌아가는 바퀴가 달린 것도 있다. *뿔 노루발이라고도 한다.

⑦ 1/2(좁은 지퍼) 노루발 : 점퍼 지퍼를 박음질할 때 많이 사용한다.

• 땀수 조절기

 바늘땀의 넓이를 조절해 주며, 숫자가 클수록 바늘땀이 크다.

• 되박음질기

 봉제 시작과 끝에서 실이 풀리지 않도록 튼튼하게 되박음질하는 기능을 한다.

• 앞뒤 회전바퀴

 모터와 연결되는 벨트가 걸리는 부분으로 모터의 동력이 전달되어 벨트가 돌아간다. 때로 이곳에 실이 감겨 회전이 되지 않을 때도 있으므로 주의한다.

특수 재봉틀

오버로크기

봉조기(밍크 전용)

사용 요령

1. 실이 자주 끊어지는 원인

① 바늘이 끝까지 올라가 꽂혀 있지 않으면 끊어진다.

② 바늘 좌우가 바뀌면 끊어진다.

③ 바늘 끝이 손상되었을 때 끊어진다.

④ 북집이나 북알에 실이 끼여 있을 때 끊어진다.

⑤ 아래쪽에 있는 가마 안에 실이 끼여 있을 때 끊어진다.

2. 노루발 높이 조절 요령

두꺼운 옷을 수선할 때는 노루발과 톱니바퀴의 높이가 높을수록 좋다. 재봉틀 왼쪽 측면에 있는 검은색 고무 패킹(packing)을 떼어 내면 나사못이 있는데 이것을 조금 풀고 내려 주면 노루발이 올라간다. 작업을 하는 동안 노루발은 항상 톱니바퀴 위에 내려놓고 해야 한다.

3. 톱니바퀴 높이 조절 요령

원단이 두껍거나 거칠 때는 톱니바퀴를 높여서 원단을 힘 있게 밀어내도록 해야 하며, 원단이 얇을 때는 톱니바퀴가 가늘고 낮은 것을 사용해야 한다. 톱니바퀴의 높낮이 조절은 재봉틀 몸체를 뒤로 넘기고 한다. 먼저 톱니바퀴와 연결된 나사를 푼 후에 아래쪽에서 살살 두드려 위로 올려 주고, 다시 내려야 할 경우는 위에서 살살 두드려 내려 주면 된다.

4. 퍼커링(puckering : 잔주름 잡힘) 해결 방법

① 원단이 얇을 경우 : 실의 장력(조시)을 풀어 주고 뒤에서 잡아당기며 박음질한다. 바늘과 톱니바퀴도 가늘고 얇은 것으로 교체해서 사용한다.

② 원단이 두꺼울 경우 : 바늘과 톱니바퀴를 모두 두꺼운 것으로 교체해서 사용한다.

③ 원단에 스판덱스가 함유된 경우 : 스판덱스는 늘어나는 성질이 있으므로 종이를 깔거나 쪽가위 또는 송곳을 사용하여 늘어나지 않도록 밀면서 박음질한다.

④ 실의 장력(조시)이 불량할 경우 : 실을 위아래로 조절하여 풀어 준다.

⑤ 톱니바퀴가 너무 올라가 있을 경우 : 높낮이를 조정해 준다.

5. 박음질된 앞뒤 실의 장력 상태(조시) 불량 원인과 해결 방법

① 앞실은 상태가 양호하나 뒷실이 느슨할 경우

   ㉠ 윗실 조절 나사를 오른쪽으로 돌려 준다.

   ㉡ 북집과 북알의 실 상태가 양호한지 확인하고 느슨하거나 꼬여 있으면 조이거나 풀어 준다.

② 윗실 조절 나사 옆에 있는 철사에 실이 걸려 있지 않을 경우 : 실을 바르게 걸어 준다.

③ 윗실과 밑실의 염색 차이로 흐름이 바르지 않을 경우 : 실을 바꿔 준다.

④ 위아래 실의 두께에 차이가 있을 경우 : 실을 바꿔 준다.

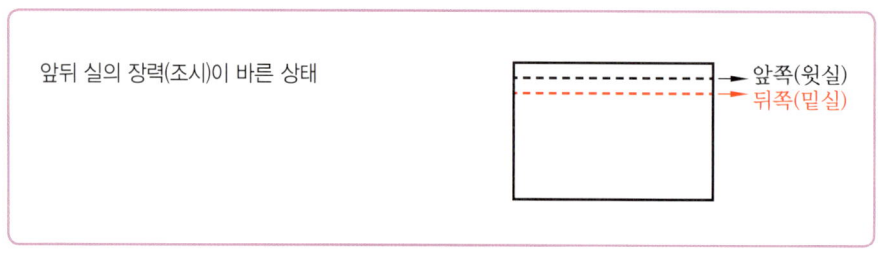

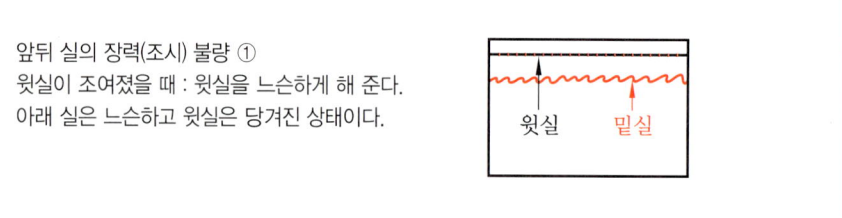

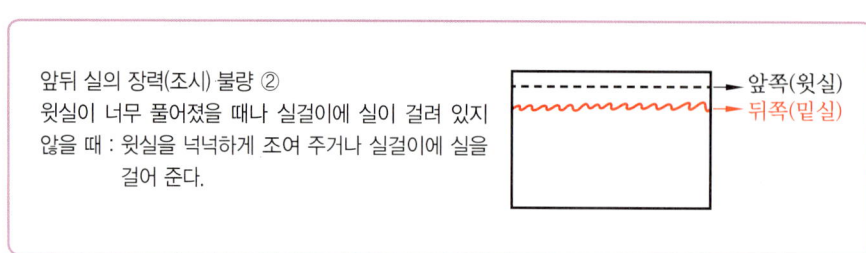

여러 종류 재봉기 사용법

1 1본침 오버로크 재봉기 파란색 선은 첫 번째 실 끼우는 법이며, ❶을 화살표 방향으로 밀거나 ❸의 스위치를 밀어주는 재봉기가 있으며, ❷는 화살표 방향으로 밀면서 앞으로 당기면 열린다.

2 ❶을 아래로 밀면 ❸이 올라가고, ❷를 화살표 방향으로 빼낼 수 있다. 실을 끼우거나 실을 갈아줄 때 많이 쓰인다.

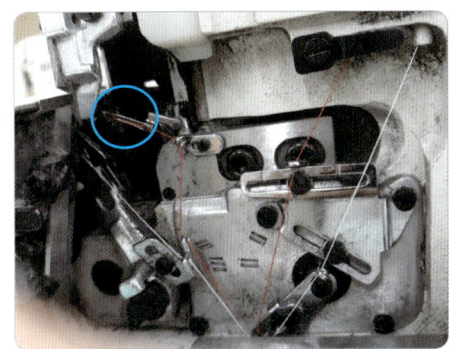

3 앞쪽에 실이 끼워진 모습이고 빨간색이 2번, 흰색이 3번의 바늘이며, 파란색 동그라미가 2번의 바늘 끝이다.

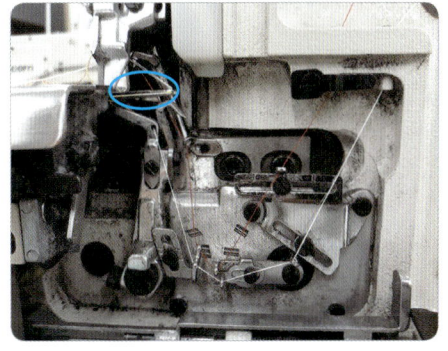

4 표시한 원 안은 3번의 바늘이며 뒤쪽은 앞에서 보이지 않으므로 왼쪽에서 따로 끼워주어야 한다.

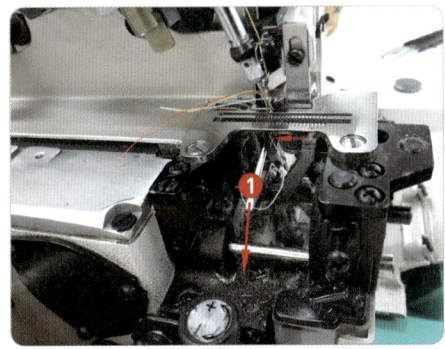

5 ❶은 **4**에서 보이지 않았던 부분으로 뒤편에서 끼워준다. 2본침, 날날이, 인터로크 모두 같은 바늘이고 같은 방법으로 끼워준다.

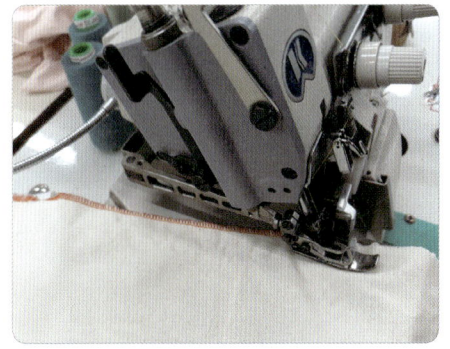

6 완성된 모습이다. 노루발 아래 원단을 깔고 아래 발판을 살살 밟으며 봉제한나.

감침 오버로크 재봉기(날날이)

사용법 : 실크 목도리 또는 얇은 천 끝처리를 따로 하지 않고 감침 오버로크로 처리하여 마무리하는 재봉기이다. 실크나 시폰 원단 끝마무리에 많이 사용된다.

1 감침 오버로크 재봉기(날날이)이다. 보기에는 1본침 오버로크와 같은 모양이지만, 1번 본봉 기능 바늘이 앞에서 볼록하게 휘어져 있다.

2 왼쪽 작은 발판을 밟으면 노루발이 올라가고, 검은색 발판은 박음질할 때 사용한다. 오버로크 종류의 재봉기는 모두 다 노루발이 같은 방법으로 연결되어 있다.

3 위와 같이 잡고 오른쪽으로 밀면서 앞으로 당기면 열리게 된다.

4 스위치를 누르는 것도 있고 왼쪽으로 미는 것도 있으며, 그냥 툭 치면 열리는 것도 있다.

5 앞과 옆이 열린 모습이다.

6 화살표 부분 ❶을 올리는 것도 있고 내리는 것도 있으며, 이것을 올리면 ❷가 올라가며 노루발을 왼쪽으로 빼낼 수 있다.

7 노루발이 분리되어 빠져나온 모습이다.

8 본봉 기능의 실을 끼운 모습인데 바늘이 앞으로 볼록 나온 모습을 볼 수 있으며, 이것을 1번 실이라고도 한다.

9 오버로크 기능의 2번째 실을 모두 끼운 모습이며, 바늘이 두껍고 구멍도 크다(1본침 오버로크, 2본침 오버로크, 감침 오버로크(날날이), 인터로크 오버로크). 바늘 모양이 모두 같으며 같은 방법으로 끼운다.

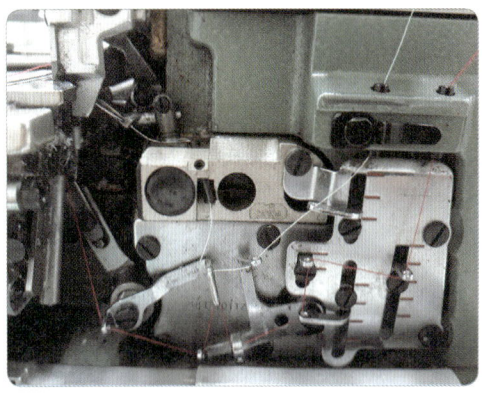

10 밑실 오버로크 앞면의 실 끼워진 모습이며, 마지막 바늘은 앞쪽에선 보이지 않는다.

11 10의 보이지 않는 마지막 바늘을 화살표를 따라 끼우는 모습이다(1본침 오버로크, 2본침 오버로크, 감침 오버로크(날날이), 인터로크 오버로크). 모든 오버로크 종류의 마지막 바늘은 같으며 같은 방법으로 끼운다.

12 노루발 발판을 발로 밟아서 들어 올리고 아래에 원단을 놓는다.

13 날날이 박음질된 겉모습이다.

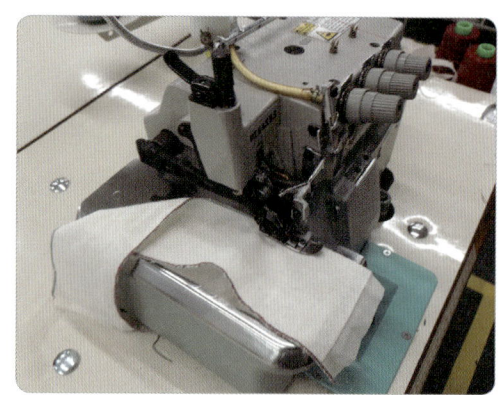

14 날날이 박음질된 앞뒤모습이다.

니흔 오버로크 재봉기

사용법 : 오버로크 넓이가 1본침 오버로크보다 조금 넓으며 오버로크 사이에 본봉 기능이 추가되어 한줄 더 봉제되며, 다이마루 원단에 많이 사용되고 본봉을 따로 사용하지 않고 오버로크 한 번으로 마무리되는 재봉기이다.

1 니흔 오버로크 재봉기이다.

2 실은 4개를 사용한다.

3 ❶을 뒤로 누르면(앞으로 당기는 재봉기도 있음) ❷가 뒤로 올라가며 ❸을 왼쪽으로 잡아당겨 빼낼 수 있다.

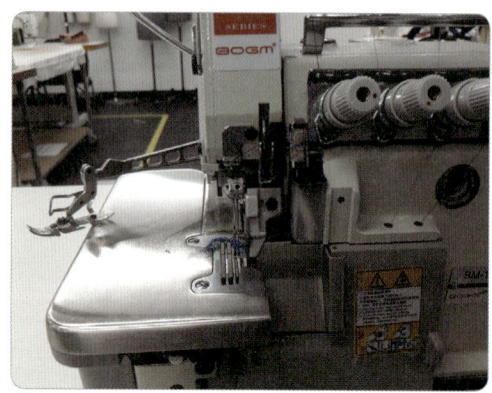

4 ❸을 빼낸 모습이다.

5 ❶을 화살표 방향으로 누르면 ❷가 화살표 방향으로 열린다.

6 5의 열린 모습이다.

7 앞판은 화살표 방향으로 밀면서 앞으로 잡아당기면 열린다.

8 7이 열린 모습이다.

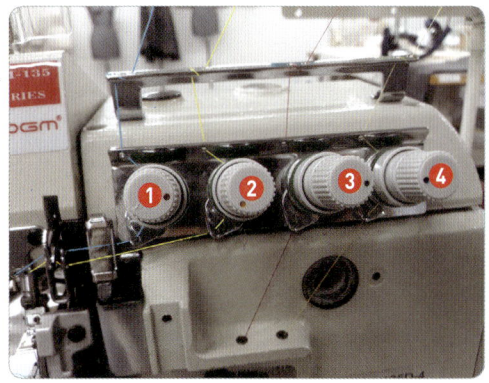

9 ❶과 ❷는 본봉 바늘에 사용되며 본봉 기능을 한다. ❸은 앞판의 오버로크 기능을 하며 ❹는 뒤판 밑실 기능을 한다.

10 본봉 기능 바늘에 실이 끼워진 모습이다.

11 3번, 4번의 바늘실이 오버로크 기능에 실이 끼워진 모습이며 3번의 바늘(빨간색) 끼워짐의 완성이나 4번의 바늘(노란색)은 보이지 않는다.

12 11에서 보이지 않는 바늘은 ❶로 실을 보내 ❷, ❸ 과정으로 실을 끼우며, ❸은 실 끼우기가 어려우므로 실 끝을 짧게 핀셋으로 잡고 화살표 방향으로 끼워주면 완성이다.

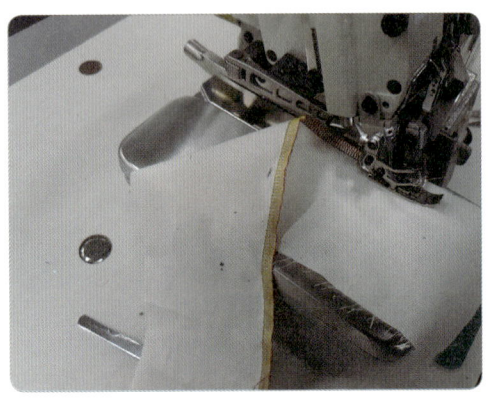

13 실 끼우는 것이 완성되면 **3**, **5**, **7**의 열린 부분을 다시 회복시키고 노루발 아래 원단을 깔고 박음질하면 된다.

14 니혼 오버로크의 박음질 된 모습이다.

본봉 사절(자동) 재봉기

1 본봉 사절(자동) 재봉기이다.

2 윗실을 끼우는 방법이다.

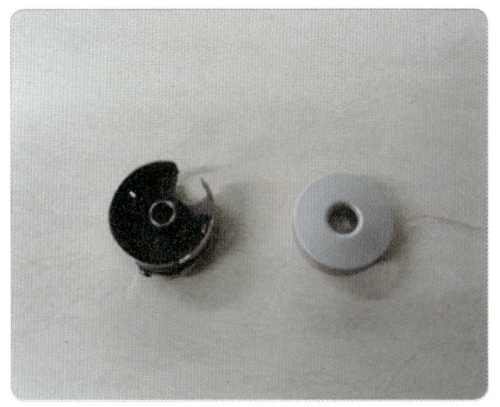

3 밑실에 사용되는 북집과 북알이며, 북집은 한쪽이 비어 있으며 또 한쪽은 실이 들어갈 만큼 갈라져 있다.

4 북집에 북알을 담을 때 갈라져 있는 쪽으로 실을 빼내야 한다.

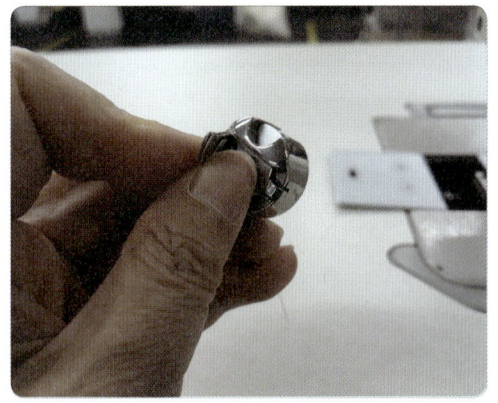

5 북집을 위와 같은 방법으로 잡고 아래 북집 칸에 꽂아준다.

6 재봉기 아래 북집 칸에 꽂아줄 때 ❶과 ❷를 잘 맞춰 꽂아야 한다.

7 잘 넣은 모습이다.

8 윗실을 잡고 오른쪽 손잡이를 앞으로 돌려주다가 바늘이 올라오면 잡고 있는 실을 살살 잡아당기며 손잡이를 돌려주면 아래 실이 올라온다.

9 아래 실이 딸려 올라온 모습이다.

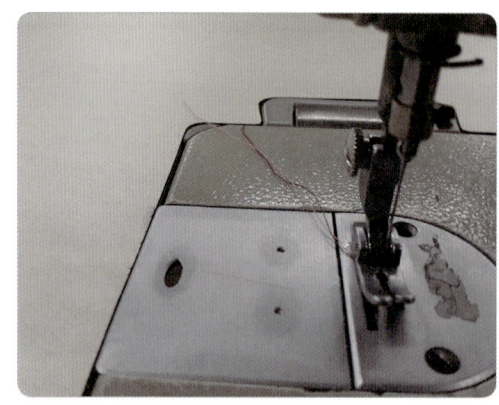

10 2가닥 실을 노루발 아래 나란히 뒤로 보낸다.

11 노루발을 들고 원단을 넣고 아래 발판을 살살 밟으
며 박음질을 하면 된다.

삼봉(오봉) 재봉기

사용법 : 다이마루 원단의 끝부분(소매, 기장, 목 라인) 단 처리방법으로 사용되며, 실을 3개 사용하고 5개 사용
하면 오봉으로 탄력성이 강한 등산복의 무늬나 눌러 박음질에 사용된다.

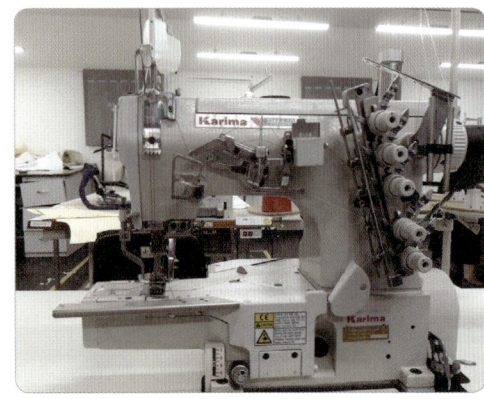

1 삼봉 모습이다.

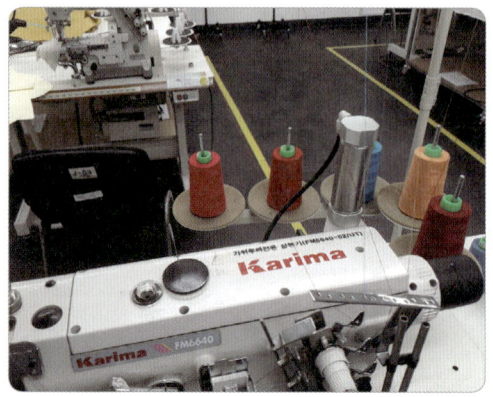

2 윗실 걸린 모습이다.

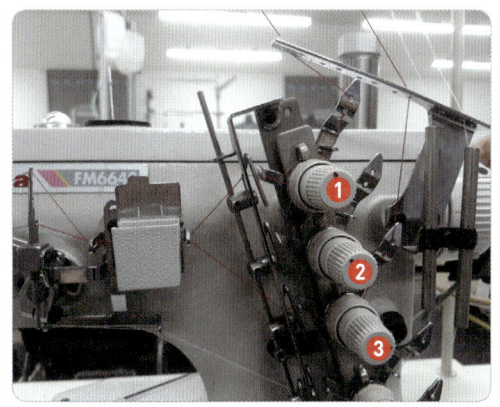

3 빨간색 실이 삼봉의 실이며 ❷는 비어 있다.

4 빨간색 실이 삼봉의 모습이며 오봉실은 빨간색 실 사이에 들어간다.

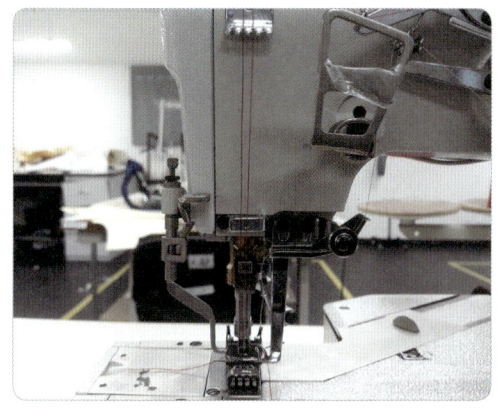

5 바늘이 3개 있다. 넓게 하고 싶으면 중간 바늘을 빼고, 좁게 하고 싶으면 좌우 바늘 중 한 개를 빼면 된다.

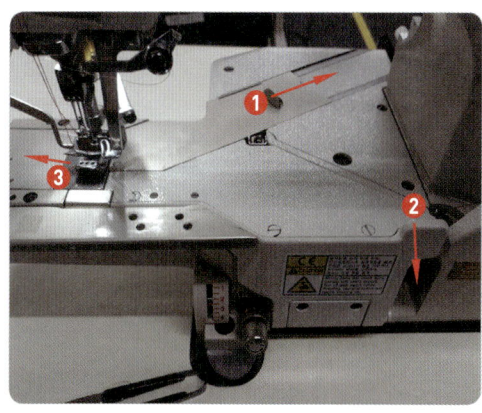

6 밑실 끼우기는 ❶, ❷, ❸ 순서로 화살표 방향으로 밀면 열리게 된다.

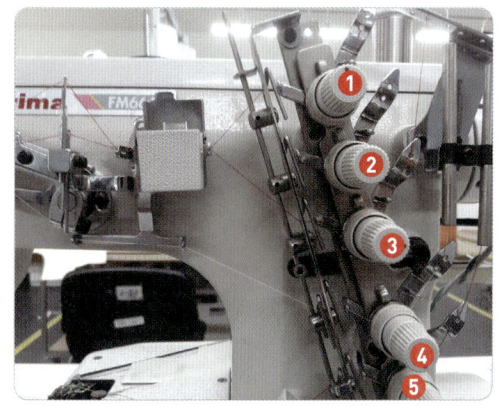

7 ❶, ❸, ❺가 삼봉으로 사용하는 것이다.

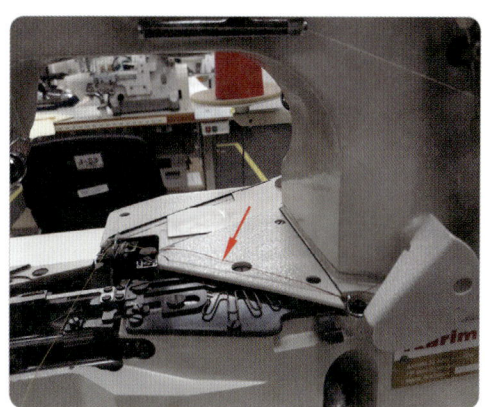

8 실을 화살표 방향 홈 쪽으로 밀어 넣는다.

9 빨간색 실이 홈으로 들어간 모습이다.

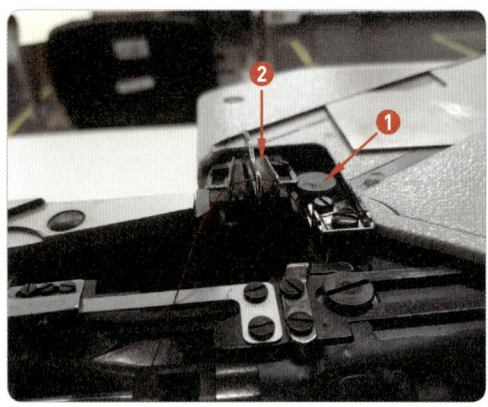

10 ❶을 꾹 누르면 ❷가 올라오고 다시 누르면 내려가는데 실은 올라왔을 때, 끼우는 것이 좋다.

11 밑실 마지막 바늘 끼워진 모습이다.

12 **10**의 ❶을 눌러 ❷가 들어간 모습이다. 들어가지 않으면 뚜껑이 덮이지 않는다.

13 뚜껑을 덮어가는 모습이다.

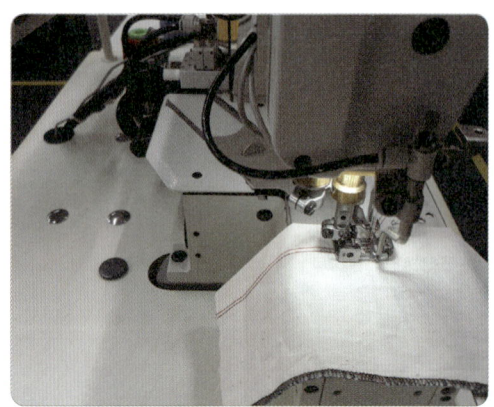

14 노루발 아래 원단을 깔고 박음질하는 삼봉 모습이다.

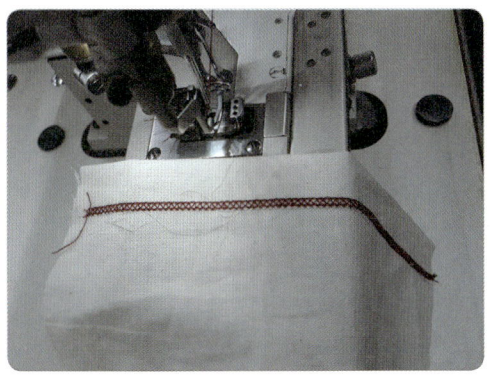

15 박음질된 뒷모습이다.

16 ❹(오봉)의 실 끼우는 모습이다(노란색).

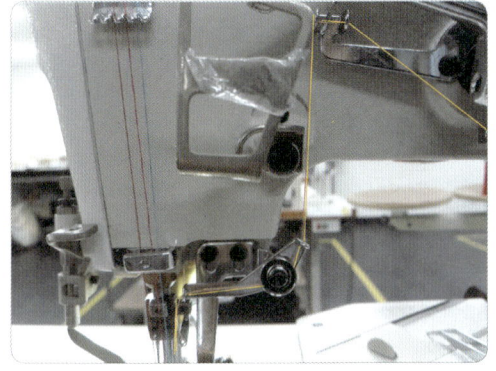

17 ❹의 실 끼워진 모습이며 이것은 바늘구멍이 아주 넓다(노란색).

18 ❹의 바늘이 모두 끼워진 모습이며 바늘 끝은 갈고리에 걸리면 된다(노란색).

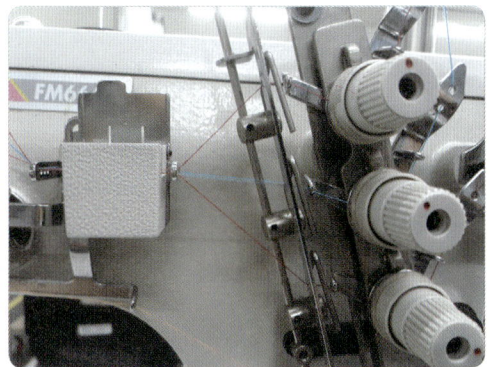

19 오봉 바느질하기 위하여 ❷의 바늘이 끼워지고 있다(파란색).

20 ❷의 바늘이 끼워지는 모습이다(파란색).

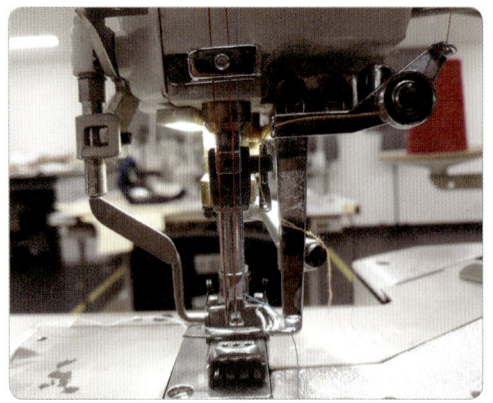

21 바늘이 다 끼워진 모습이다. ❷의 바늘이 바뀌어도 상관은 없지만 중간에 들어가는 것이 좋다.

22 ❹의 바늘은 ❶의 갈고리에 걸려야 마무리되는 것이다.

23 바늘대에 끼워진 ❹(노란색) 부분이 갈고리에 걸려 있는 모습이다.

24 삼봉 전체 실이 끼워진 모습이다.

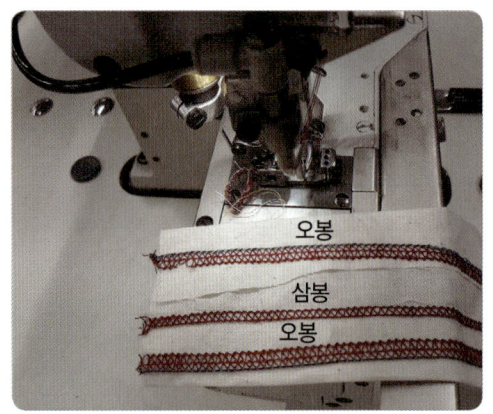

25 오봉과 삼봉의 뒷모습이다.

26 오봉과 삼봉의 앞모습이다.

인터로크 오버로크

사용법 : 원단이 두꺼운 청바지나 면바지의 가장자리는 오버로크 처리하며 옆선이 한줄 더 박힌다. 본봉 기능 밑실이 사슬처럼 꼬여 박히는 실이 5개 필요한 재봉기이다.

1 인터로크 오버로크로 앞쪽 실이 4개, 뒤쪽 실이 1개이다.

2 작은 것은 노루발용이고 큰 것은 재봉기 작동용이며, 오버로크 기능을 갖는 모든 재봉기의 아래 부분은 거의 같다.

3 윗실을 끼울 때 위에서 걸어주지 않으면 실 조리개에서 실이 빠져 느슨해진다.

4 ❶을 화살표 방향으로 밀면서 앞으로 잡아당기고, ❷는 화살표 방향으로 밀면 각각 열리게 된다.

5 ❶을 화살표 방향으로 밀면 ❷가 올라가고 ❸을 화살표 방향으로 보낼 수 있다.

6 ❸과 ❹가 열린 모습이다.

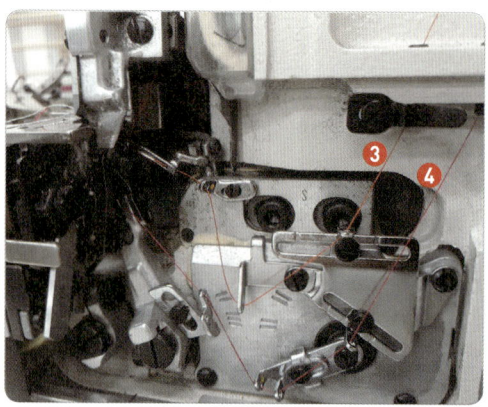

7 ❶과 ❷의 실이 끼워진 모습이며, ❷의 실은 본봉 밑단 사슬 부분에 사용된다.

8 ❸과 ❹바늘의 실이 끼워진 모습이다.

9 ❹는 니흔 오버로크와 같은 방법이므로 이것을 응용했다. 인터로크는 이곳에 같은 바늘이 2개가 있어 끼우기가 무척 어렵다.

10 9에서 끼워준 바늘의 앞부분이다(파란색 ❶). 뒤에서는 잘 보이지 않아 끼우기가 어렵지만 9에서 끼워줘야 한다.

11 ❺의 바늘이며 뒤에서 끼워 밑단 사슬고리를 만드는 부분이다.

12 노루발 밑 부분에 위치하며 Ⓐ부분의 안쪽 화살표 방향으로 실을 끼워야 완성되며, Ⓑ는 9의 실을 끼웠던 곳으로 같은 바늘이 2개가 있어 끼우기가 어렵다.

13 11 Ⓐ의 실이 끼워진 모습이며, 여기서 끼워 주어야 한다.

14 노루발 아래 원단을 깔고 박음질하는 모습이다.

15 사슬이 보이는 뒷면이다.

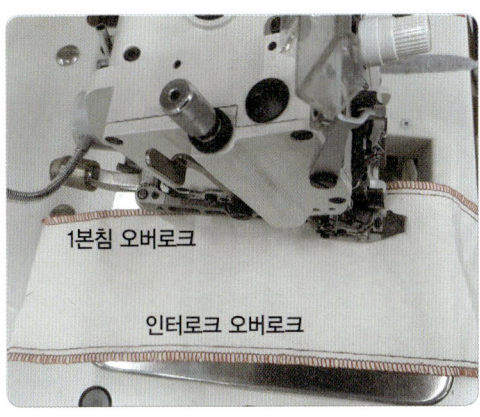

1본침 오버로크

인터로크 오버로크

16 2번과 5번의 실을 잘라내면 1본침 오버로크로 사용할 수 있다.

도구 및 부자재

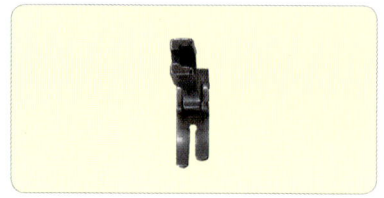

직선(평발) 노루발
가장 기본이 되는 노루발로 직선박기를 할 때 사용한다.

1/2(좁은 지퍼) 노루발
지퍼와의 간격이 좁은 곳이나 시접 폭을 좁게 할 때 사용한다.

테플론(가죽) 노루발
니트, 가죽 원단 등에 사용하며, 바닥 부분이 플라스틱으로 되어 있어 원단이 밀리는 것을 막아 준다.

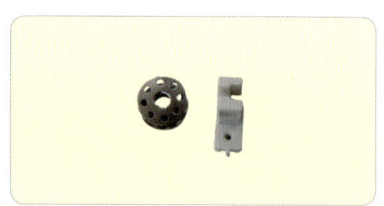

콘솔 지퍼 노루발
원피스 등 옷의 보이지 않는 곳에 콘솔 지퍼를 달 때 사용한다.

외발(파이핑) 노루발
한쪽 발만 있으며, 지퍼나 파이핑 등의 끝부분을 박을 때 사용한다.

일반 본봉용   오버로크용

재봉기 바늘
굵기에 따라 다양한 종류가 있으며, 호수가 클수록 바늘이 두껍다. 14호를 많이 사용한다.

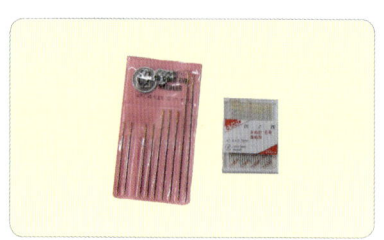

손바늘
시침질 등 손바느질을 할 때 사용한다.

시침핀
옷감을 서로 고정하거나 옷감에 패턴을 고정할 때 사용하며, 실크핀을 상용한다.

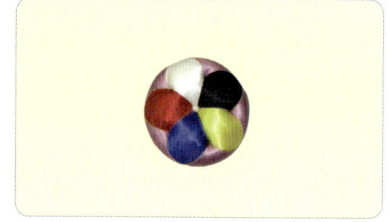

시침핀꽂이
시침핀을 꽂아 사용한다.

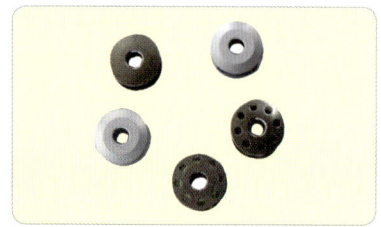

북알
실을 감아 북집에 넣어 사용한다.

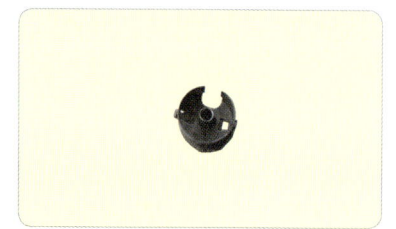

북집
실을 감은 북알을 넣어 사용한다.

북알 보관함
북알에 먼지가 들어가지 않도록 보관할 때 사용한다.

자석 받침(자석 조기)

박음질 넓이 등 시접 폭을 조정할 때 노루발 옆에 대고 사용한다.

여러 가지 재봉실(재봉사)

다양한 종류의 실이 있으며, 원단 특징에 맞게 사용한다.

고무줄실(실고무)

옷에 셔링 등 주름을 잡을 때 북알에 감아서 사용한다.

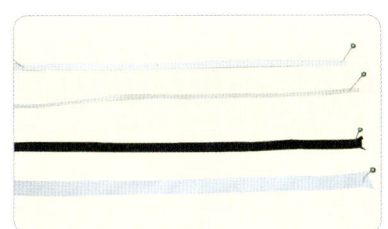

고무줄

다양한 사이즈가 있으며, 소매 입구나 허리 등 늘어나는 부분에 사용한다.

허리 고무줄

다양한 사이즈가 있으며, 치마나 바지의 허리 등 늘어나는 부분에 사용한다.

바이어스테이프

옷단이나 소매 끝 등의 단 처리나 파이핑을 만들 때 사용한다.

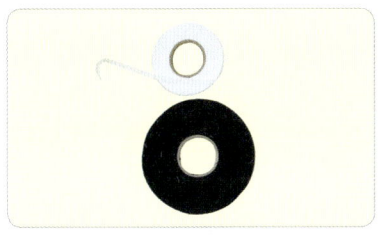

직선 및 사선 접착테이프 심지

다리미로 스팀을 주어 원단에 붙여 늘어나지 않게 하는 데 사용한다.

진동둘레(암홀)테이프

진동둘레(암홀)가 늘어나는 것을 방지하는 데 사용한다.

5cm 접착테이프 심지

밑단에 붙여 힘과 각을 줄 때 사용한다.

방수테이프

등산복 안쪽 봉제선에 붙여 사용한다.

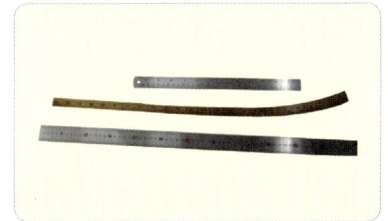

곡선자, 직선자, 30cm자

곡선, 직선 등 다양한 선을 제도할 때 사용한다.

진동둘레(암홀)자

목둘레나 진동둘레(암홀) 등 곡선을 제도할 때 사용한다.

줄자

인체를 계측할 때나 옷의 치수를 잴 때 등 다양하게 사용한다.

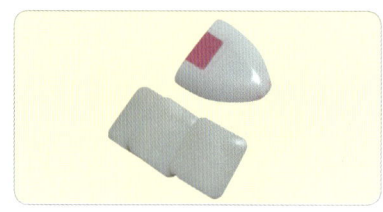

자고(초크)

원단에 선 등을 표시할 때 사용한다. 분자고는 손으로 털면 지워지고, 초자고는 열로 지워진다.

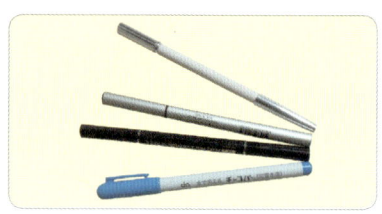

수성펜초크와 아이펜슬

수성펜초크는 물을 뿌리면 지워지고, 아이펜슬은 벗겨진 가죽에 칠하고 올리브유를 바르면 좋다.

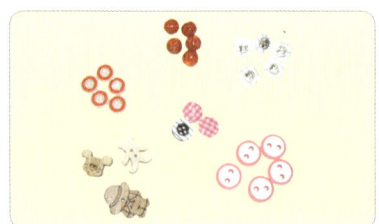

각종 단추

옷에 따라 다양하게 사용한다.

지퍼

다양한 종류가 있으며, 옷의 특성에 맞게 사용한다.

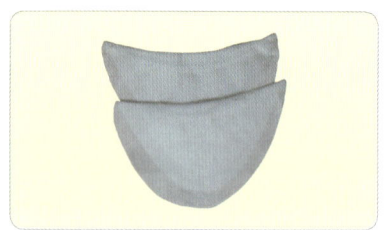

어깨 패드

어깨에 붙여 각을 잡아 줄 때 사용한다.

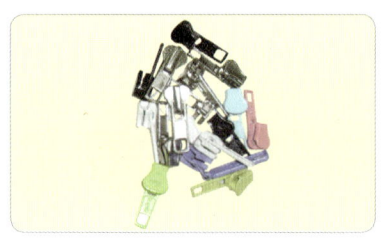

지퍼 고리(슬라이더)

지퍼 고리가 고장 났을 때 교체하여 사용한다.

남자 바지 걸고리(호크)

옷에 따라 다양하게 사용한다.

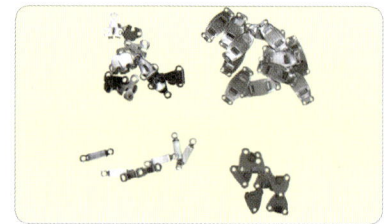

여자 바지 걸고리(호크)

옷에 따라 다양하게 사용한다.

재단 가위

원단을 재단할 때 사용한다.

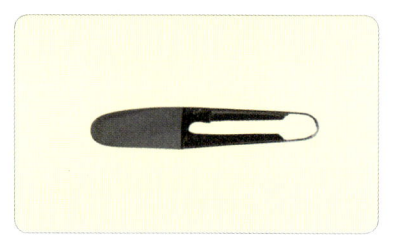

쪽가위

실을 자르거나 실밥을 제거할 때 사용한다.

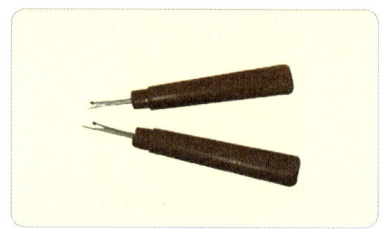

실뜯개(리퍼)

재봉한 실을 뜯을 때 사용한다.

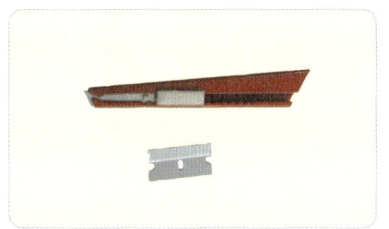

커터칼, 면도칼(단면도)
실뜯개와 같은 용도로 사용한다.

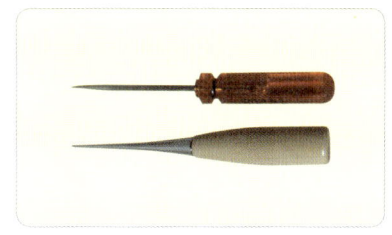

송곳
구멍을 내거나 원단을 밀어넣을 때 사용한다.

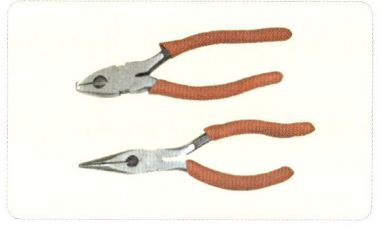

펜치
지퍼를 교체할 때나 허리 단추(링도트 등) 부분을 수선할 때 사용한다.

단추 기구
가시도트, 링도트, 아일렛, 징 등을 달 때 사용한다.

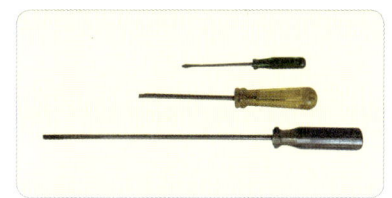

드라이버
재봉틀의 바늘, 노루발을 교체할 때나 재봉틀을 수리할 때 사용한다.

망치
청바지에 단추(링도트 등)를 달 때 또는 가죽 제품을 수선할 때 자리잡음용으로 사용한다.

다리미
옷감을 다릴 때 사용한다.

분무기
원단을 손질할 때나 다림질을 할 때 사용한다.

우마
보조 다리미판의 하나로 소매통, 바지통 등 둥근 부분을 다림질할 때 사용한다.

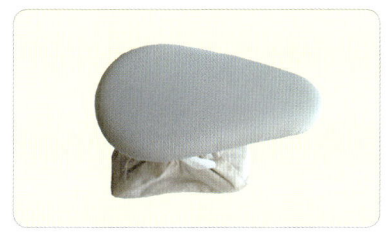

데스망
보조 다리미판의 하나로 소매산 등 어깨 부위의 모양을 잡을 때 사용한다.

먼지떨이(옷솔)
먼지를 떠는 데 사용한다.

부자재 정리함
단추, 지퍼 고리 등 분실하기 쉬운 부자재들을 넣어 사용한다.

Chapter

2

간단한 패턴 응용법

- 상의 패턴 응용법
- 어린이 래글런 원피스 응용법
- 하의 패턴 응용법
- 품 늘리는 법
- 본뜬 패턴 맞춰보기

상의 패턴 응용법

▌앞판으로 뒤판 만들기 ▌

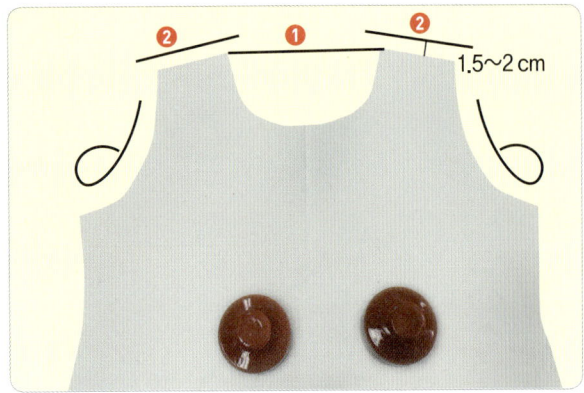

1 앞판을 위에 놓고 어깨 꼭지선에서 직선을 그리고(❶), 어깨선에서 1.5~2 cm 올려 직선을 그린다(❷).

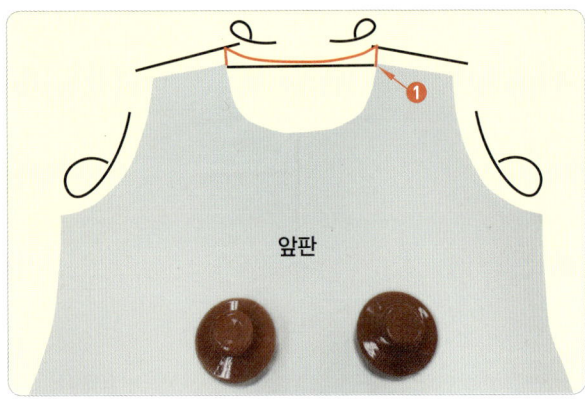

2 목 라인에서 암홀자를 이용하여 직선을 올려 그리고(❶), 뒷목 라인을 암홀자를 이용하여 만든다.

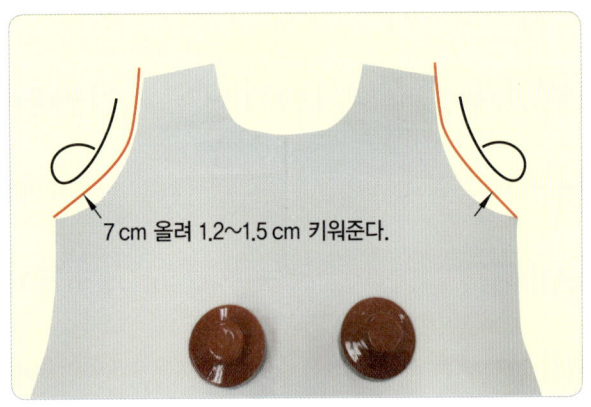

3 겨드랑이에서 7 cm 올려 1.2~1.5 cm 키워 암홀자를 이용하여 그린다.

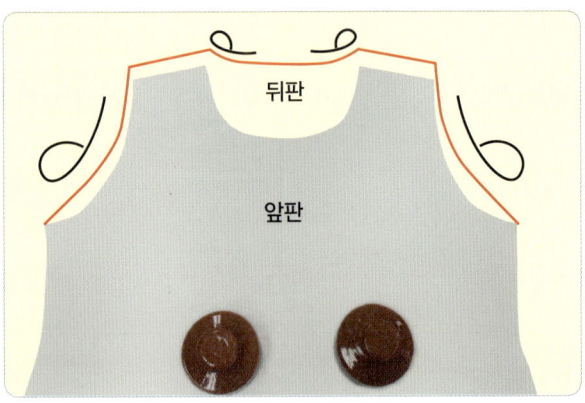

4 완성된 모습이며, 품은 자유롭게 늘리거나 줄이면 된다.

▌뒤판으로 앞판 만들기 ▌

5 어깨선에서 1.5~2 cm 내려 선을 긋는다.

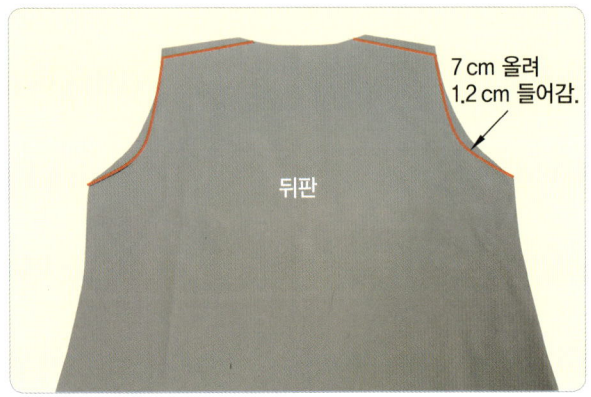

6 겨드랑이에서 7 cm 올려 1.2 cm 들어가 암홀자를 이용하여 선을 그린다.

7 기본은 앞판 중심선에서 8 cm 내려와 원을 그린다. 하지만 목 라인은 원하는 형태로 자유롭게 하면 된다.

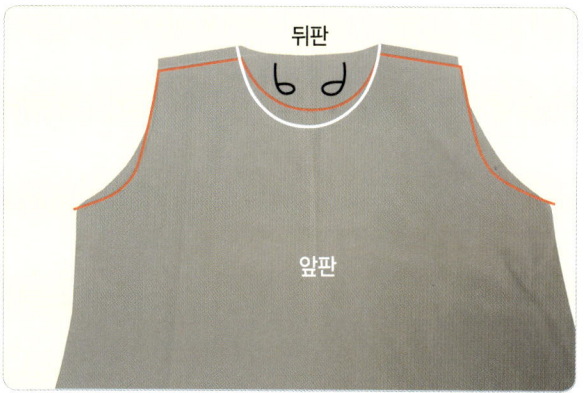

8 완성 모습. 목 라인과 품은 자유롭게 한다.

▌가슴 라인 넣기 ▌

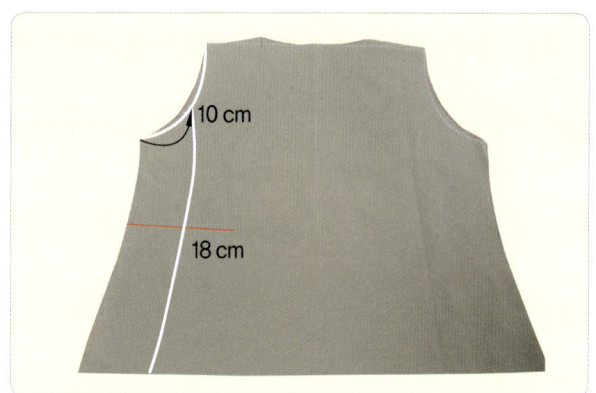

9 겨드랑이에서 10 cm 올려 허리선까지(18 cm) 곡선자를 이용하여 곡선을 그린다. 앞판은 곡을 조금 더 주고 뒤판은 곡을 조금 덜 준다.

10 선을 따라서 잘라 낸다.

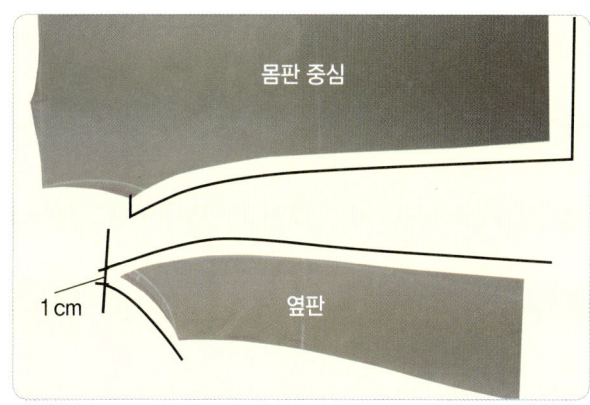

11 옆판 꼭짓점에서 1 cm 직선을 그리고 몸판 위 끝도 직선을 그리며 전체 여유분은 1 cm로 한다.

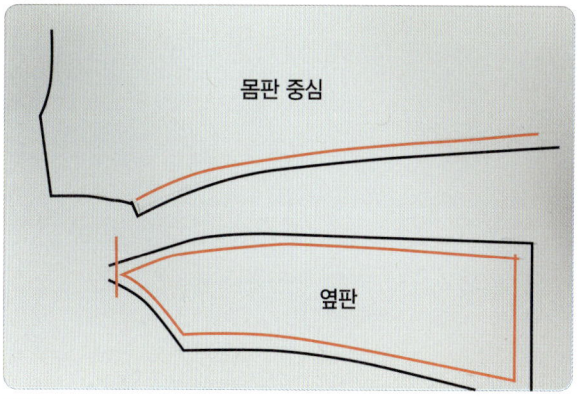

12 다른 곳에 옮겨 본을 뜬 모습이다.

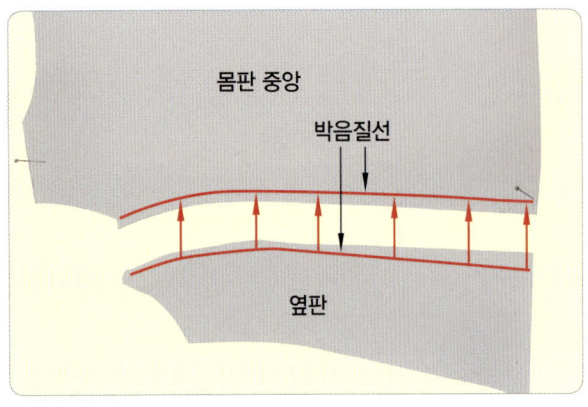

13 옆판을 접어 몸판 중앙에 붙여 준다. 겉면끼리 서로 마주보고 빨간색 선을 따라서 박음질 하면 된다.

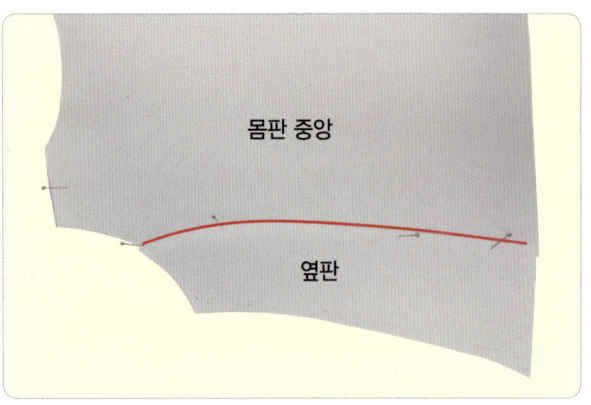

14 완성 모습. 여유분 처리가 잘 되어야 암홀이 깔끔하다.

▎소매 만들기(한 장) ▎

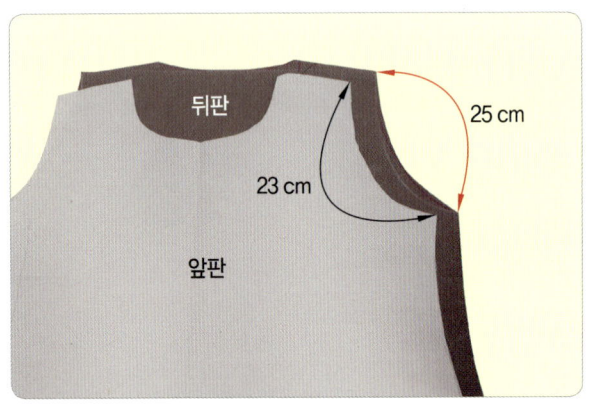

15 소매를 만들기 위해서 암홀길이가 필요하다.
(앞 23 cm, 뒤 25 cm)

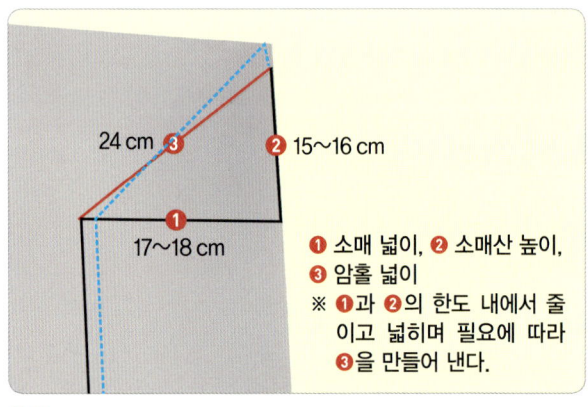

16 ❸은 앞뒤 암홀을 합하여 2로 나눈 것이다. 편하게 입으려면 소매산 높이를 낮추어 24 cm가 되게 하여 소매 넓이를 늘려 주고, 꼭 맞게 입으려면 소매산 높이를 올려 24 cm가 되게 하여 소매 넓이를 줄여 준다.

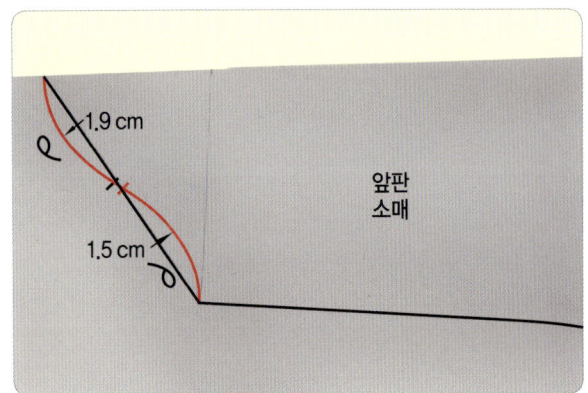

17 소매산 쪽 4등분선에서 1.9 cm 키우고 겨드랑이 쪽 4등분선에서 1.5 cm 줄인다. 2등분선에서 1 cm 내린 빨간색 선 교차점을 통과하는 암홀선을 그린다.

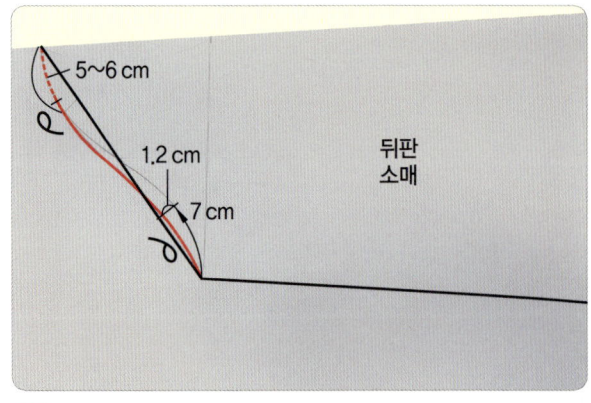

18 뒤판은 앞판 겨드랑이에서 7 cm 올라가 1.2 cm 키우고, 소매산 높이에서 아래로 5~6 cm는 앞뒤가 같도록 하여 암홀자를 이용하여 뒤판을 그린다(빨간색 선).

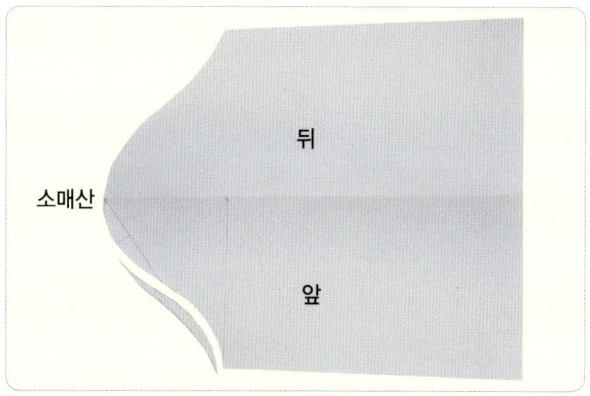

19 완성 모습. 소매를 자를 때는 뒤판 그림으로 2 장을 자르고 다시 앞판 1 장을 자른다.

▌한 장 소매로 두 장 소매 만들기 ▌

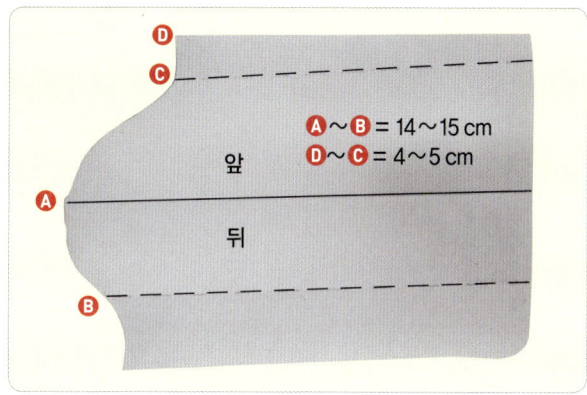

Ⓐ~Ⓑ = 14~15 cm
Ⓓ~Ⓒ = 4~5 cm

20 한 장 소매에 ⒶⒷⒸⒹ를 표시한다. 소매통의 넓이에 따라 조금씩 다르다.

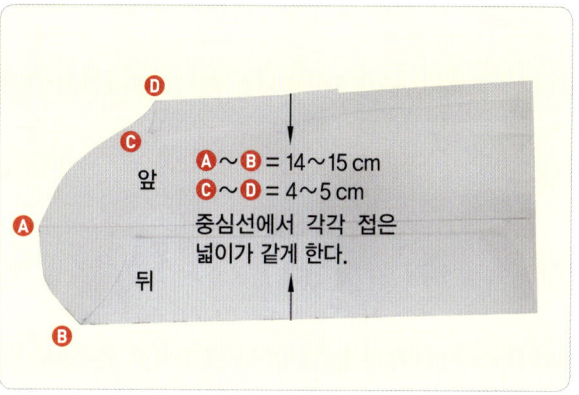

Ⓐ~Ⓑ = 14~15 cm
Ⓒ~Ⓓ = 4~5 cm
중심선에서 각각 접은 넓이가 같게 한다.

21 점선을 따라 그림과 같이 Ⓑ와 ⒹⒹ를 직선으로 접는다.

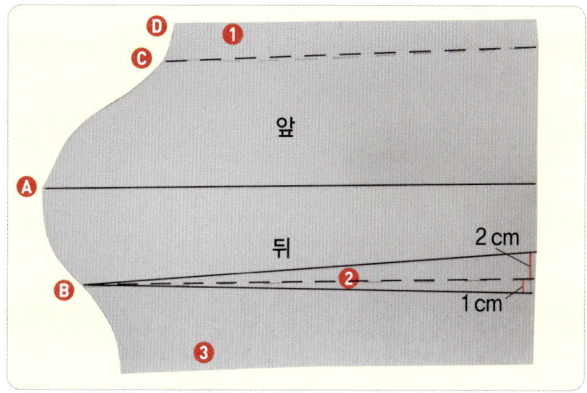

2 cm
1 cm

22 직선으로 접은 점선에서 ❷는 ❸쪽으로 1 cm, ❶쪽으로 2 cm 사선을 그린다.

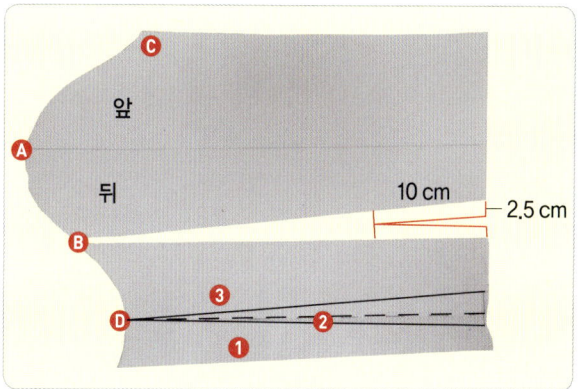

10 cm
2.5 cm

23 신을 잘라서 빈호를 이동시키고 길이 10 cm, 폭 2.5 cm 날개를 그리면 된다.

어린이 래글런 원피스 응용법

1 본을 뜰 원피스를 래글런 모양에 따라서 아래에 얇은 스펀지나 신문지 3장 이상을 깔고 봉제선을 따라 송곳으로 꾹 눌러 흔적을 낸다.

2 래글런 소매를 민소매로 변경할 수도 있다. 이번에는 민소매로 하려고 한다.

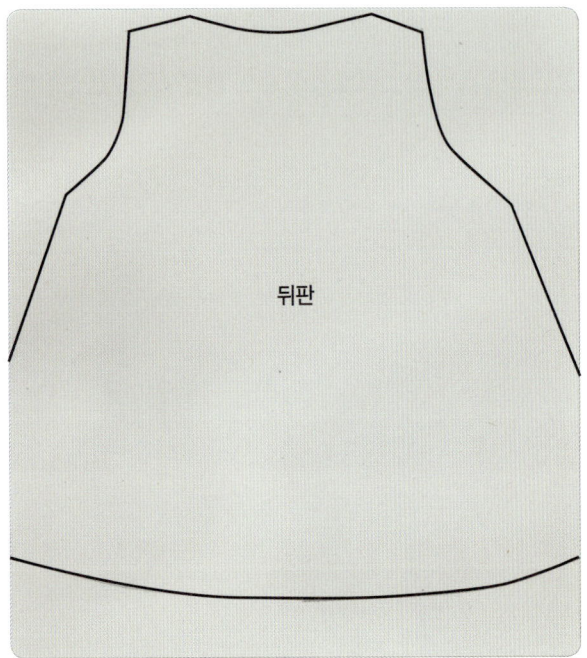

3 흔적을 따라서 선을 연결한다.

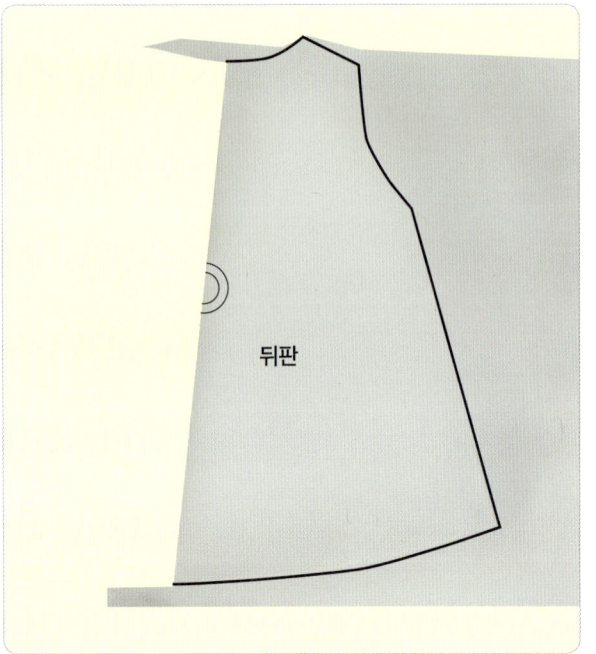

4 목 라인과 어깨 라인에 맞추어 반으로 접는다. 폭 넓이는 자유롭게 할 수 있다.

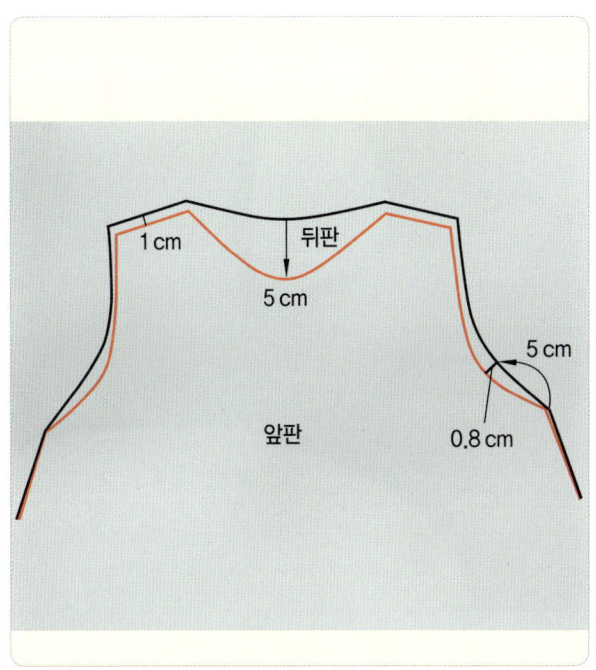

5 뒤판으로 앞판을 계산하는 방법이다. 어깨를 1 cm 내리고 목 라인은 5 cm 내린다. 암홀은 5 cm 올라가서 0.8 cm 들어간다.

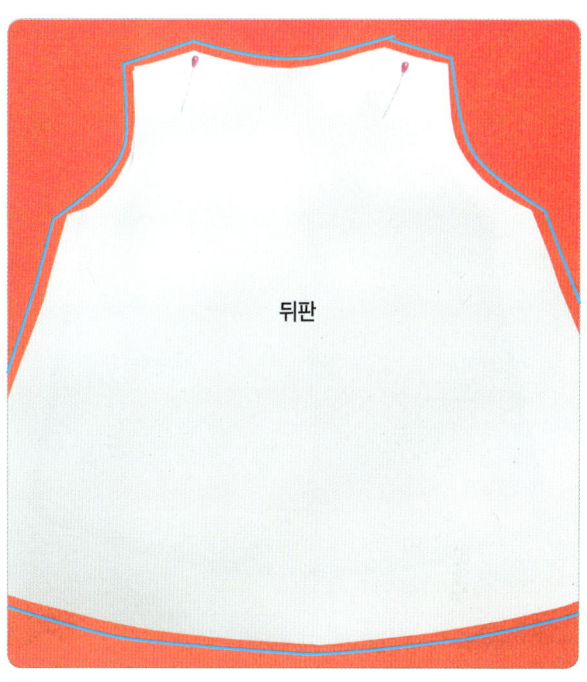

6 마무리는 테이프를 사용하므로 여유분 0.5 cm 남기고 자른다.

7 앞판도 여유분 0.5 cm 남기고 자른다.

8 끝부분 전체를 접밴드(바이어스테이프)를 이용하여 접어 박음질한다.

9 앞판 전체가 박음질된 모습이다.

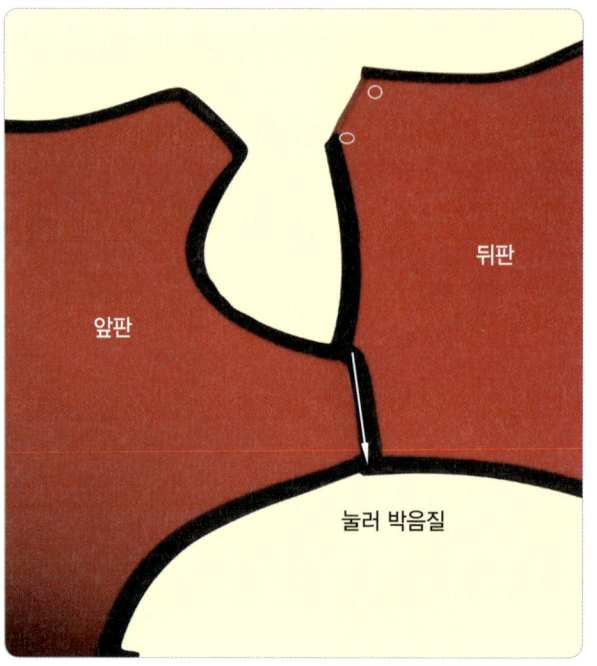

10 뒤판은 어깨 부분만 남기고 모두 박음질하여 뒤판을 아래에 놓고 앞판을 위에 올려놓고 위에서 접밴드 박음질 선을 따라 눌러 박음질한다. 한쪽은 호크를 달아 준다.

11 옆판도 앞판을 위에 놓고 위에서 눌러 박음질하며, 트임은 조정하면 된다.

12 완성 모습. 입고 벗기에 편하도록 목 라인 쪽에 호크를 달았다.

하의 패턴 응용법

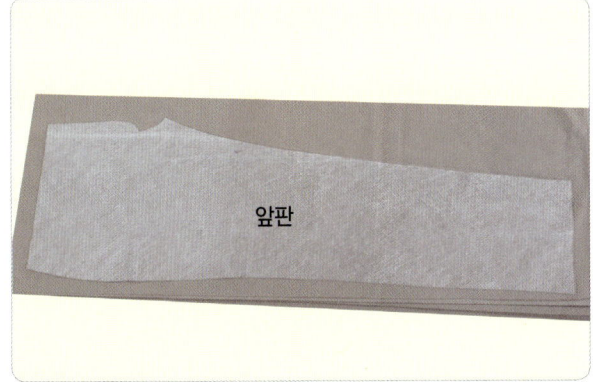

1 앞판 모형이다.

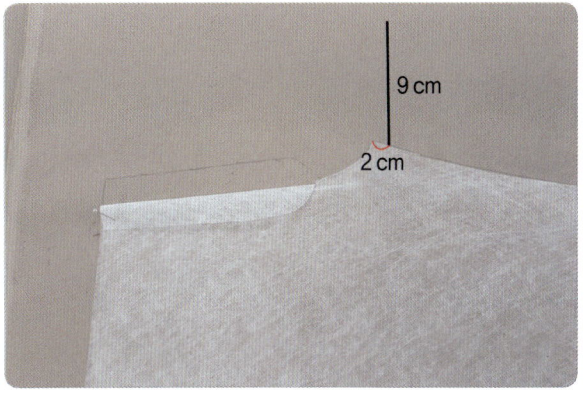

2 2 cm 내려와 9 cm 선을 긋는다. (기본형)

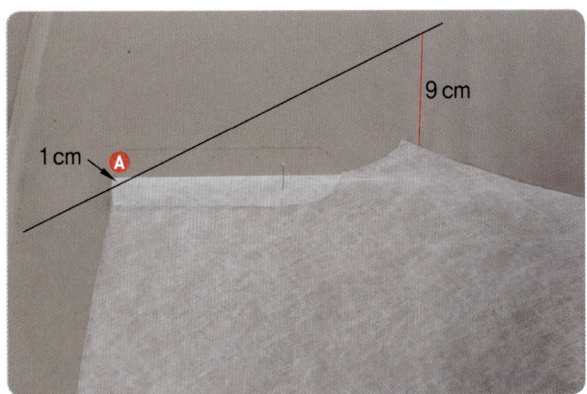

3 9 cm 지점에서 Ⓐ끝부분에서 1 cm 통과하는 직선을 그린다.

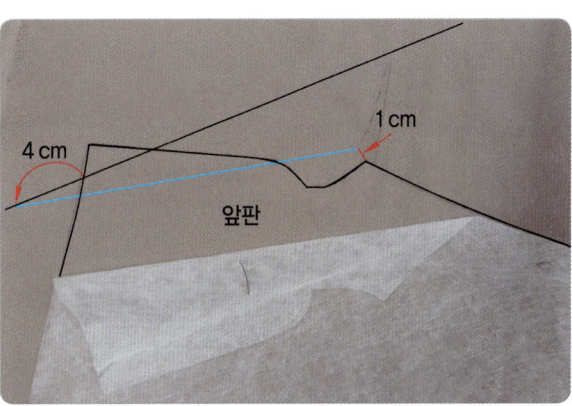

4 뒤 허리 부분은 4 cm 올리고, 밑 부분에서 1 cm 키워 직선을 그린다(파란색 선).

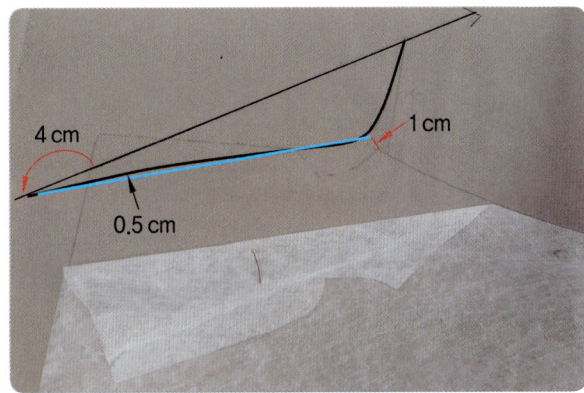

5 파란색 선에서 엉덩이 부분 0.5 cm 키우고 1 cm를 통과하는 선을 따라서 곡선을 그린다(검은색 선).

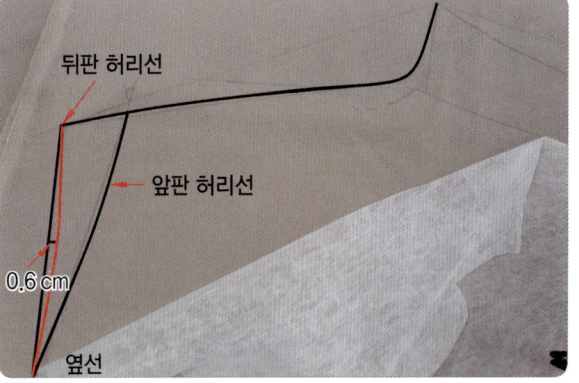

6 뒤판 허리선을 그릴 때 0.6 cm 내려 앞판 옆선과 연결한다.

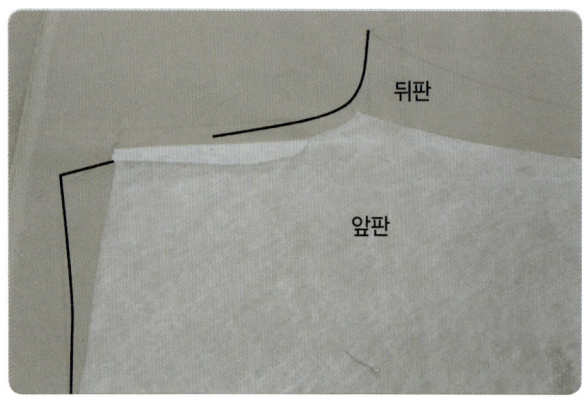

7 뒤판 엉덩이 라인이 완성된 모습이다.

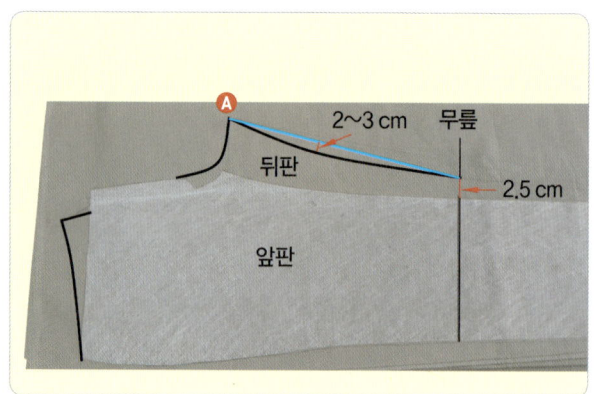

8 Ⓐ와 무릎의 2등분선에서 2~3 cm 줄이고 곡선을 그린다. 무릎에서 앞판과 뒤판 차이는 2~2.5 cm이다.

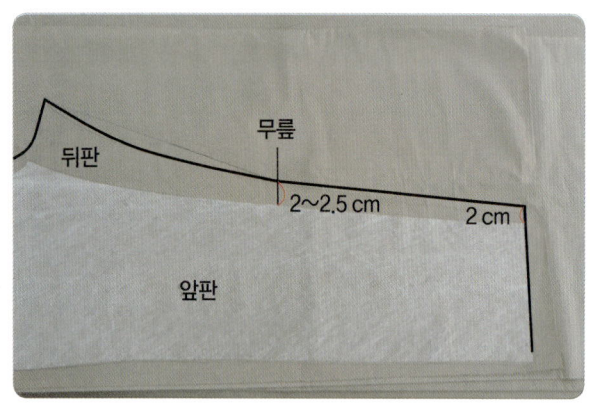

9 무릎에서 2~2.5 cm 키우고 끝 길이에서 2 cm 키운다.

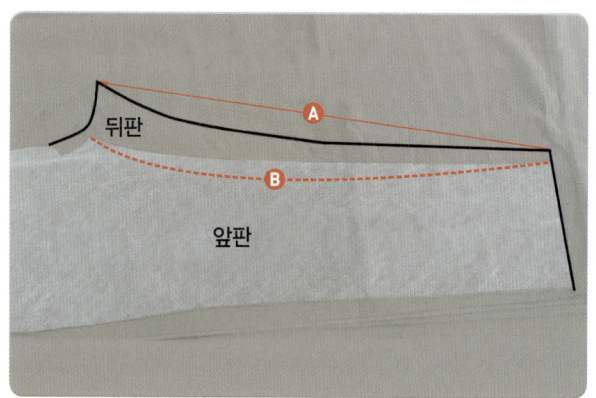

10 완성 모습. Ⓐ와 Ⓑ의 길이는 같아야 한다.

뒤판 Ⓐ쪽 길이를 앞판 길이보다 0.5~0.7cm 적게 하면 착용했을 때 허벅지 부분에 주름이 덜 잡힌다.

품 늘리는 법

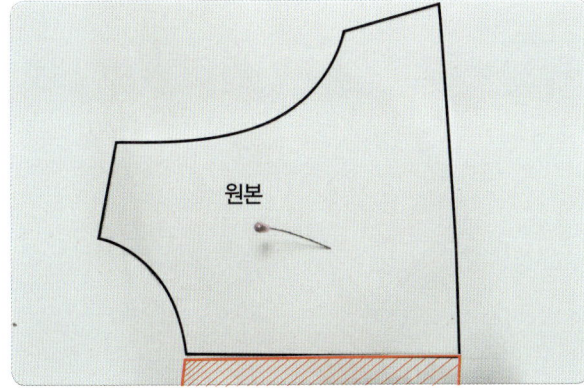

1 빨간색 부분만큼 품을 크게 하려고 한다.

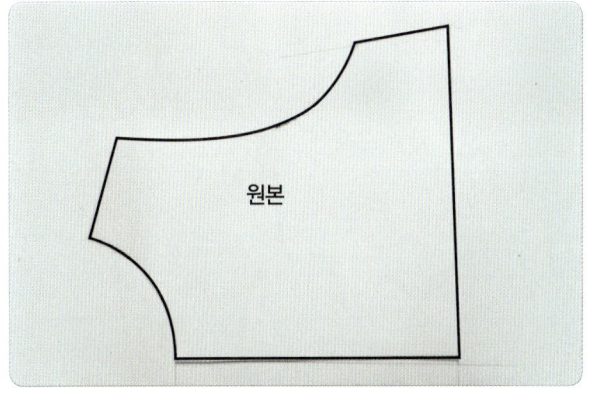

2 크게 한 부분만큼 빼고 본뜨기를 따라 그림을 그린다.

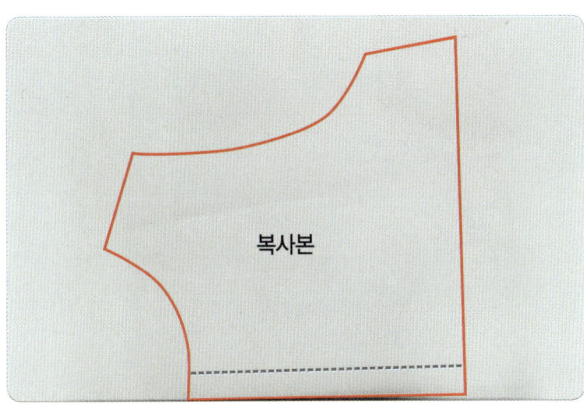

3 늘린 것을 포함해 그린 모습이다.

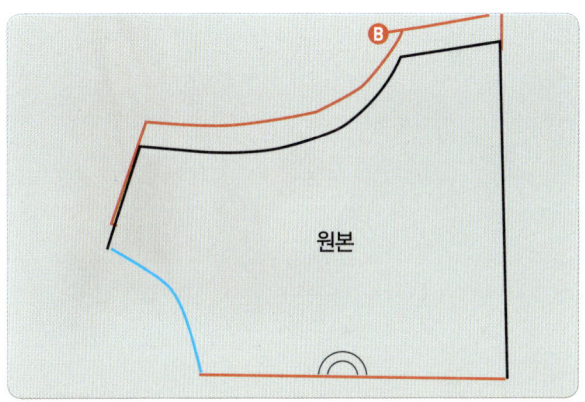

4 원본을 골선 끝에 맞추어 파란색 목 라인을 그린다(목 라인은 늘리지 않고 품만 늘리기 때문).

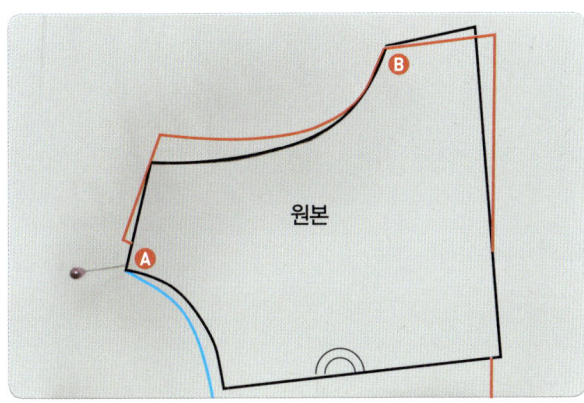

5 Ⓐ신에 핀을 고정하고 원본을 돌려 복사본 겨드랑이
Ⓑ선에 맞추어 어깨와 암홀을 원본을 따라 그린다.

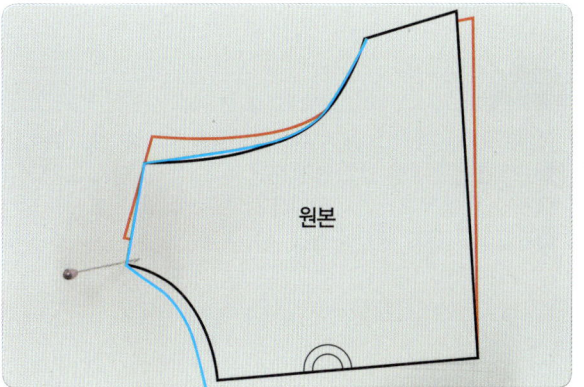

6 파란색 선이 만들어지며 목 라인은 처음 것과 같은 길이가 된다.

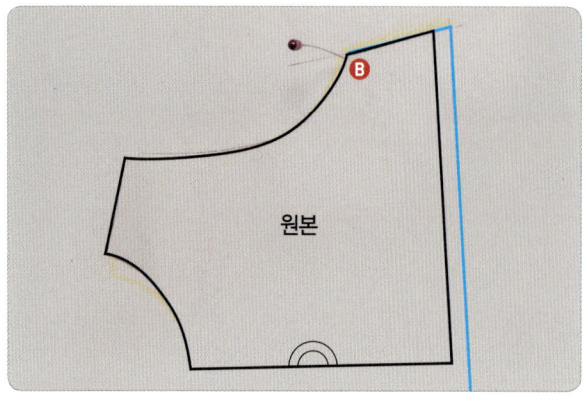

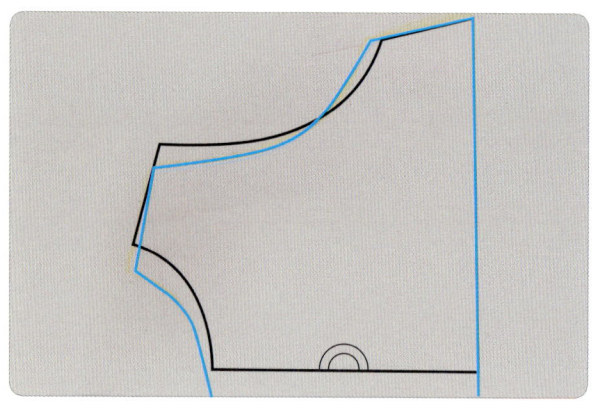

7 **B**선을 핀으로 고정하고 길이와 앞판 골선 쪽이 일자가 되도록 돌려 맞추고 옆구리와 길이 선을 긋는다.

8 원본을 치우고 새로 그린 파란색 선을 따라서 자른다.

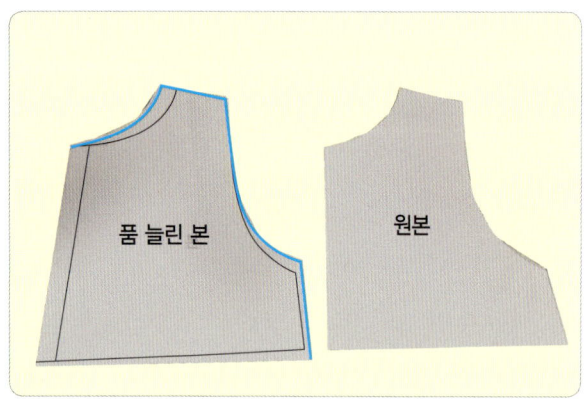

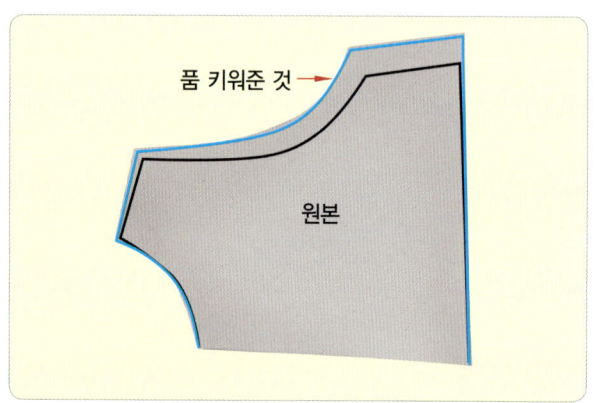

9 품 늘린 것과 원본을 잘라 낸 모습이다.

10 목 라인과 암홀은 같고 품은 늘어난 상태이다(검은색 원본, 파란색 품 늘린 선).

* 골선으로 종이를 펴고 늘리고 싶은 만큼을 정하여 선을 긋는다. 선에 원본을 놓고 그림을 그린다.
* 늘린 부분에 원본을 덮고 원래 선에서 목 라인을 다시 그린다.
* **A**선을 꾹 눌러 움직이지 못하게 하고 원본을 돌려 **B**선에 맞춘다.
* **B**선을 꾹 누르고 원본을 돌려 길이와 앞판 골선의 길이를 맞추고 선을 따라 잘라 내면 된다.

본뜬 패턴 맞춰보기

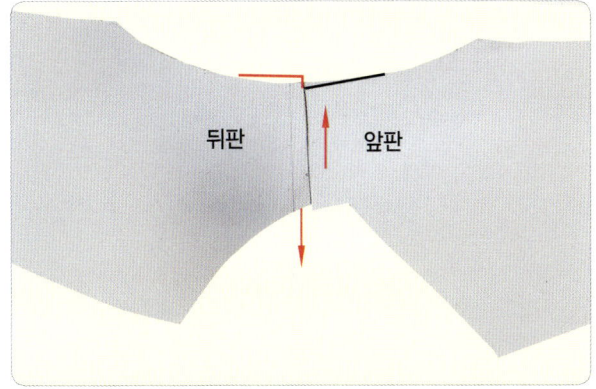

1 테일러 재킷 어깨 부분을 맞추어 볼 때 칼라쪽을 수정하지 않고 화살표 방향으로 움직여 어깨 쪽에서 잘라내거나(검은색) 늘려주거나 한다(빨간색).

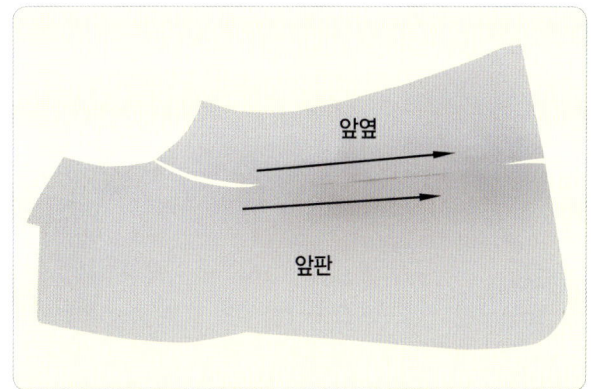

2 앞판과 옆판의 길이를 맞추어 볼 때는 암홀 부분은 그냥 두고 길이에서 조정하면 된다. 암홀에서 조정하면 팔을 또 수정해야 한다.

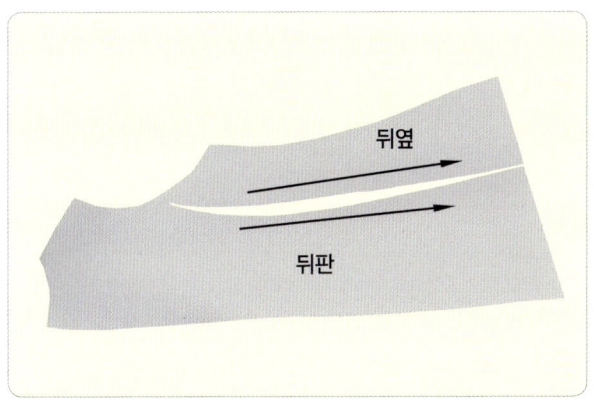

3 뒤판과 뒤 옆판의 길이도 맞지 않으면 길이에서 조정한다. 암홀은 소매를 부착해야 할 부분이므로 수정하면 소매도 수정해야 한다.

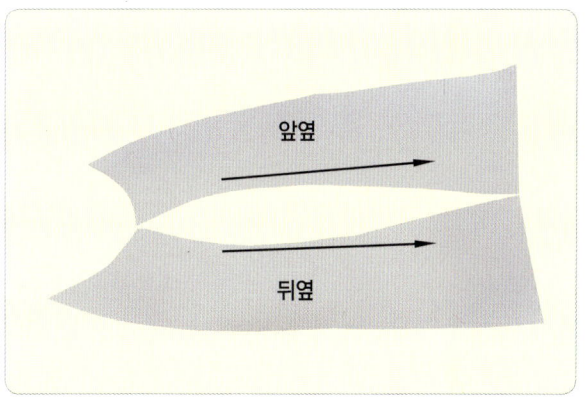

4 앞옆 뒤옆 부분도 맞추어보고 길이에서 조정한다.

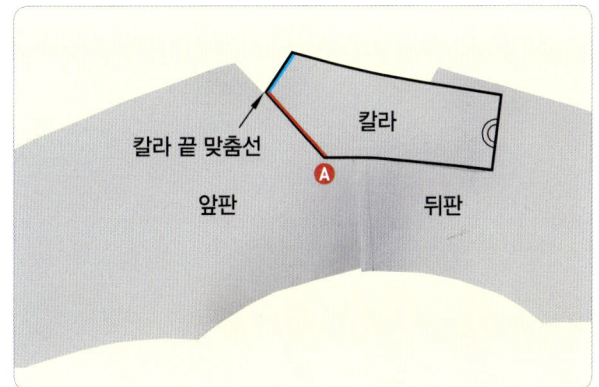

5 길라 끝 맞춤선에서 빨간색 부분만 맞추이보고 맞지 않으면 파란색 선 쪽을 늘리거나 잘라 낸다.

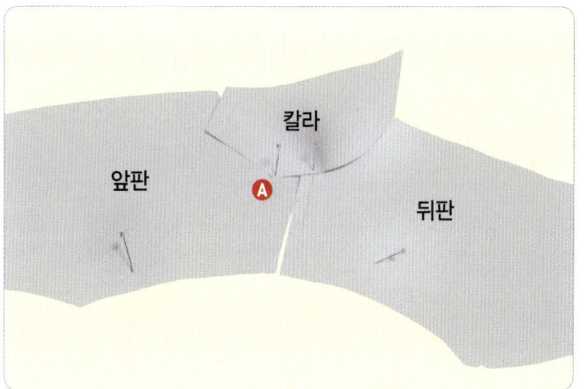

6 Ⓐ점에 핀을 꼽고 칼라를 돌려서 몸판 쪽으로 맞춰본다.

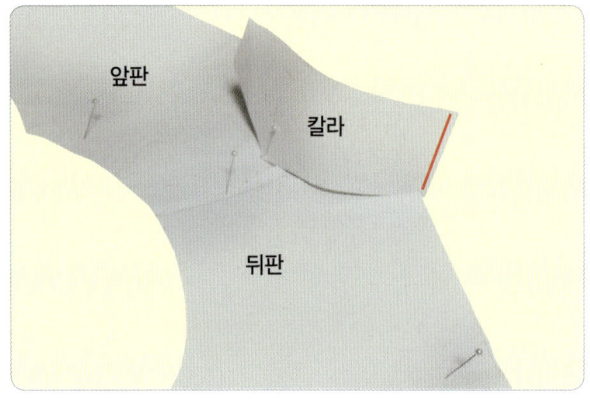

7 칼라 부분이 남거나 모자라면 칼라 부분 중심선에서 자르거나 늘린다(빨간색). 어깨 부분을 조정하면 팔을 달 때 또 수정해야 한다.

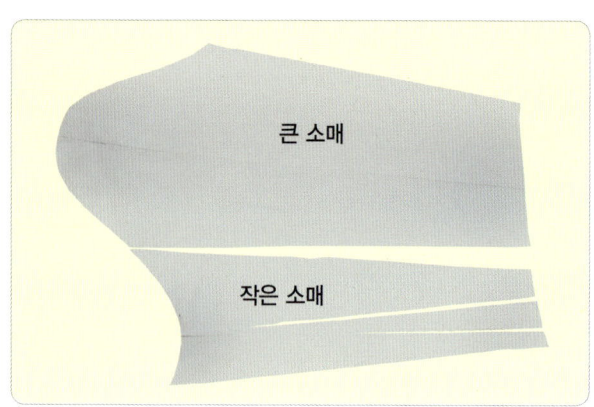

8 2장의 소매 암홀 부분은 곡선 흐름을 맞춰놓고 차이가 나면 길이에서 조정한다.

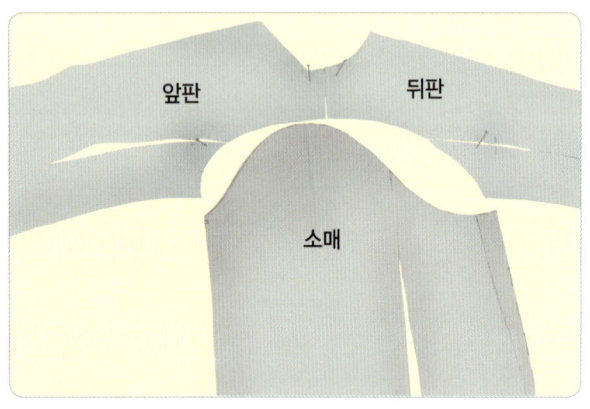

9 암홀을 확인하고 남거나 부족하면 품 쪽에서 줄이거나 늘리는 것이 좋다.

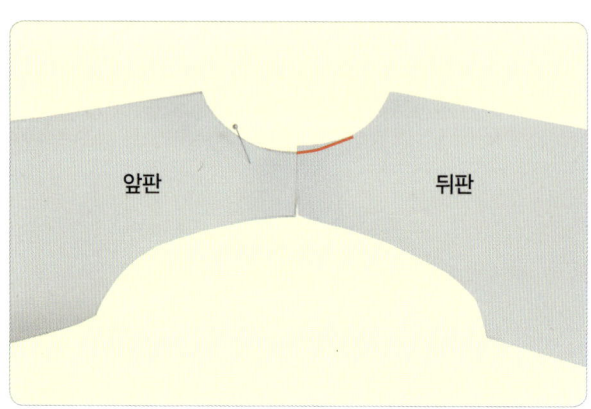

10 칼라가 없는 라운드는 목 라인에서 수정한다.

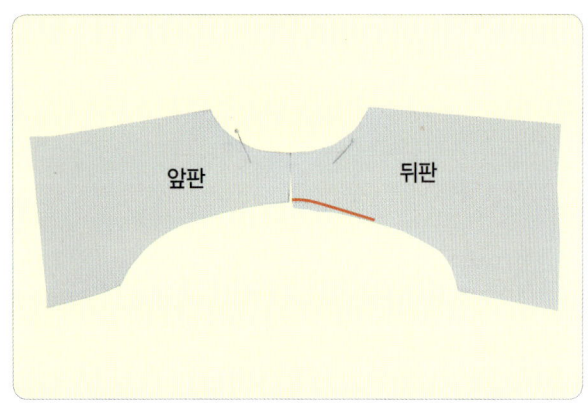

11 칼라가 있고 민소매일 경우는 암홀에서 수정한다.

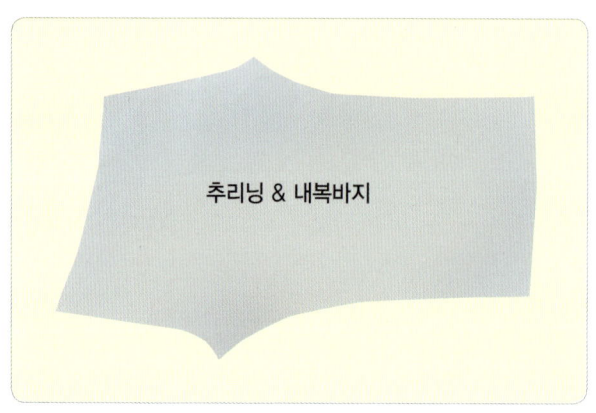

12 추리닝 & 내복바지 패턴이다.

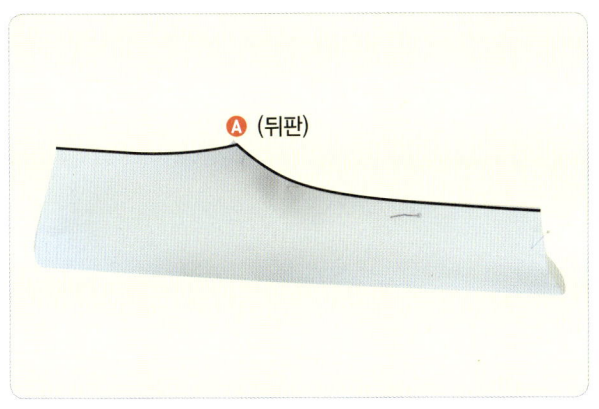

13 반으로 접어서 다리통을 맞추어본다. 차이가 나면 뒤판 Ⓐ 부분을 올리거나 내려서 조정한다.

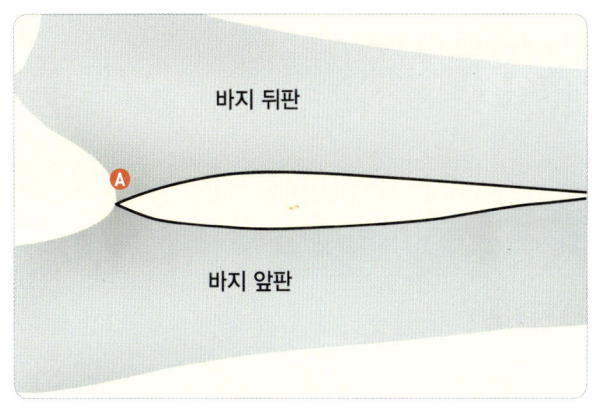

14 바지 안쪽 부분을 맞추어보고 맞지 않으면 뒤판 Ⓐ 부분을 올리거나 내려서 조정한다.

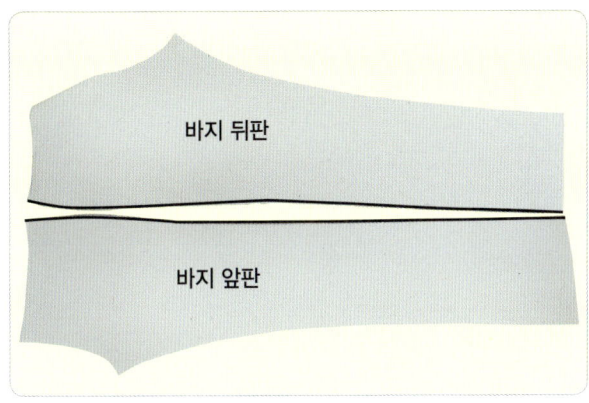

15 길이를 맞춰보고 맞지 않을 때는 **14**에서 길이를 맞추었으니 허리 부분에서 잘라 내거나 늘려주어야 한다.

16 바지 허릿단은 중심선에서(빨간색) 수정하는 것이 좋다.

tip

상의는 연결되는 부분마다 서로 확인할 때 연결되는 부분이 또 다른 부분과 연결되는지 확인하고 둘 중 어느 것이 더 중요한가를 찾아낸다. 이때 덜 중요한 부분을 수정한다. 예를 들면, 어깨와 칼라 부분(목)은 어깨를 수정하고, 옆구리 연결할 때는 암홀보다 길이에서 수정하는 것이 소매까지 수정해야 하는 것을 방지한다. 바지는 앞뒤판 밑위길이를 먼저 수정하고 좌우를 수정하는 것이 바람직하다. 본뜨기를 한 뒤 패턴을 연결되는 부분마다 서로 맞추기를 해야 깔끔한 옷을 만들 수 있다.

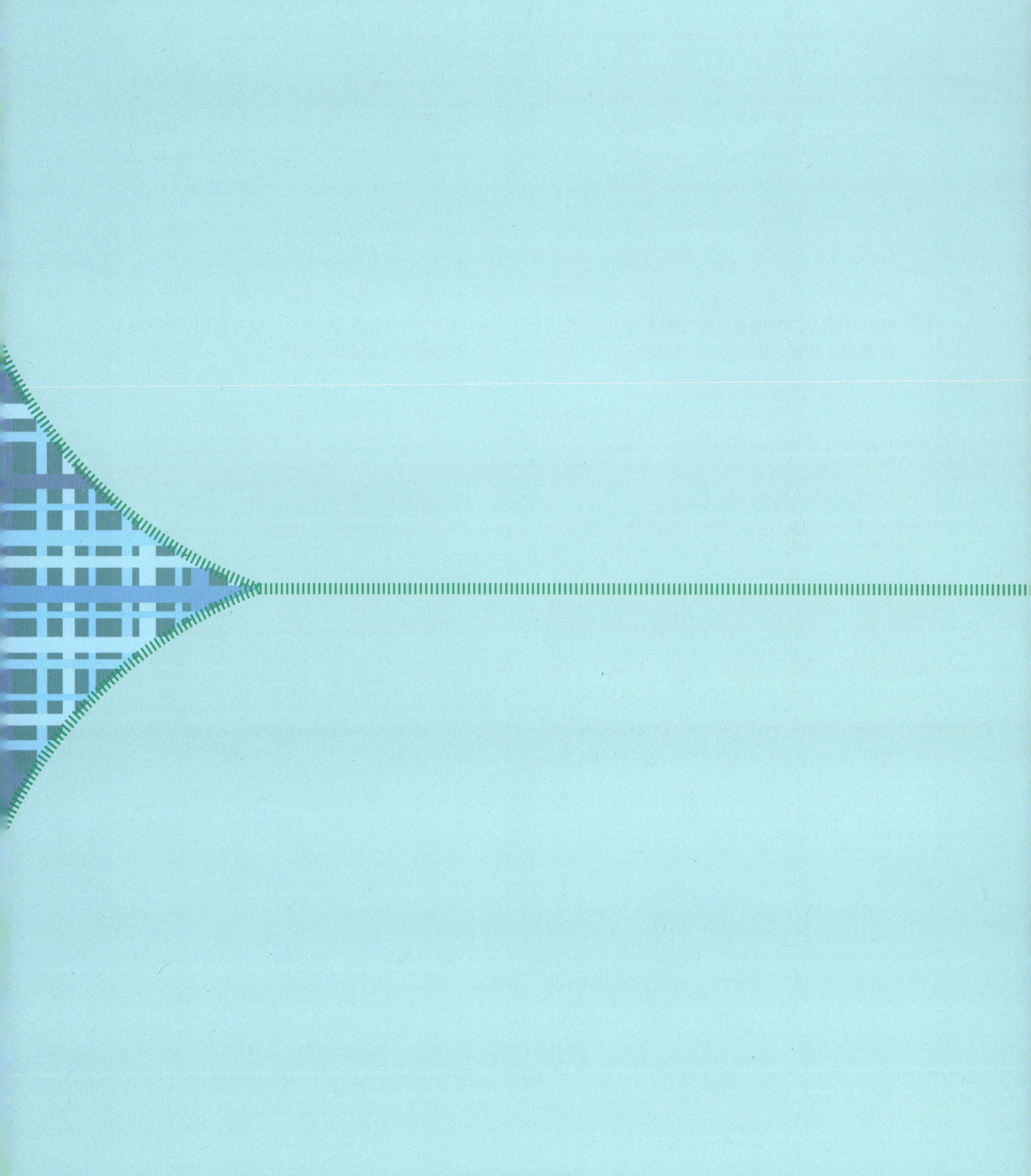

Chapter

3

부분작업(1)
주머니 만들기

- 바지 뒷주머니 만들기
- 바지 · 코트 옆주머니 만들기
- 바지 앞주머니 곡선으로 만들기
- 바지 앞주머니 사선으로 만들기
- 지퍼주머니 만들기
- 재킷 입술주머니 만들기
- 점퍼 · 코트용 주머니 만들기

바지 뒷주머니 만들기

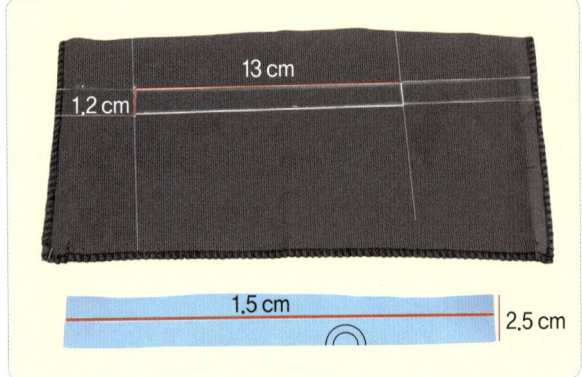

1 몸판에 13 cm와 1.2 cm를 그린다. 파란색도(골선) 15 cm(여유분 2 cm 포함)와 2.5 cm(여유분 1.3 cm 포함)를 그린다.

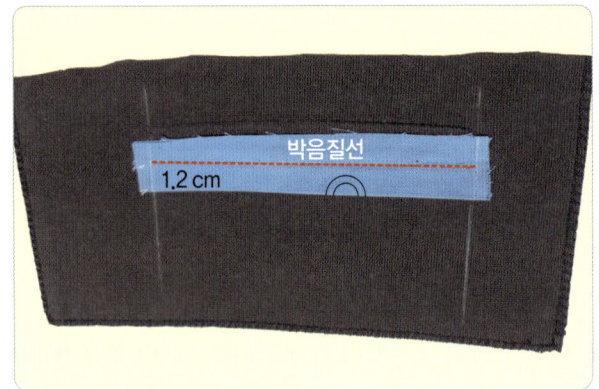

2 1.2 cm 폭으로 13 cm 길이를 빨간색 점선을 따라서 박음질한다.

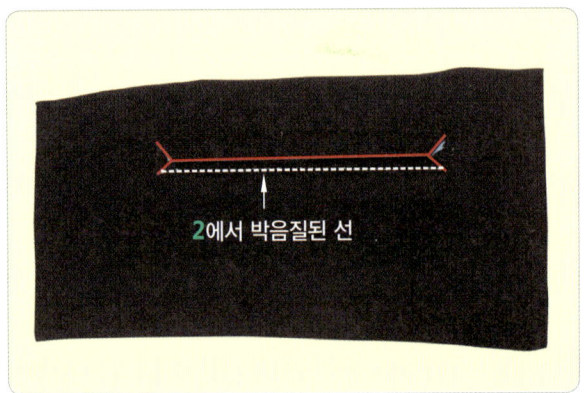

3 2를 뒤집어 빨간색 선을 따라서 자른다.

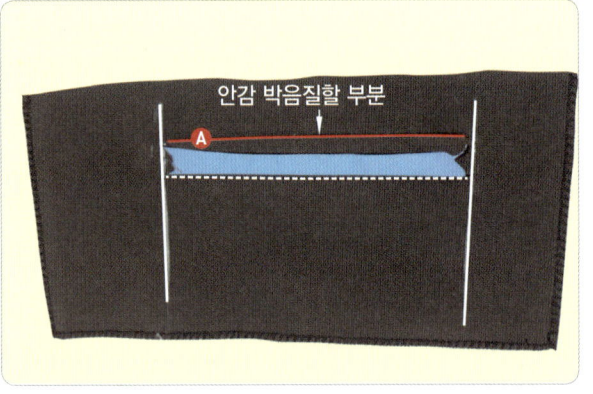

4 잘라진 곳으로 파란색을 뒤집는다. 흰색 선 부분이 2의 박음질된 부분이며 파란색 부분을 빼내면 된다.

5 4의 빨간색 선 부분에 안감을 올려놓고 박음질은 화살표 안쪽에서 한다.

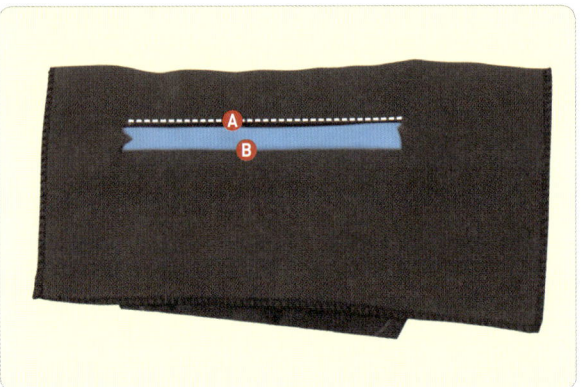

6 Ⓐ를 박음질하고 위에서 눌러 박음질한 모습이다.

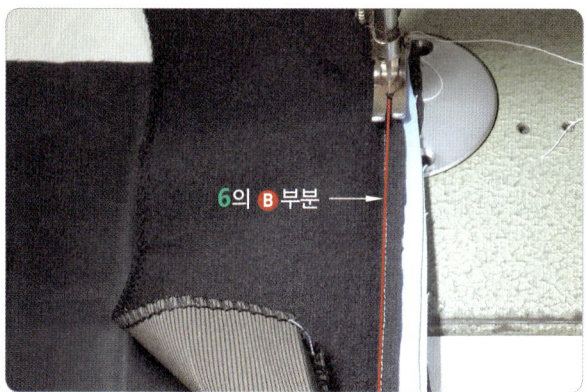

6의 Ⓑ 부분 →

7 6의 Ⓑ부분 파란색 입술부분 안감과 함께 빨간색 선 쪽에서 박음질한다.

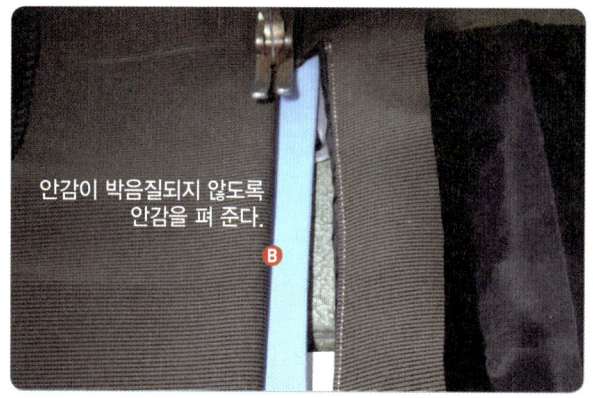

안감이 박음질되지 않도록
안감을 펴 준다.
Ⓑ

8 위에서 한 번 더 눌러 박음질할 때 위 안감이 박음질되지 않도록 주의해야 한다.

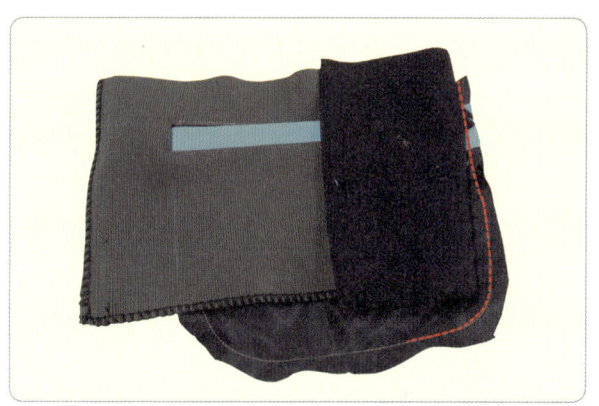

9 빨간색 부위를 따라서 주머니 형태를 만들어 박음질한다.

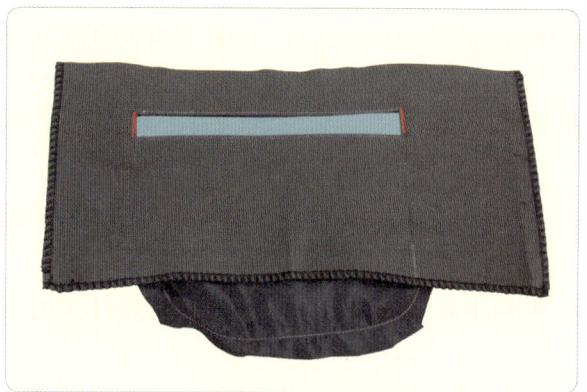

10 빨간색 선 양쪽을 튼튼히 박음질한다.

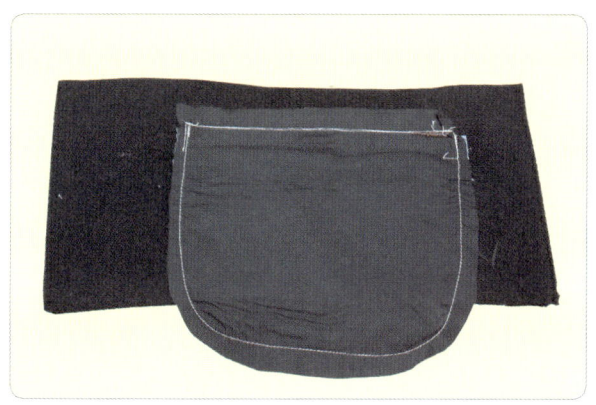

11 완성된 뒷모습이다.

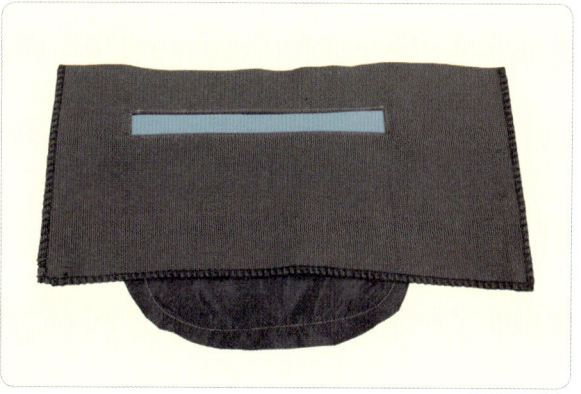

12 완성 모습.

바지 · 코트 옆주머니 만들기

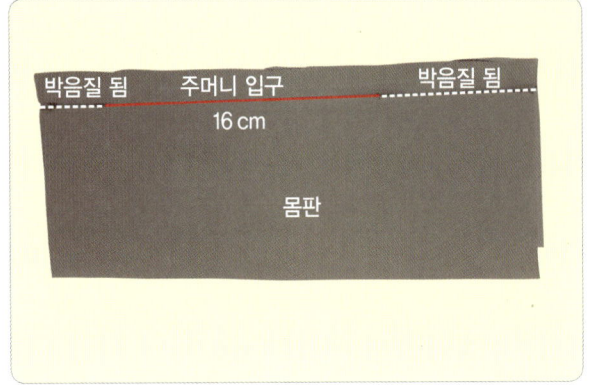

1 16 cm 입구를 남기고 나머지를 박음질한다.

2 흰색 점선은 박음질된 선이다. 가름솔로 다림질한다.

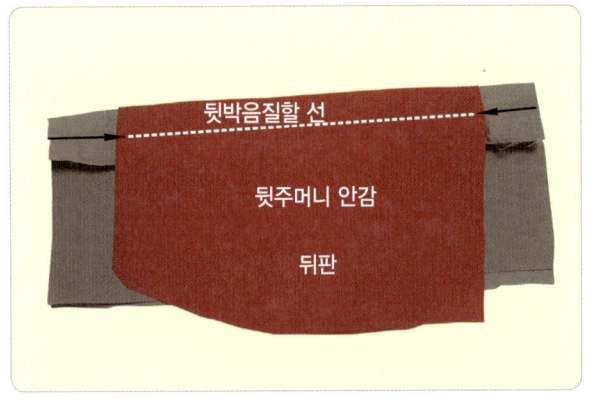

3 뒤판 주머니 안감은 앞판보다 2 cm 크게 하며 봉제선 위에 올려놓는다. 주머니 뒤판은 겉감 원단을 사용한다.

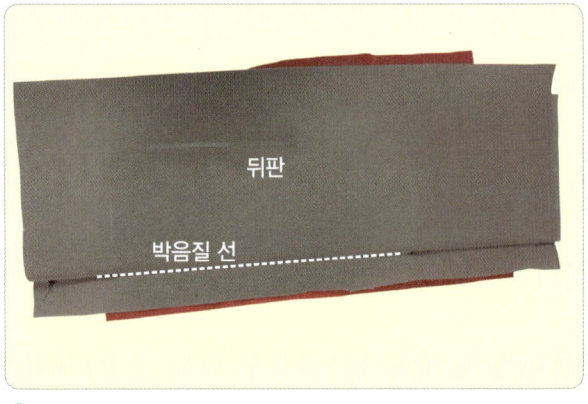

4 주머니 안감을 박음질할 때는 겉감 쪽으로 향하여 **3**의 박음선을 따라 봉제 끝선을 박음질한다.

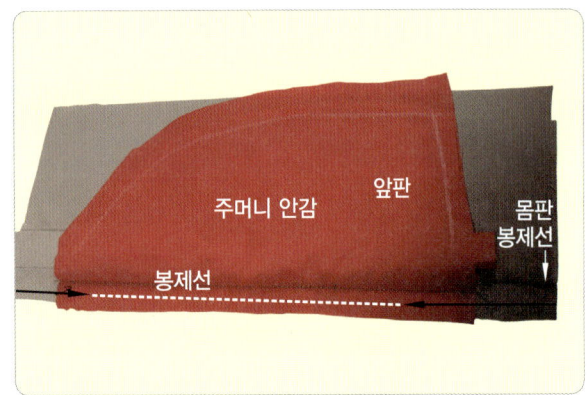

5 뒤판 안감 위에 앞판 안감을 올려놓는다.

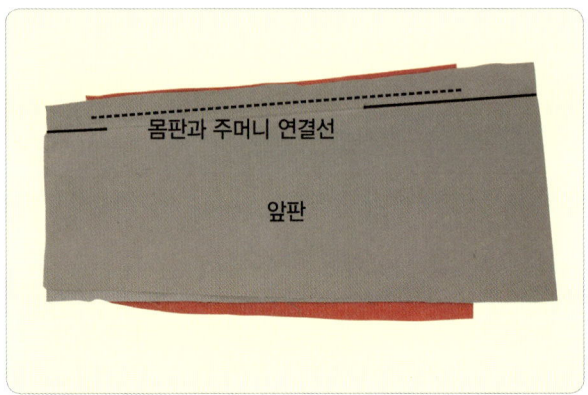

6 앞판을 박음질할 때는 봉제선에서 떨어져서 **5**의 봉제선을 따라 박음질한다.

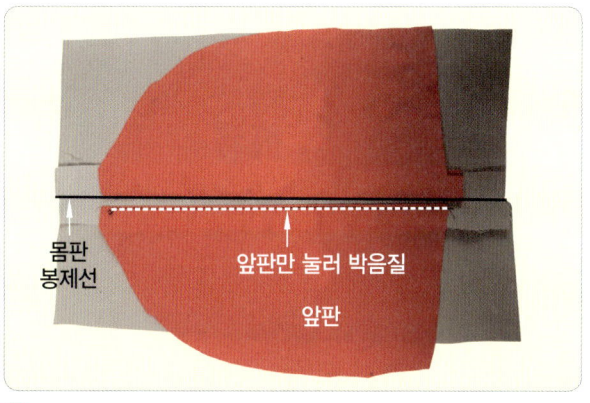

몸판
봉제선

앞판만 눌러 박음질

앞판

7 주머니 안쪽 앞판에서 눌러 박음질을 해 준다. 이때 겉감이 박음질되지 않게 여유분에 박음질한다.

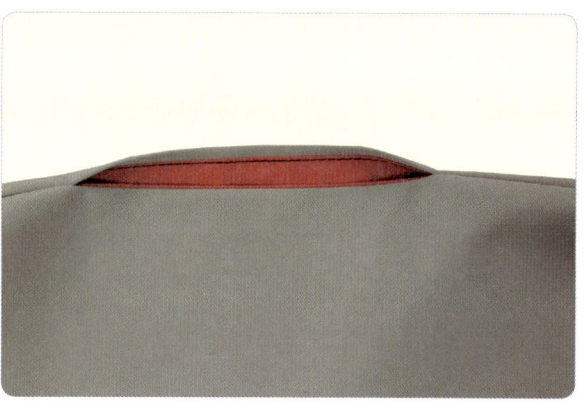

8 겉에서 봤을 때 앞쪽에 7에서 눌러 박음질된 선이 보인다.

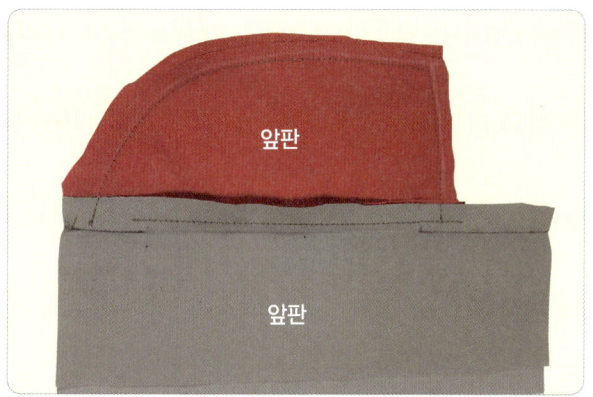

앞판

앞판

9 주머니 안감을 박음질할 때 앞뒤가 바뀌지 않도록 주머니 안감을 앞쪽으로 향하게 하고 박음질한다.

앞판

주머니 입구

10 완성 모습.

바지 앞주머니 곡선으로 만들기

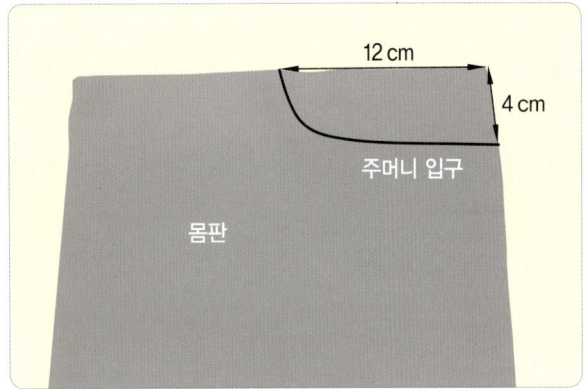

1 12 cm와 4 cm를 그린다.

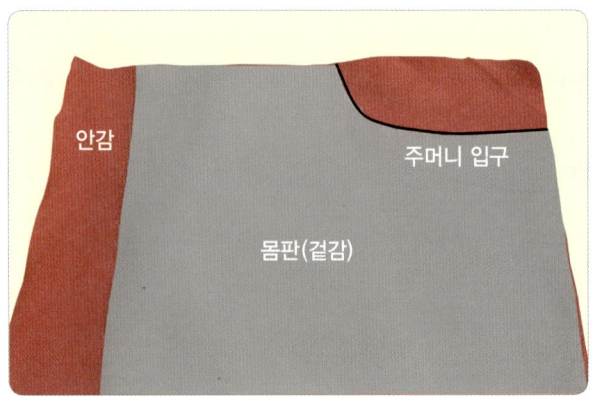

2 안감을 겉감과 같이 검은색 부분 주머니 입구에 맞추어 자른다.

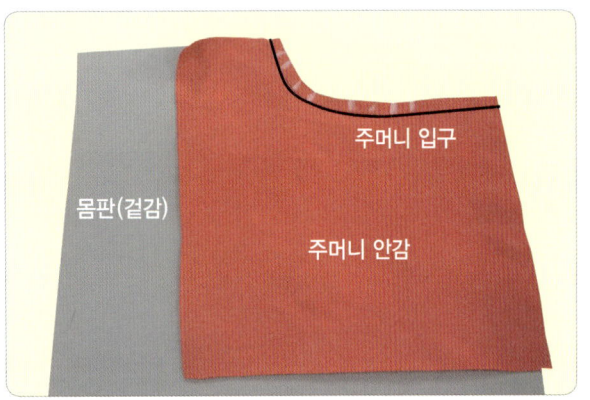

3 검은색 선을 따라서 1 cm 여유분으로 박음질하고 흰색 부분을 따라서 가위로 잘라 접었을 때 울지 않도록 한다.

4 뒤집어 다림질할 때 안감이 보이지 않도록 할 수도 있다.

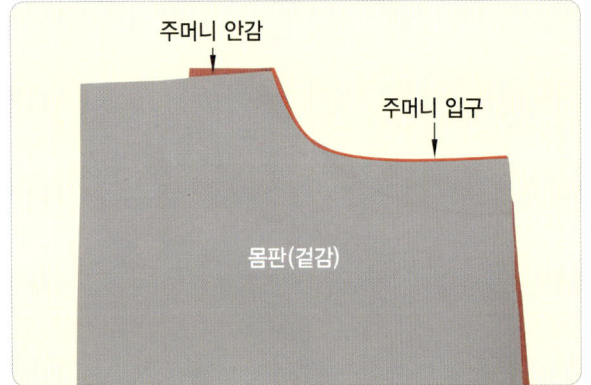

5 뒤집어 다림질할 때 안감이 보이도록 할 수도 있다. 주머니 안감 아래는 같은 원단을 사용한다.

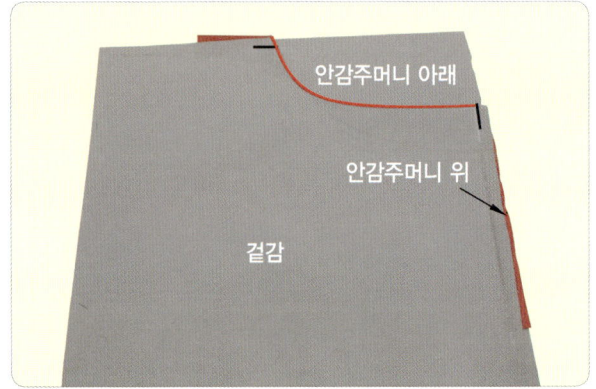

6 안감주머니를 아래에 놓고 검은색 부분만 박음질로 고정한다. 안감주머니 아래 부분은 겉감을 사용한다.

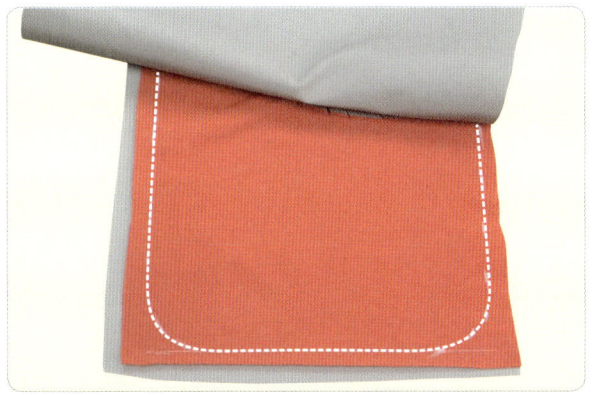

7 선을 따라서 주머니 모양을 박음질한다.

주머니 입구

8 완성 모습. 주머니가 움직이지 않도록 검은색 선 부위를 박음질한다.

바지 앞주머니 사선으로 만들기

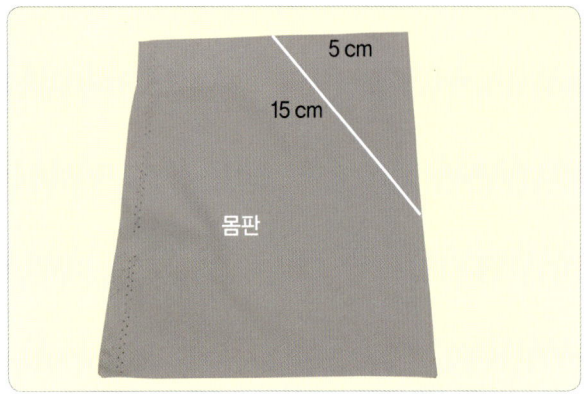

1 15 cm와 5 cm를 그리고 잘른다. 5 cm 폭은 자유롭게 한다.

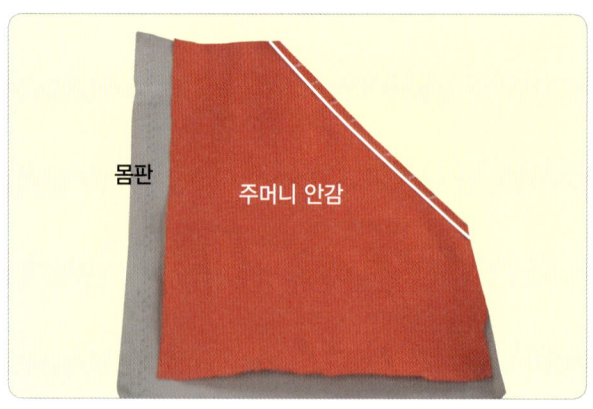

2 안감도 같이 잘라서 흰색 선을 따라서 1 cm 여유분을 넣고 박음질하고, 흰색 부분을 가위로 잘라 뒤집었을 때 울지 않도록 한다.

3 뒤집어 다림질할 때 안감이 보이지 않도록 할 수도 있다.

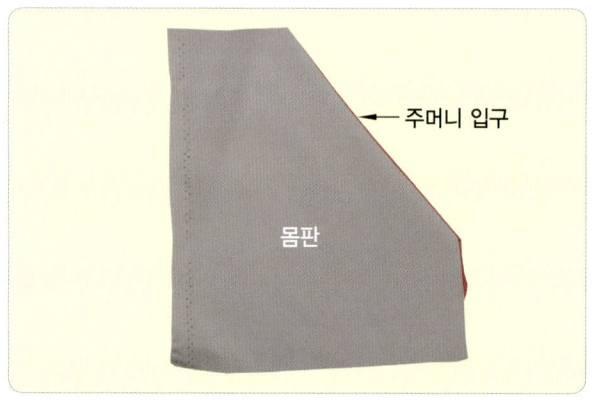

4 뒤집어 다림질할 때 안감이 보이도록 할 수도 있다.

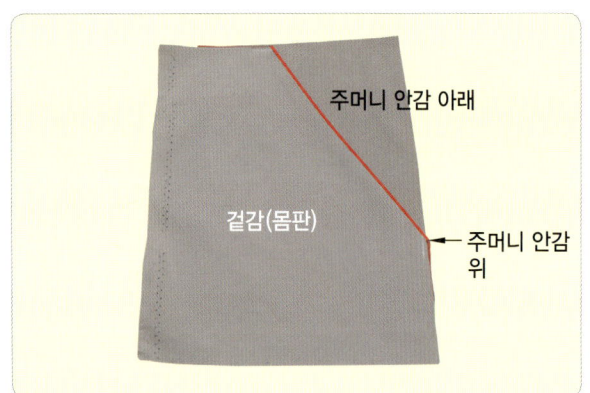

5 주머니 안감과 겉감을 맞추어 놓는다. 주머니 안감 아래는 같은 원단을 사용한다.

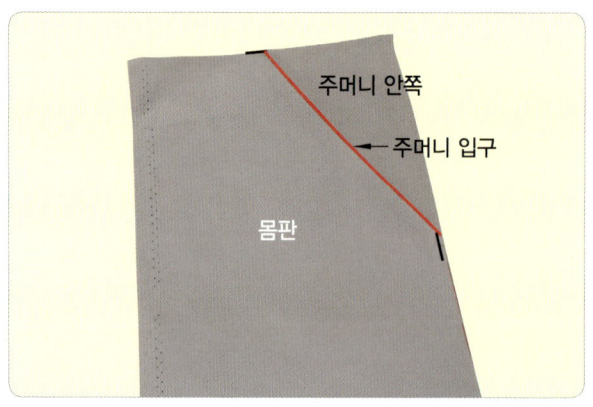

6 검은색 부분을 시침 박음질하면 주머니 속을 박을 때 편하다.

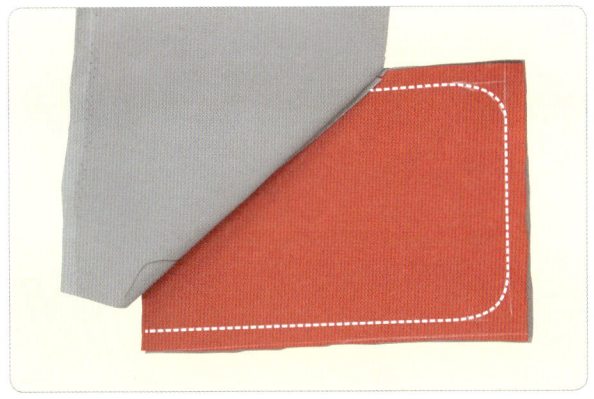

7 선을 따라서 주머니 속을 박음질한다.

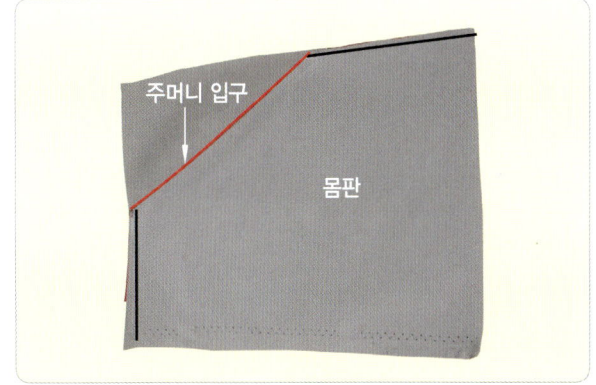

주머니 입구

몸판

8 완성 모습. 검은색 선 부분을 박음질하여 주머니와 몸판이 붙어있게 한다.

지퍼주머니 만들기

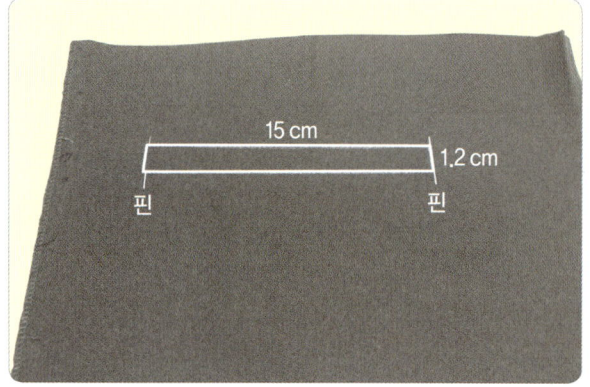

1 길이 15 cm와 폭 1.2 cm를 그리고 핀을 꽂는다.

2 뒤집어 핀을 꽂은 곳에 맞추어 심지를 붙인다.

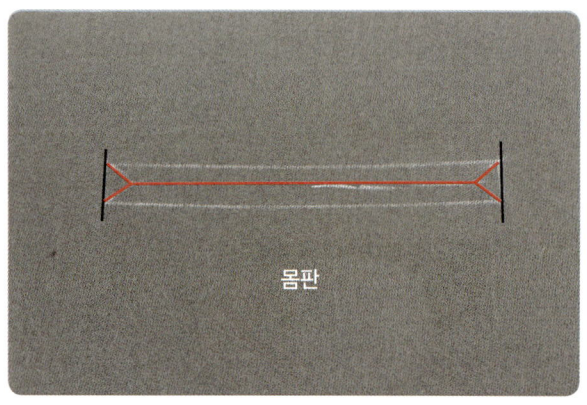

3 빨간색 모양을 따라서 자를 때 검은색 선의 직선과 맞아야 깔끔하다.

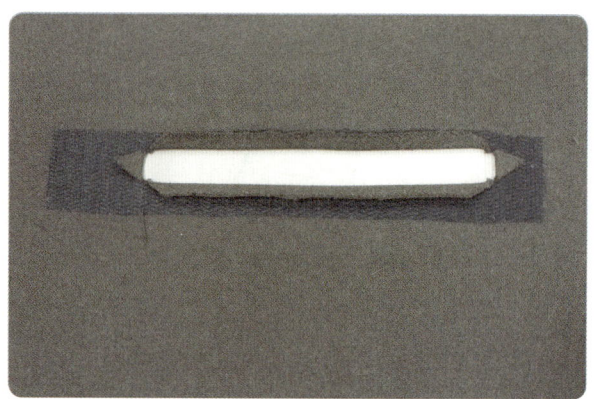

4 자른 모양을 따라서 접어 다림질한다.

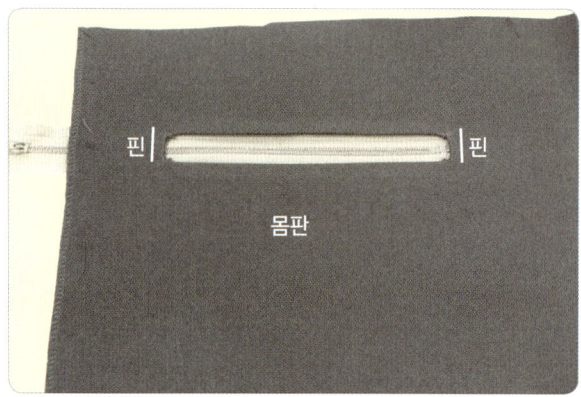

5 지퍼를 모양에 따라서 넣고 핀으로 고정한다.

6 끝의 흰색 선을 따라서 박음질한다. 노루발은 좁은 것 (½)을 사용하면 좋다.

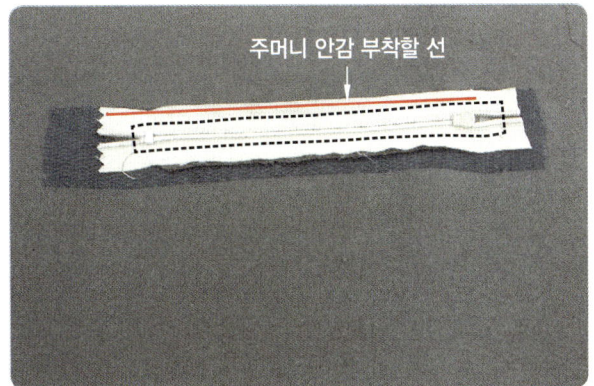

7 뒷면에 박음질된 모습이다. 빨간색 부분에 안감을 부착한다.

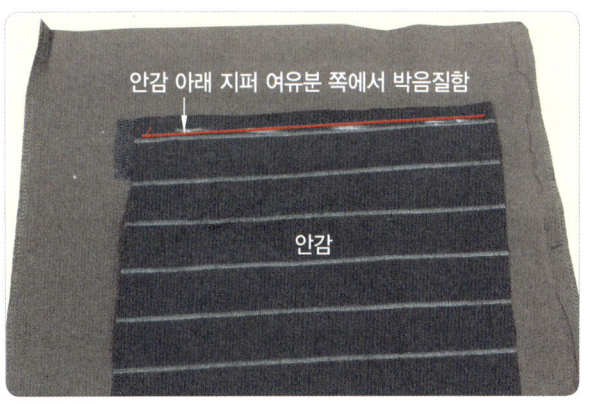

8 7의 빨간색 부분에 주머니 안감을 덮고 지퍼 여유분하고 안감을 박음질한다.

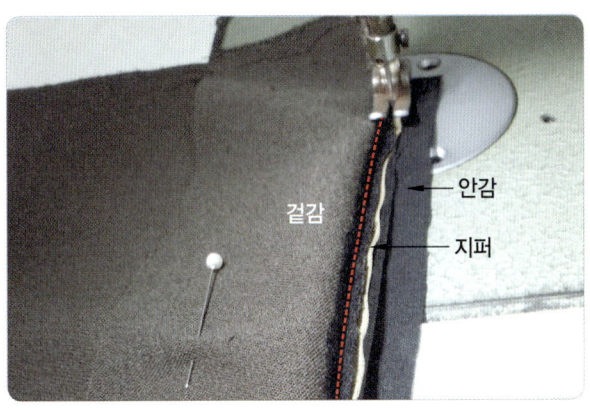

9 박음질할 때는 지퍼 부분에서 하며 노루발은 좁은 것을 사용하면 좋다.

10 아래 부분도 빨간색 선 부위로 안감을 박을 예정이다.

11 지퍼를 안감으로 덮고 10의 빨간색 선을 따라서 박음질한다.

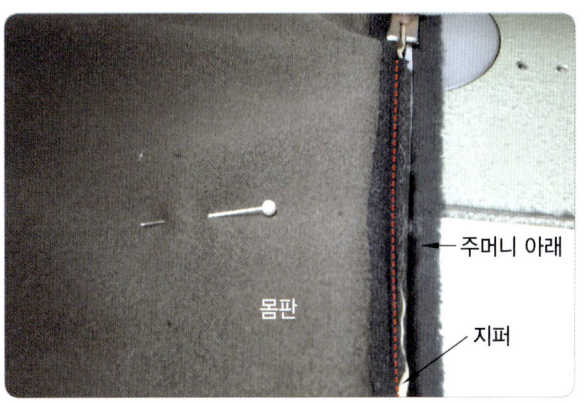

12 박음질할 때는 지퍼 쪽에서 하며 노루발은 좁은 것으로 바꾸어 하면 좋다.

13 좌우 빨간색 부분의 삼각 부분을 튼튼히 박음질하며 점선을 따라 주머니를 완성한다.

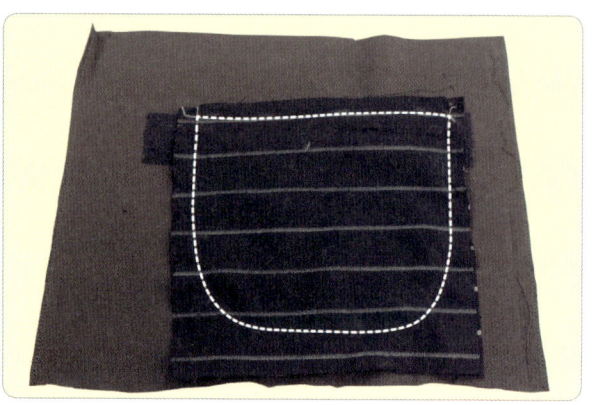

14 주머니 박음질된 뒷모습이다.

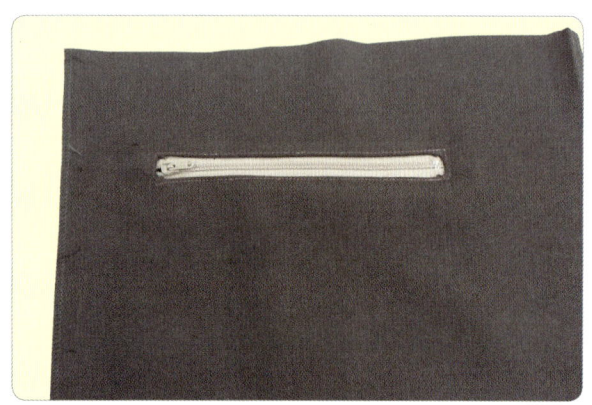

15 완성된 지퍼주머니로 주로 안감에 많이 사용한다.

재킷 입술주머니 만들기

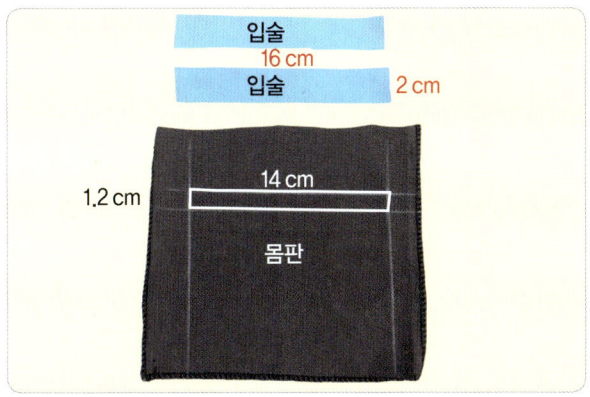

1 파란색 16 cm와 2 cm(여유분 포함)를 2장 만들고, 몸판에 14 cm와 1.2 cm를 그리고 주위를 넓게 표시한다.

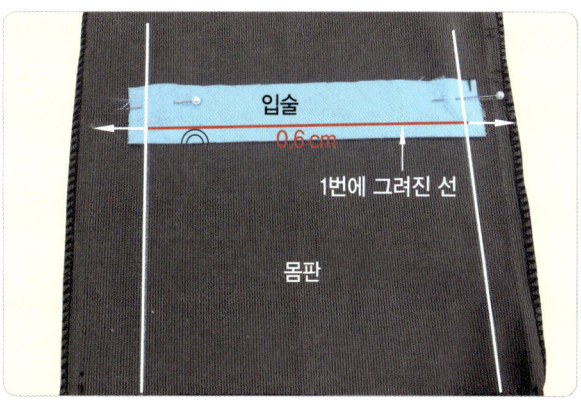

2 14 cm를 0.6 cm 폭으로 박음질할 때 미리 넓게 그려진 흰색 선에 맞추어 박음질하면 좋다.

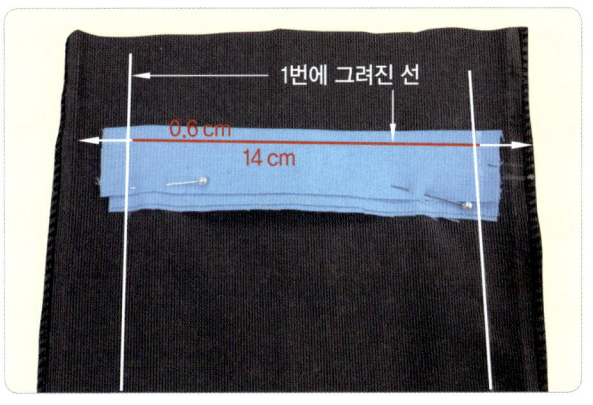

3 윗면도 14 cm 길이와 0.6 cm 폭으로 미리 넓게 그려진 흰색 선에 맞추어 박음질한다.

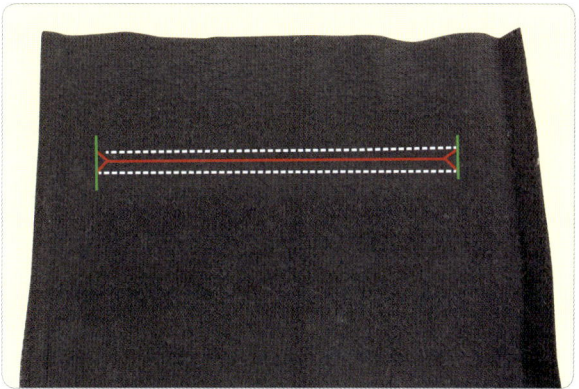

4 뒷면이다. 빨간색 선을 따라 자를 때 초록색 부분이 직선이 되어야 입술 모양이 깔끔하다.

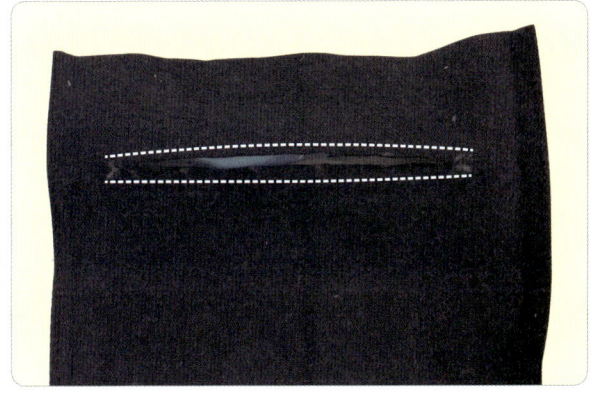

5 자른 후 파란색이 보이는 곳으로 입술을 뒤집는다.

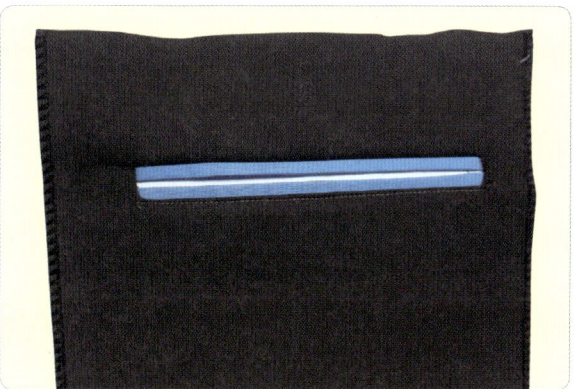

6 뒤집은 모습이다.

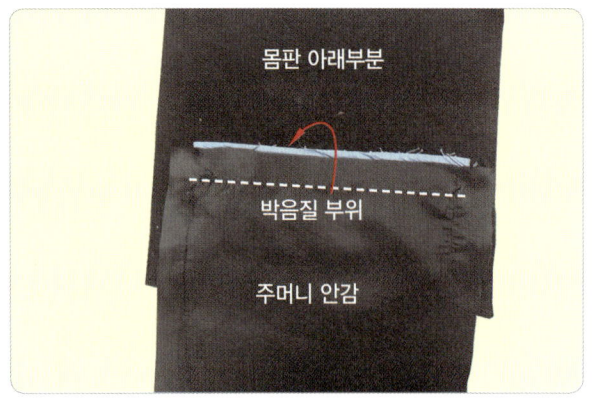

7 뒷면에서 안감을 덮고 뒷면에서 박음질한다.

8 7을 박음질하는 모습이다.

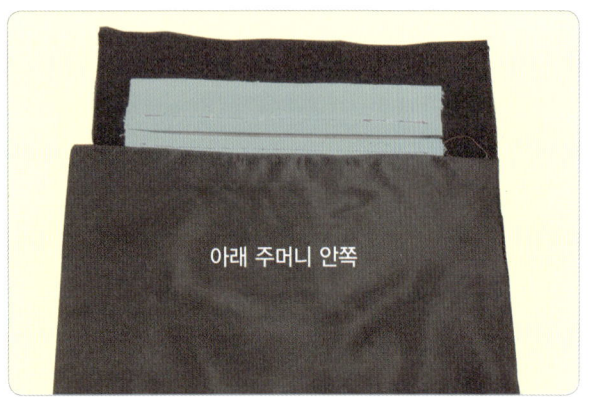

9 8의 박음질 후 뒤집은 모습이다.

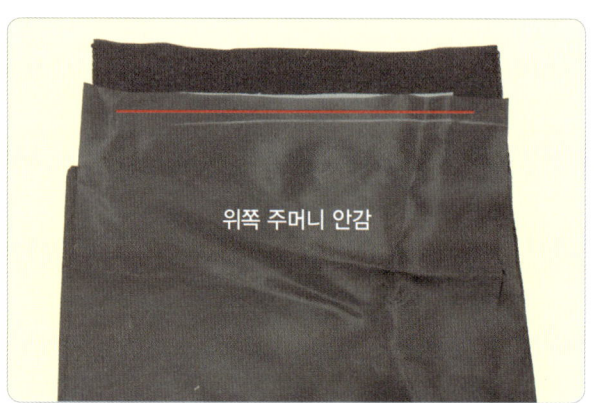

10 윗면도 안감을 덮어주고 박음질은 지퍼 쪽에서 한다.

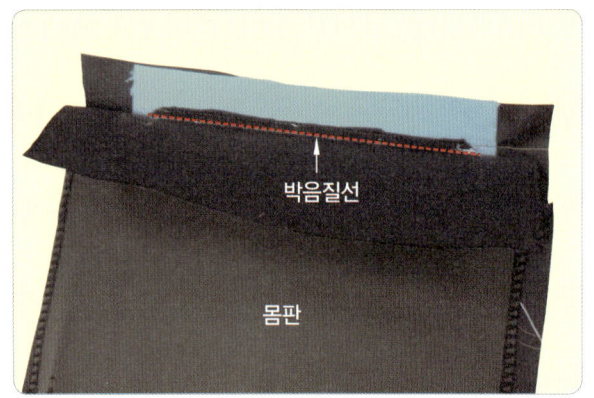

11 10의 박음질이다.

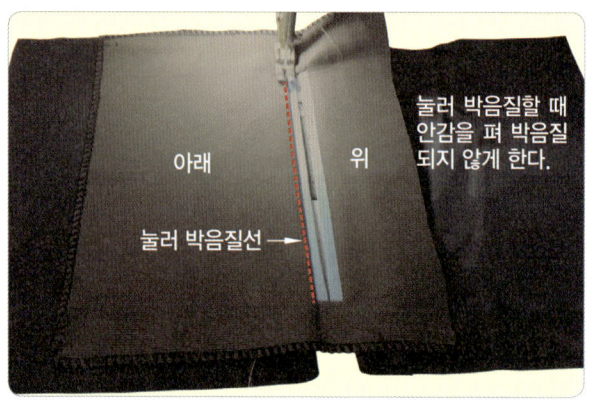

12 안감을 벌려 아래쪽 끝을 박음질해야 들뜨지 않고 손이 들어간다. 겉면에서 박음질선이 보이면 안 된다.

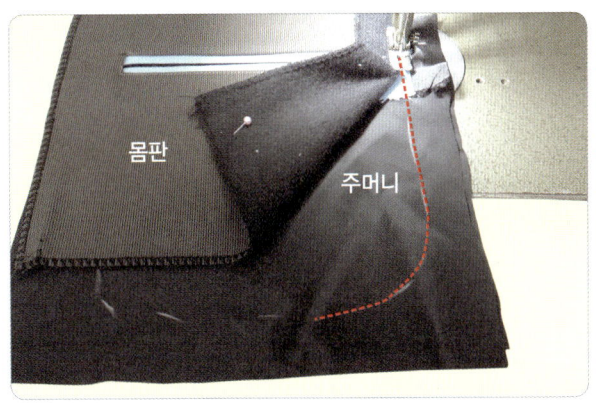

13 끝 부분의 삼각이 박음질되도록 하여 빨간색 선을 따라 안감을 박음질한다.

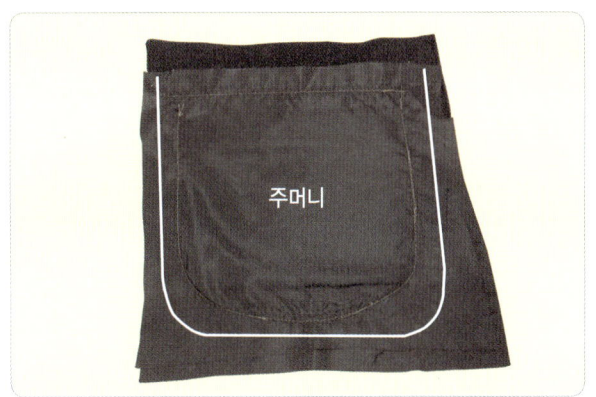

14 박음질된 뒷모습이다. 흰색 선을 따라 여유분을 잘라 낸다.

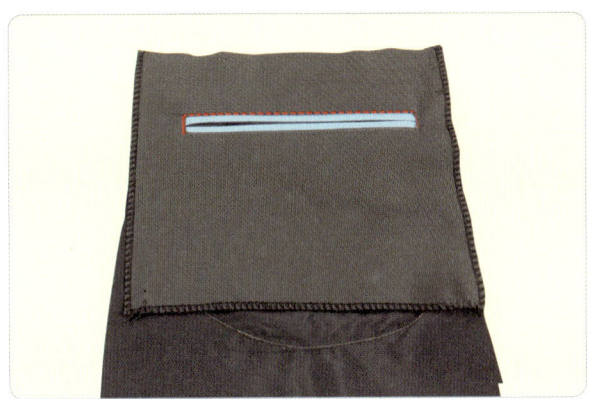

15 겉면에서 빨간색 선을 따라서 눌러 박음질 해주면 완성이다.

점퍼 · 코트용 주머니 만들기

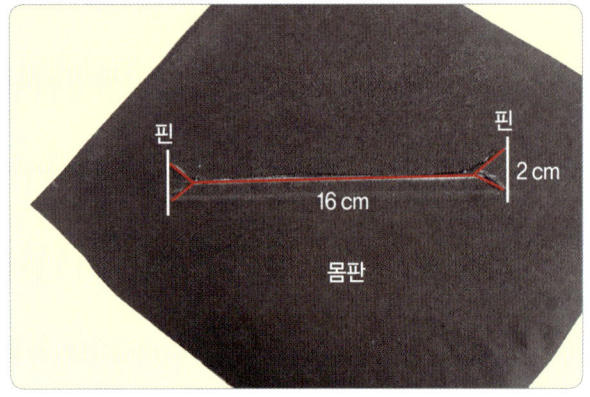

1 16 cm와 2 cm를 그리고 끝에 핀을 꽂는다.

2 핀을 꽂은 곳을 중심으로 안쪽에 심지를 붙인다.

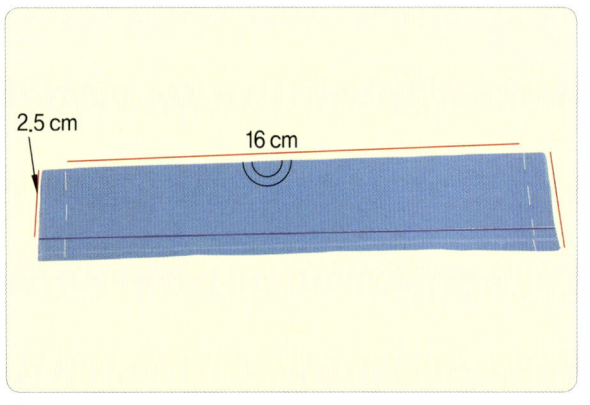

3 길이 16 cm에 여유분 1 cm, 폭 2.5 cm에 여유분 1 cm를 만들어 흰색 선을 박음질한다.

4 흰색 선을 박음질하여 뒤집은 모습이다.

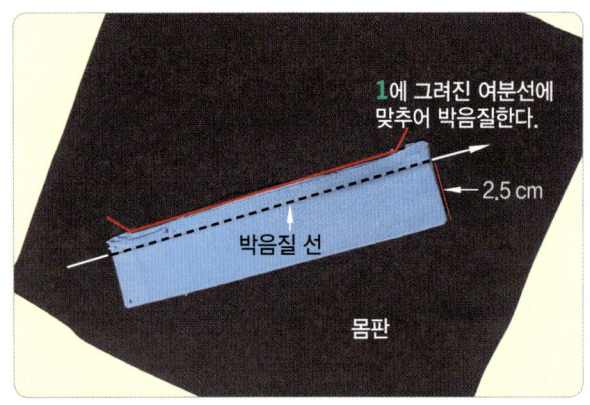

5 **1**의 그림 위에 **4**를 올려놓고 검은색 선을 따라 박음 질한다.

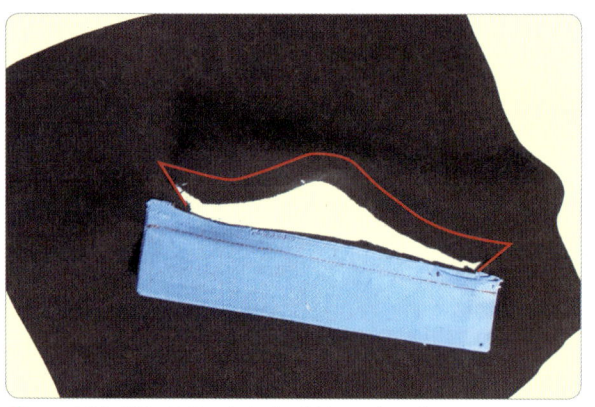

6 **1**의 빨간색 선을 따라서 가위로 자른다.

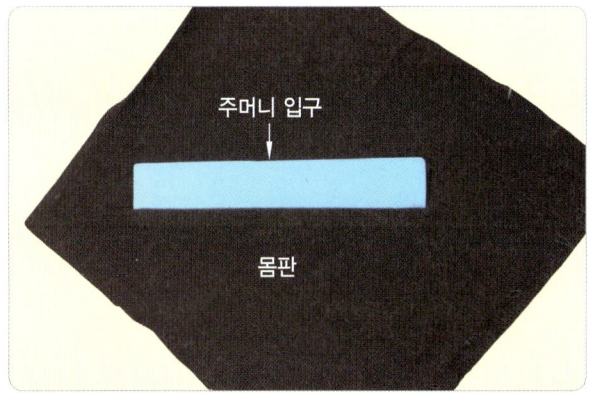

7 파란색을 **6**의 가위로 자른 부분으로 집어넣어 뒤집은 모습이다.

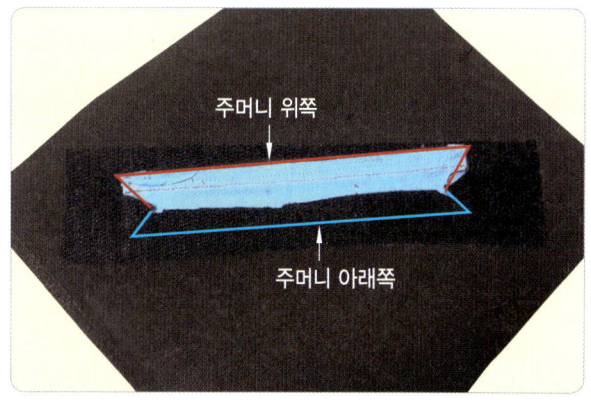

8 **7**의 뒷모습이며 빨간색 부분이 주머니 안감과 박음질 될 부분이다.

9 **8**의 빨간색 선 위에 안감을 덮어 박음질한다.

10 박음질할 때는 지퍼 쪽에서 0.5 cm 띄우고 박음질하는 것이 좋다.

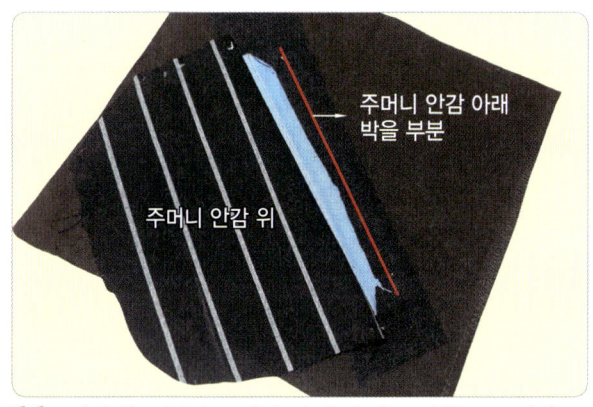

11 빨간색 부분이 주머니 안감 아래쪽 박을 부분이다.

12 안감을 덮는다.

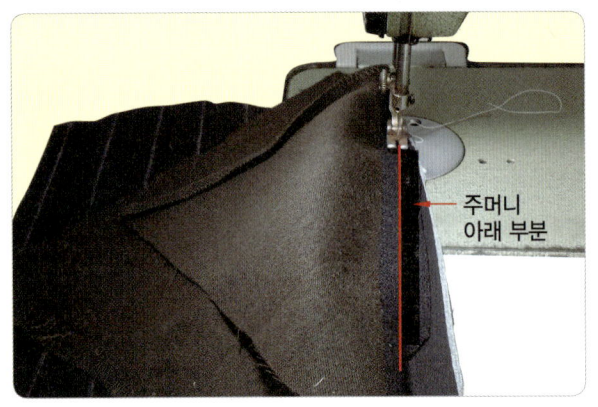

13 주머니 안감은 지퍼 쪽에서 빨간색 선을 따라 박음 질한다.

14 박음질된 모습이다.

15 안감을 박음질한 뒷모습이다.

16 파란색을 들고 빨간색 부분의 삼각 흰색 부분을 튼튼 히 박음질하여 고정시킨다.

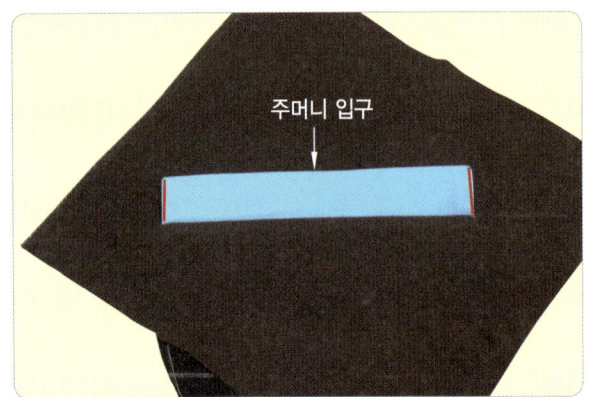

17 파란색 입술을 덮고 좌우 빨간색 부분을 튼튼히 박음 질하여 완성된 모습이다.

부분작업(2) 지퍼 만들기

- 혼실 지퍼 만들기
- 남자 바지 · 면바지 · 청바지용 지퍼 만들기
- 여자 바지 지퍼 만들기
- 티셔츠 지퍼 만들기

혼실 지퍼 만들기

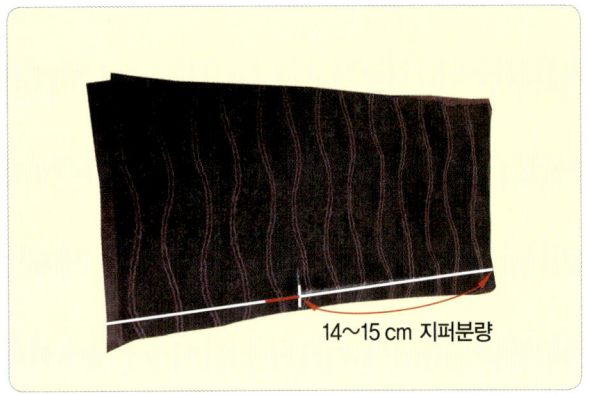

1 지퍼분량까지 전체 박음질하며 빨간색 선이 표시된 부분에서 되돌려 박음질한다.

14~15 cm 지퍼분량

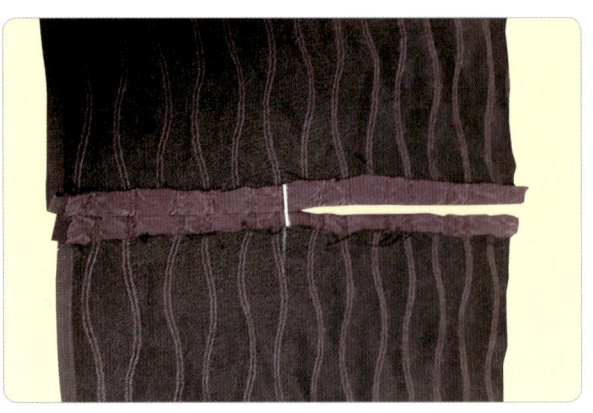

2 가름솔 다림질 후 흰색 선이 표시된 부분까지 지퍼분량을 뜬다.

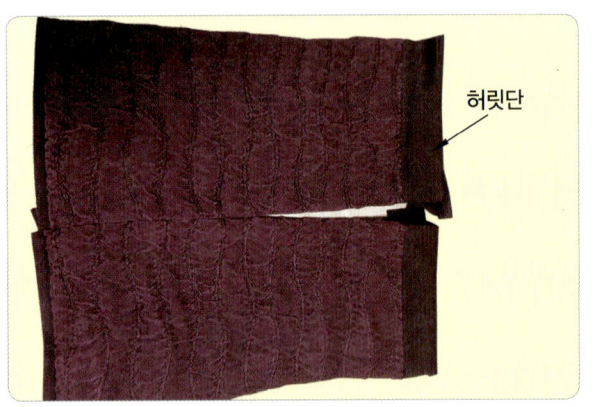

허릿단

3 허릿단을 붙여준 모습이다.

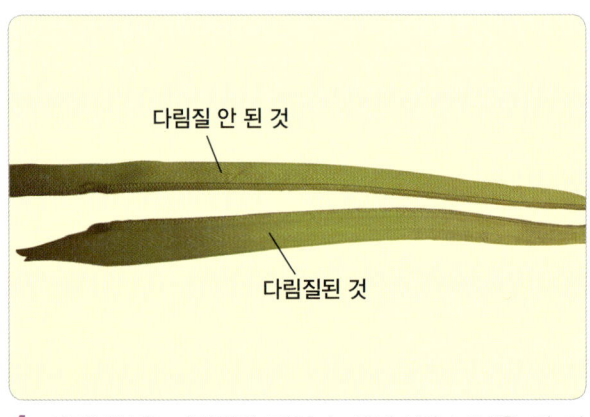

다림질 안 된 것

다림질된 것

4 아랫부분은 다림질된 것이다. 플라스틱 부분을 펴 다림질한다.

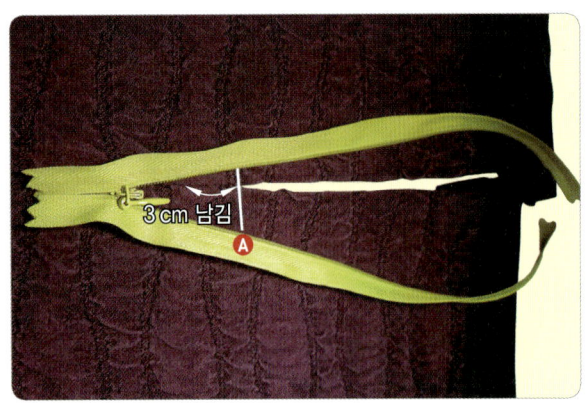

3 cm 남김

Ⓐ

5 3 cm 남김 화살표 표시 지퍼를 트임선보다 3 cm 길게 남겨 둔다.

Ⓐ

6 혼실 지퍼용 노루발을 사용하여 왼쪽부터 박음질하되 **5**의 Ⓐ선까지 박음질한다.

7 치마 봉제선과 지퍼 갈라진 부분이 서로 맞도록 좌우 핀으로 고정한다.

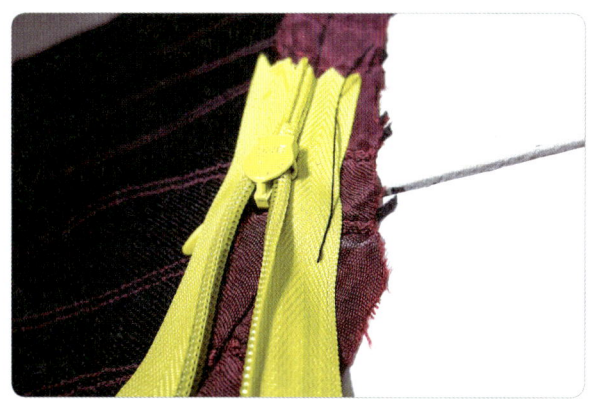

8 핀을 빼고 여유분 쪽으로 시침바느질한다(검은색 실).

9 5의 아래 3 cm 남겨 두었던 곳에 노루발을 넣고 ④선에서 박음질을 시작한다.

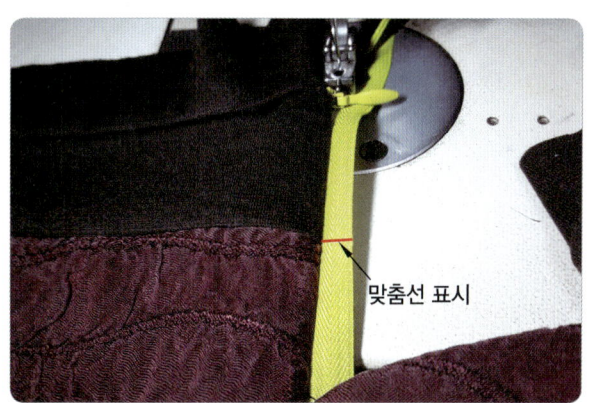

10 원단 연결 부위 쪽 지퍼에 표시하여 좌우 맞춤선을 만든다.

11 맞춤선에 맞추어 흰색 부분을 안쪽에서 미리 박음질하여 선을 맞추어 둔다.

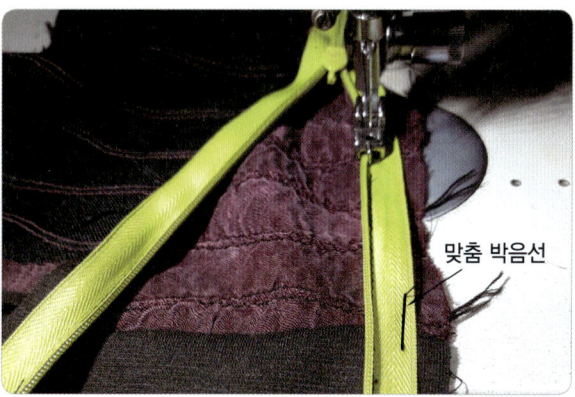

12 오른쪽을 박음질할 때 11에서의 맞춤 박음신이 보인다.

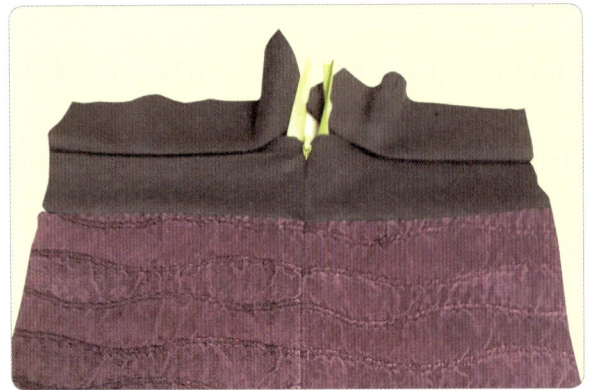

13 겉감이 완성된 모습이다.

14 겉감 허리와 안단의 길이는 같다.

15 겉감과 안단은 같은 길이이다. 하지만 안단을 겉감보다 1 cm 여유분을 남기고 빨간색 선을 따라서 박음질한다. 박음질 순서는 ❶→❷이다.

16 지퍼 플라스틱 부분을 화살표 방향으로 당기며 접어 빨간색 선을 따라서 박음질한다(**15**의 ❷ 박음질 중).

17 겉면이 완성된 모습이다.

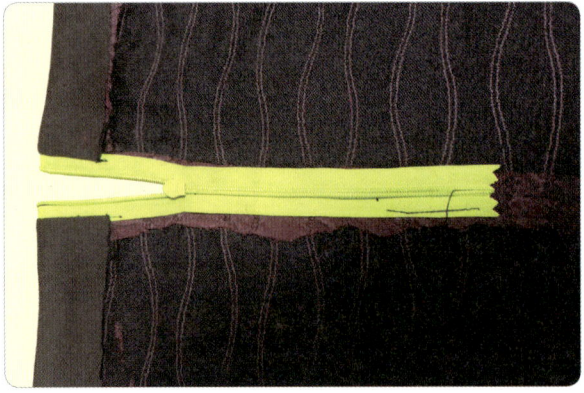

18 안쪽 완성된 모습이다. **15**번에서 1 cm 남긴 부분을 지퍼가 채워 주었다.

남자 바지 · 면바지 · 청바지용 지퍼 만들기

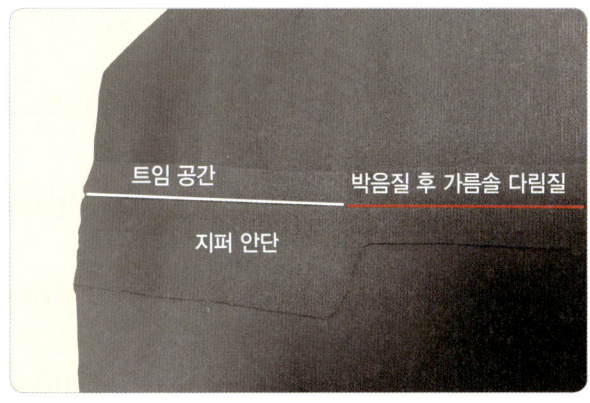

1 지퍼 안단 여유분 4~5 cm, 나머지는 1 cm 여유분으로 한다.

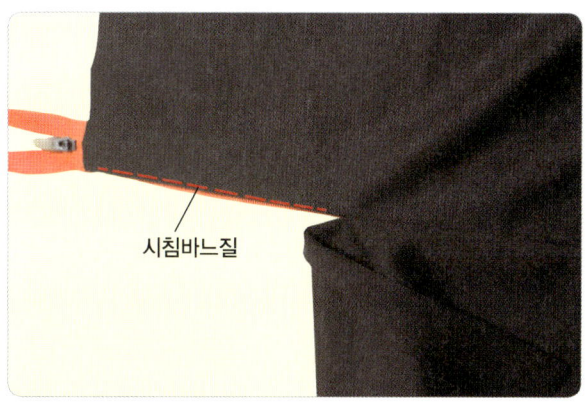

2 끝부분에 0.1~0.2 cm 남기고 시침바느질 또는 핀으로 고정한다(여유분 4~5 cm 부분).

3 고정된 뒷면에서 안단과 지퍼를 박음질한다.

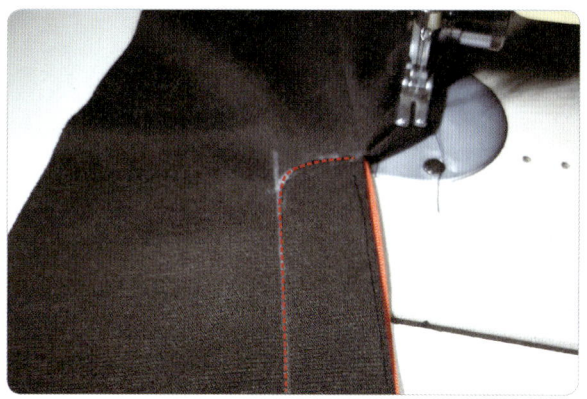

4 안단을 박음질하고 겉면에서 모양을 그려 박음질한다.

5 1 cm 여유분 쪽(흰색 선) 지퍼를 위에서 눌러 박음질한다.

6 지피 이래 안단을 회살표 방향으로 빨간색 선에 맞추어 지퍼 아래에 넣는다.

7 지퍼 아래에 안단을 넣고 흰색 선 부분을 다시 한 번 박음질한다. **5**에서 한 번 박음질하고 **7**에서 또 한 번 박음질한다.

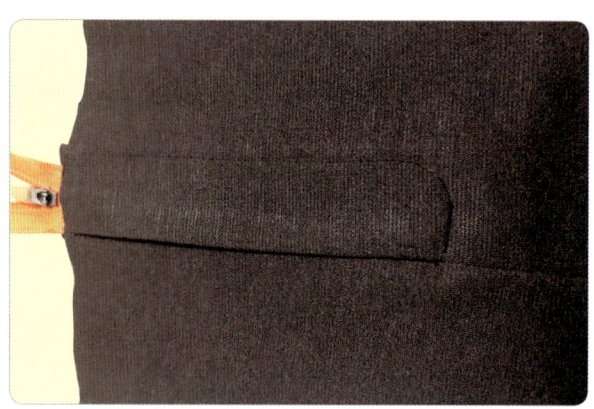

8 완성된 모습이다.

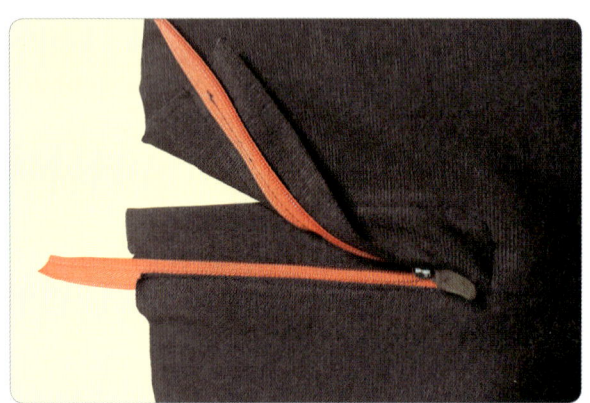

9 지퍼를 열어 본 안쪽 모습이다.

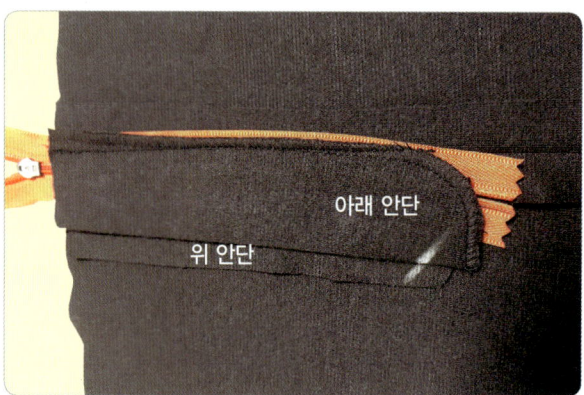

10 뒷모습이다. 아래 안단과 위 안단이 움직이지 않도록 흰색 부분 안단끼리 박음질한다.

여자 바지 지퍼 만들기

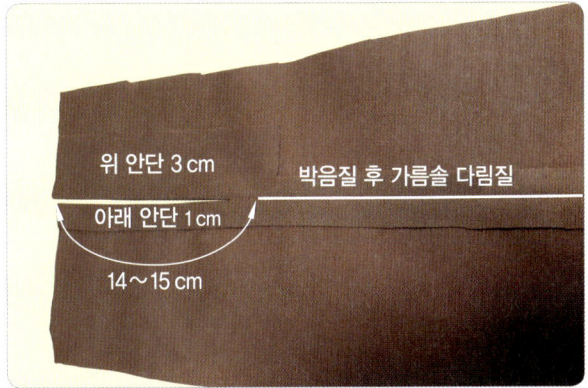

1 위 안단은 3 cm 여유분, 아래 안단은 1 cm 여유분으로 한다.

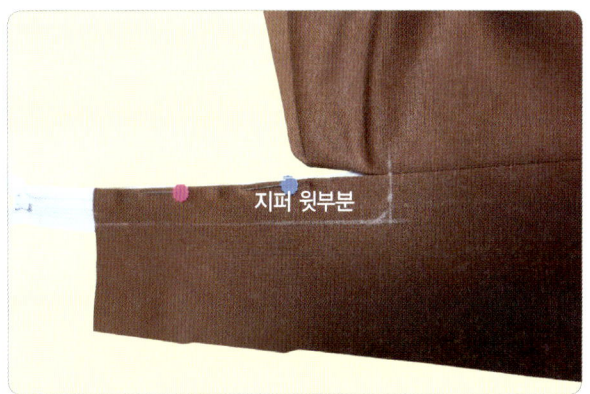

2 지퍼 윗부분(3 cm 여유분 끝쪽)에 핀을 고정하거나 시침한다. 원단보다 지퍼가 1~2 mm 밖으로 보이게 한다.

3 시침선 뒤로 지퍼와 위(3 cm 부분) 안단을 흰색 선을 따라 박음질한다.

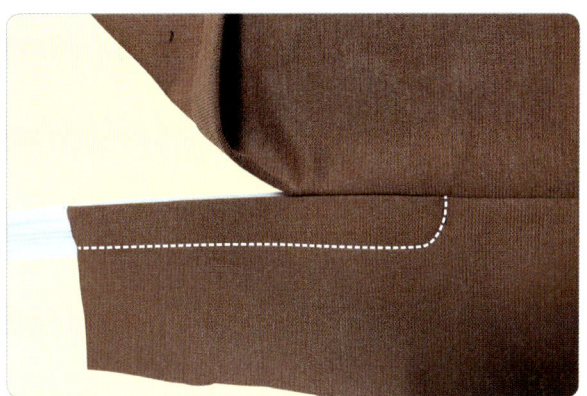

4 그림을 그리고 선을 따라서 위에서 박음질한다.

5 1 cm 여유분의 아래 지피를 박음질한다.

6 안성 모습.

티셔츠 지퍼 만들기

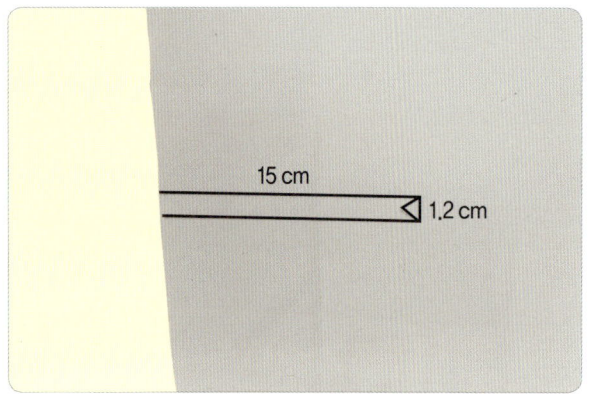

1 길이 15 cm, 폭 1.2 cm와 삼각을 그린다.

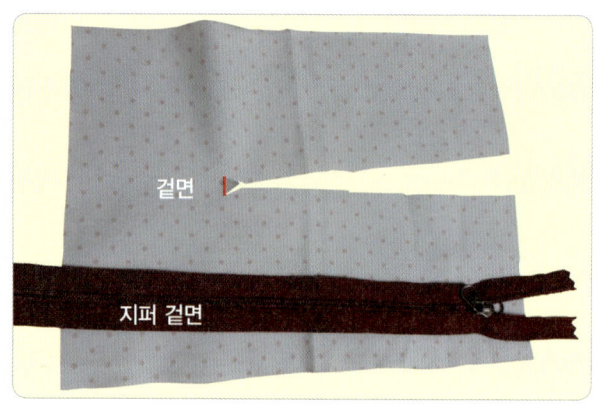

2 모양과 같이 삼각을 잘라주며, 빨간색 부분을 직선으로 만든다.

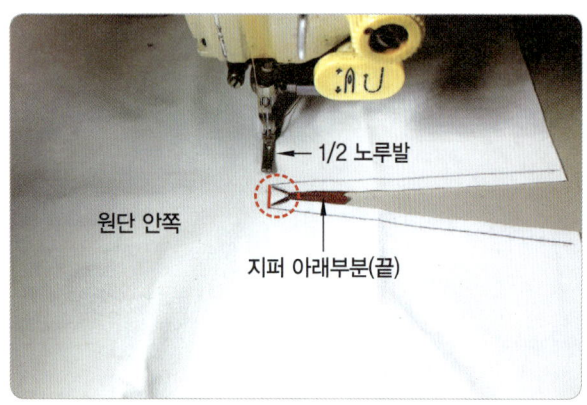

3 지퍼 겉면과 원단 겉면을 마주보게 하고 동그라미 안 삼각 부분 직선(빨간색)을 지퍼와 함께 박음질한다.

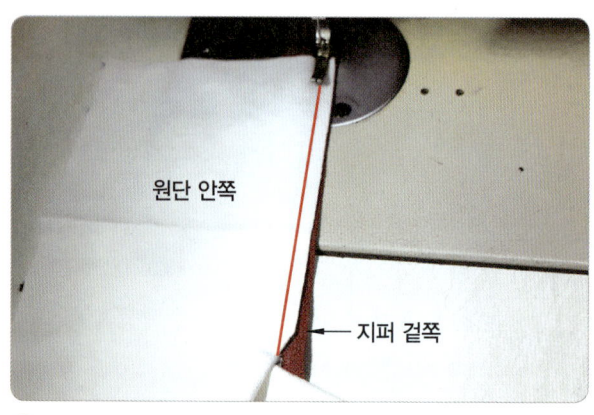

4 지퍼 겉쪽과 원단 안쪽을 마주보게 하고 빨간색 선을 따라서 박음질한다. 겉면에서 모양을 잡아 다림질하고 녹는 심지로 고정하고 박음질해도 된다.

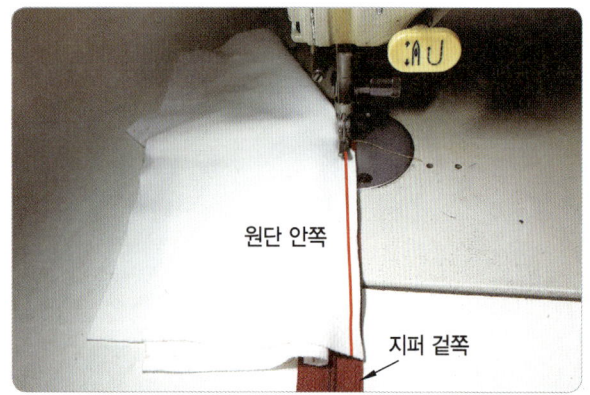

5 반대쪽도 원단 안쪽과 지퍼 겉쪽을 마주보게 하고 빨간색 선을 따라서 박음질한다.

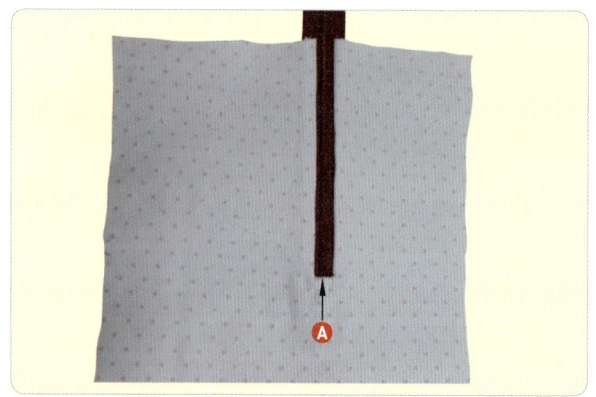

6 완성 모습. 위에서 눌러 박음질로 한 번 더 박음질하기도 한다. **A** 부분이 **3** 안쪽에서 박은 부분이다.

부분작업(3)
칼라 만들기

남방형 앞트임 만들기

1 1 cm와 15 cm의 선을 긋고 끝부분은 삼각 표시한다.

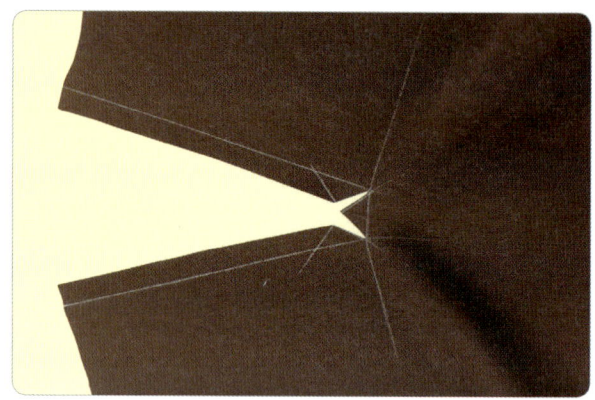

2 위와 같은 모양으로 자른다.

3 안단 원단을 아래에 폭 6 cm, 길이 17 cm 정도 넣고 흰색 선을 따라서 박음질한다.

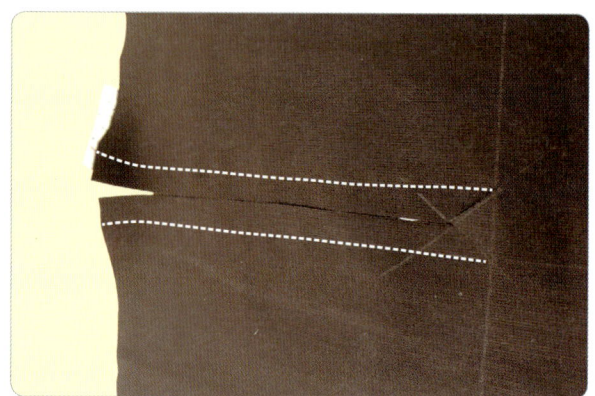

4 양쪽이 박음질된 모습이다.

5 안단 박음질된 것을 1 cm를 접어 다림질한다.

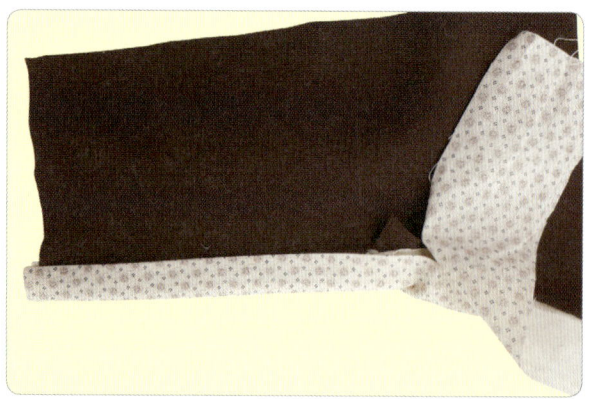

6 5를 반으로 접어 봉제선이 보이지 않을 만큼 덮어 다림질한다.

7 좌우를 같은 방법으로 다림질한다.

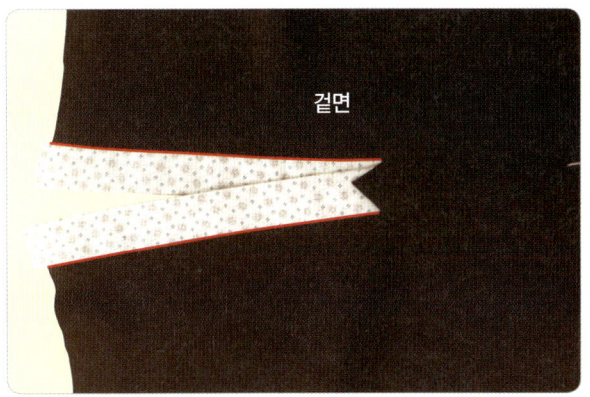

8 겉면에서 끝 박음질하며, 아래 부분이 박음질되도록 한다(빨간색 선).

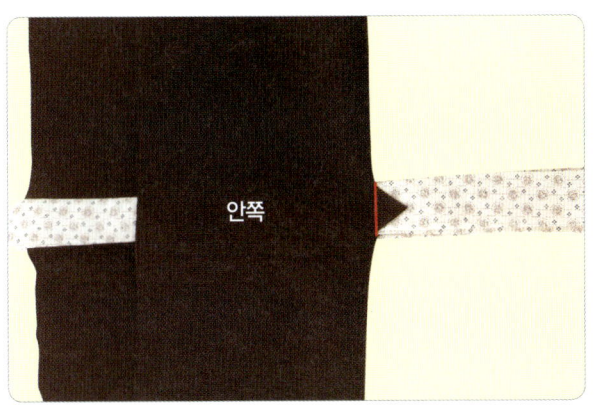

9 안쪽 부분에서 빨간색 선을 따라 튼튼하게 박음질한다.

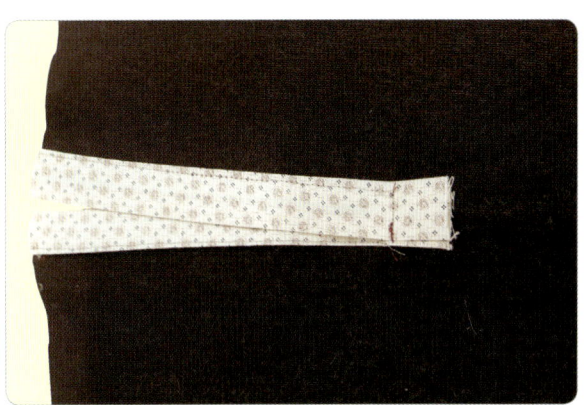

10 박음질된 안쪽 모습이다.

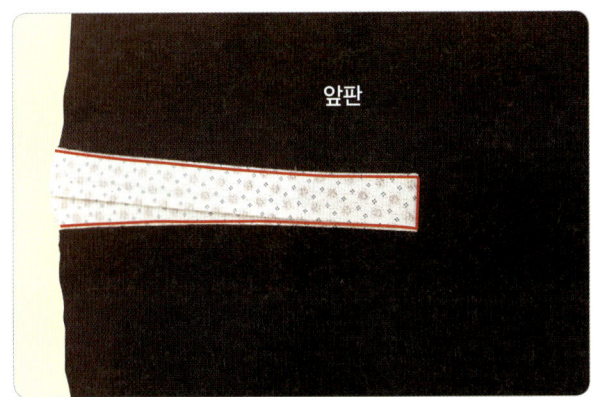

11 앞핀에서 선을 따라 박음질한다.

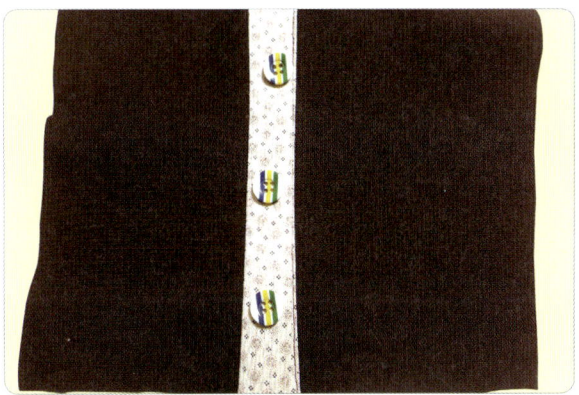

12 단추를 달면 완성된다.

남방 칼라 만들기

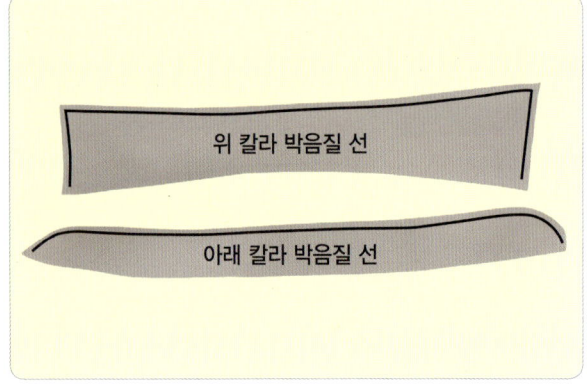

1 위 칼라와 아래 칼라를 각각 2장씩 본뜨기하여 준비한다.

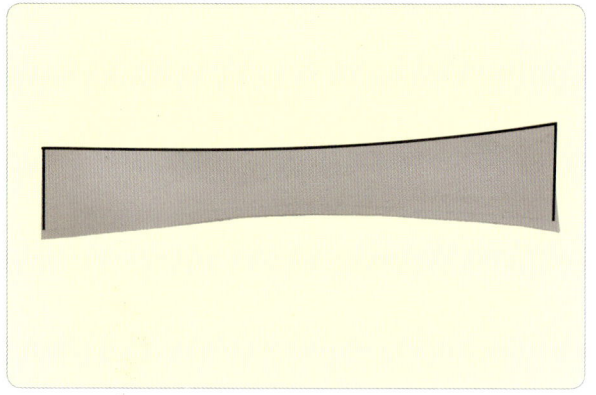

2 위 칼라를 검은색 선을 따라 박음질하고 박음질 선을 따라서 다림질한다.

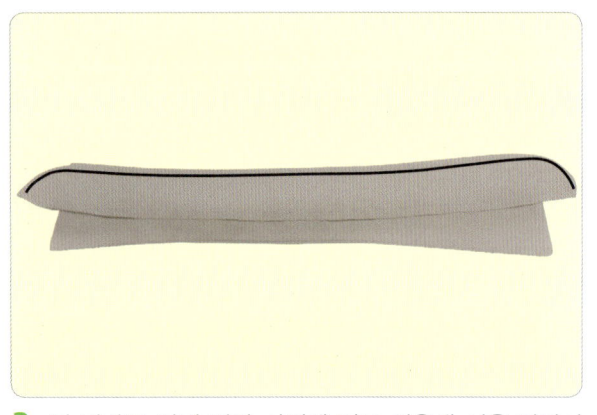

3 위 칼라를 아래 칼라 사이에 넣고 검은색 선을 따라서 박음질한다.

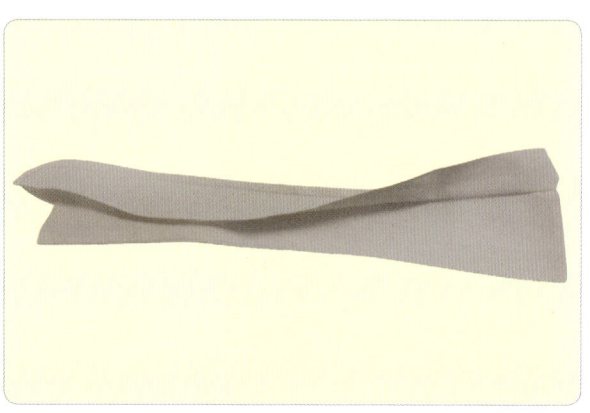

4 박음질하여 뒤집은 모습이다.

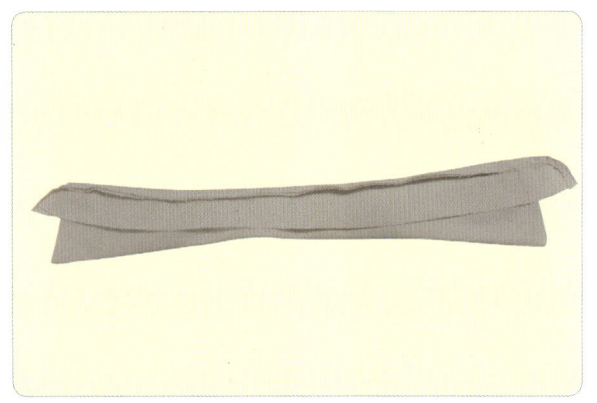

5 여유분을 겉면 쪽으로 접어 다림질한 후 뒤집으면 좋다.

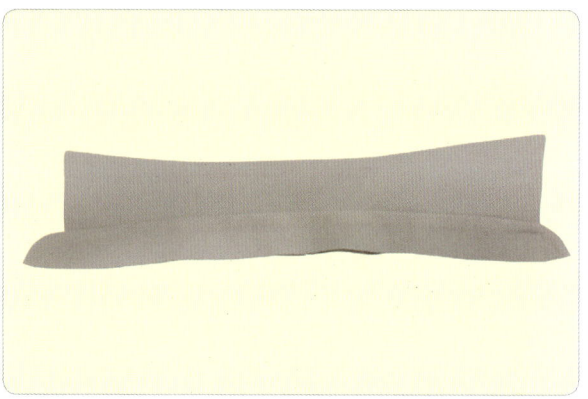

6 완성 모습.

다이마루 티셔츠 칼라 만들기

1 앞뒤판 어깨를 1 cm 여분으로 박음질하고 오버로크 처리하며, 목 라인의 80%를 목단으로 만들어 둔다.

2 목 부분의 이음선은 어깨 부분 이음선에서 뒷목 쪽으로 1~2 cm 이동하여 시작하는 것이 좋다.

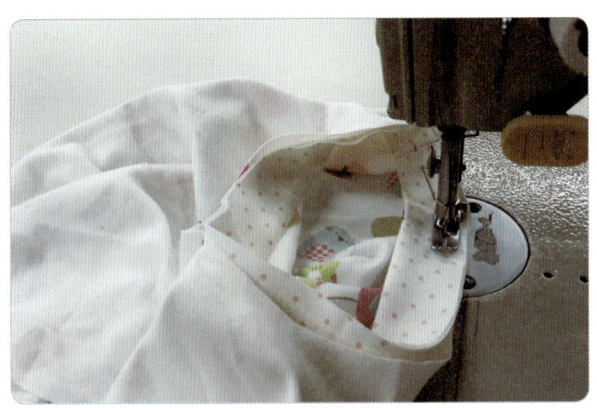

3 목단과 몸판 목 라인을 잡아당겨 탄력성 있게 박음질한다. 본봉을 하지 않고 니흔 오버로크로 바로 박음질해도 된다.

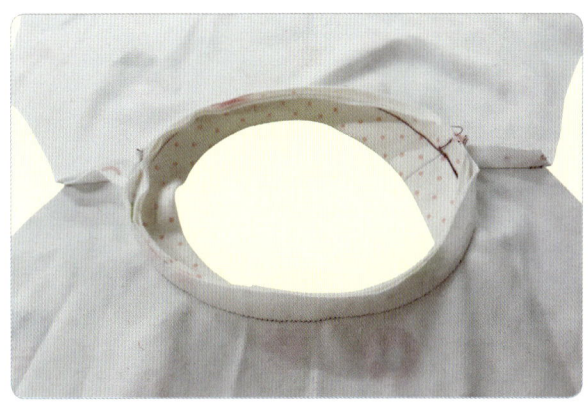

4 박음질된 모습이다.

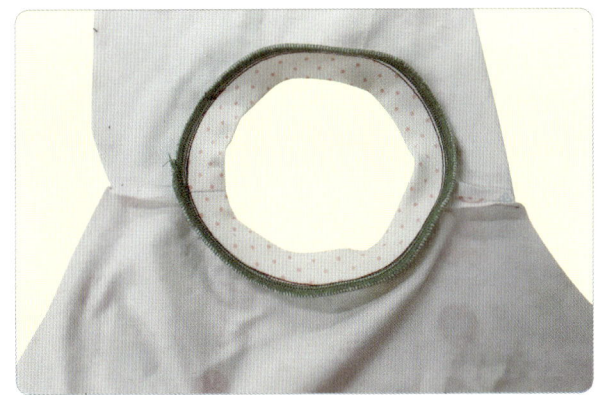

5 목 라인을 오버로크 처리한 모습이며 오버로그는 최대한 짧게 하는 것이 좋다.

6 완성 모습.

라운드 칼라 안단 만들기

1 목 라인이 재단된 모습이다.

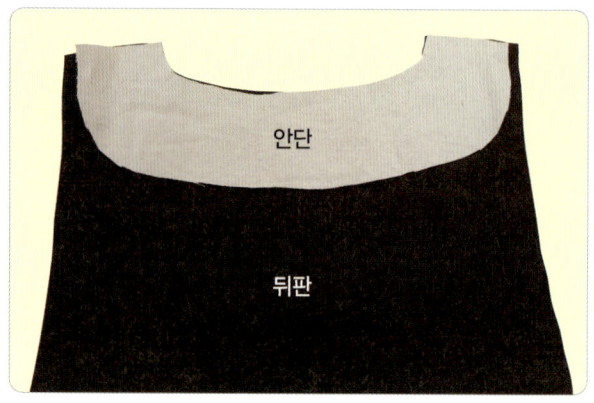

2 뒤판 6 cm 폭으로 안단을 만들고 심지를 붙인다.

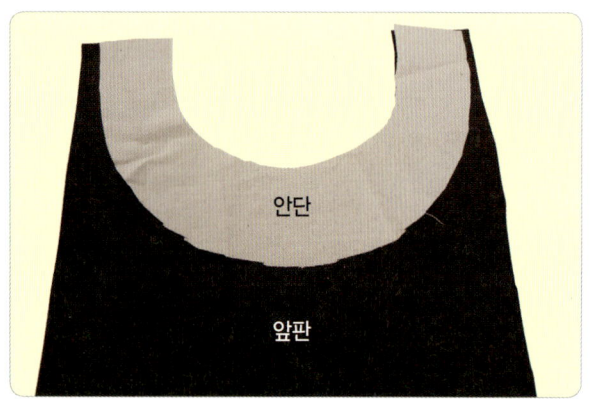

3 앞판 6 cm 폭으로 안단을 만들고 심지를 붙인다.

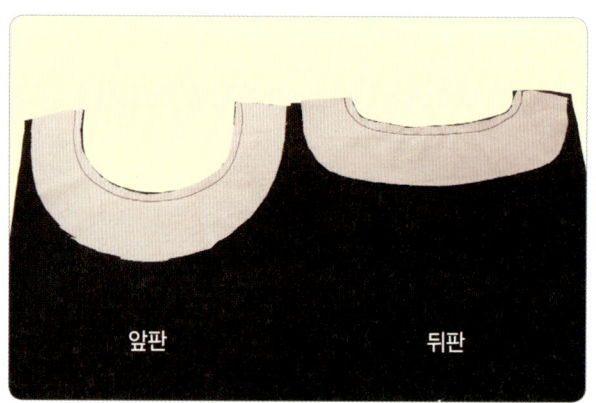

4 앞판과 뒤판에 안단을 박음질한 모습이다.

5 안단 쪽에 끝박음질로 눌러 박음질하고 뒤집는다.

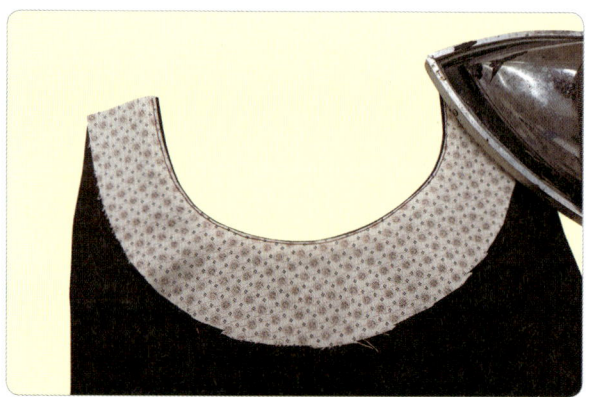

6 겉감이 박음질되지 않도록 안단과 여유분이 박음질된 것을 다림질한다.

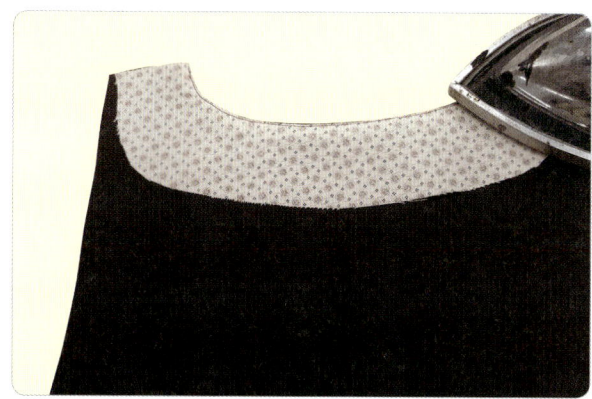

7 뒤판도 앞판과 같이 박음질한다.

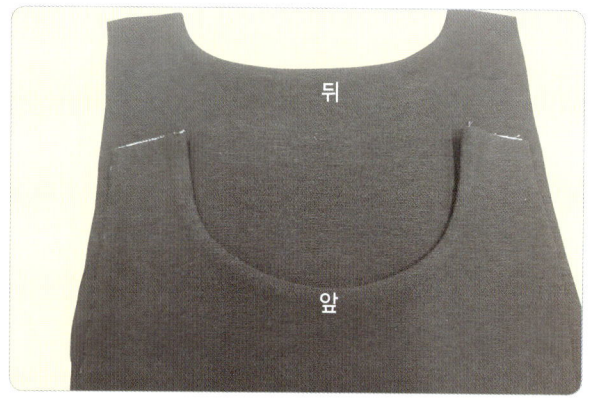

8 완성된 앞뒤판 모습이며, 겉면에 바느질 자국이 보이지 않는다.

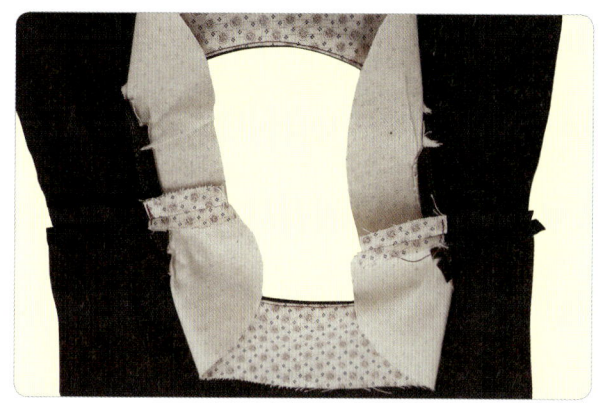

9 앞뒤판을 서로 마주보고 연결하여 박음질한다.

10 안단 가장자리를 오버로크 처리한다.

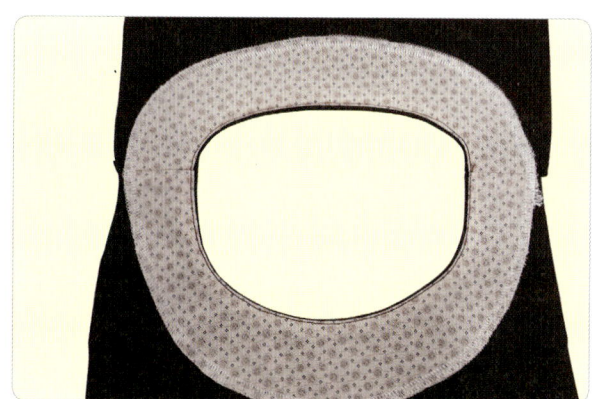

11 안단 완성된 모습이다.

12 겉면 완성된 모습이며, 안단과 겉감을 각각 따로 만들어 동그랗게 합쳐 완성할 수 있다.

라운드 칼라 바이어스테이프 만들기

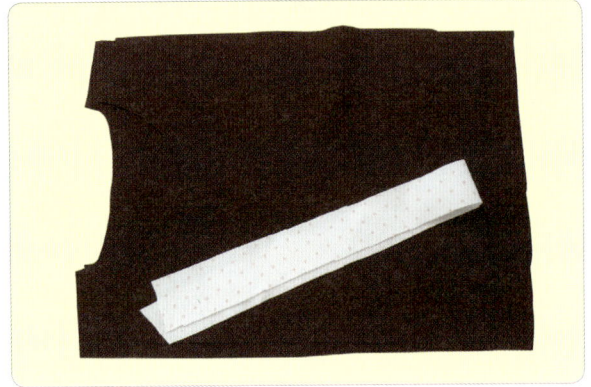

1 재단된 원단에 바이어스원단을 잘라 준비한다.

2 양쪽 어깨를 박음질한다.

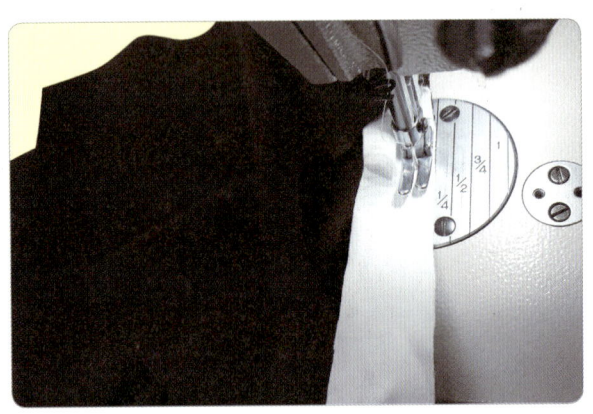

3 0.5 cm 간격으로 테이프와 몸판의 목둘레 부분을 박음질한다.

4 목둘레 부분에 바이어스테이프가 부착된 모습이다.

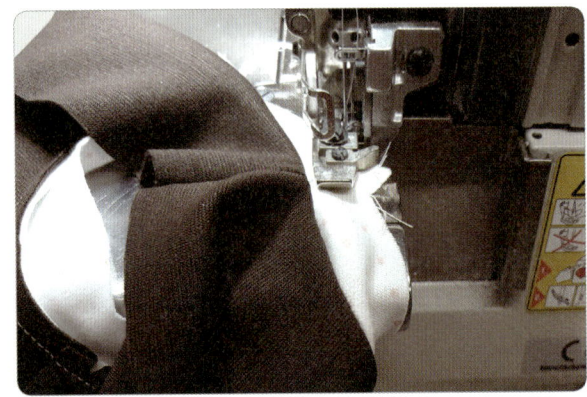

5 테이프 가장자리를 오버로크 처리한다. 오버로크 처리를 할 때는 여유분은 짧고 폭이 같아야 깔끔하게 된다.

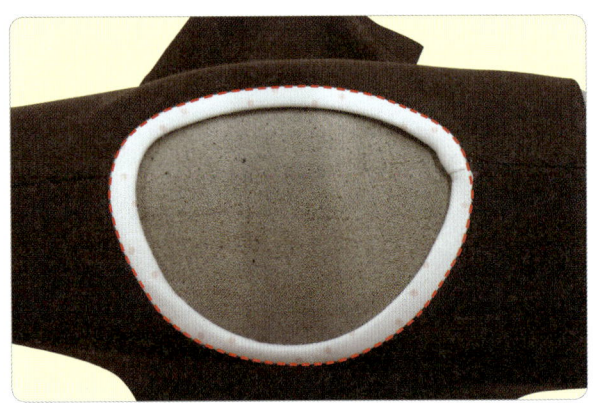

6 테이프로 여유분을 감싸 다림질하고 위에서 빨간색 선을 따라서 눌러 박음질한다.

앞트임 셔츠 칼라 만들기

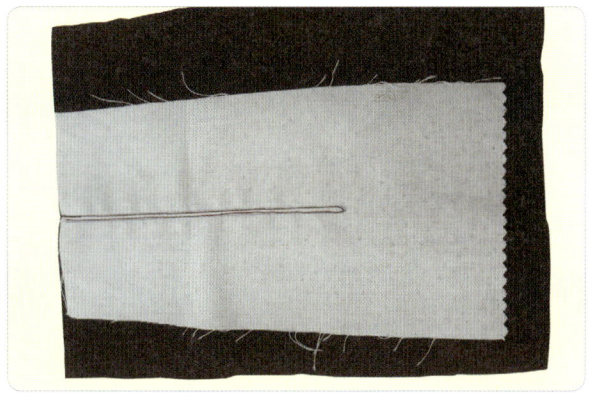

1 몸판에 가로 6 cm, 세로 15 cm 정도 원단을 놓고 0.4 cm 간격으로 그림을 그리고 박음질한다.

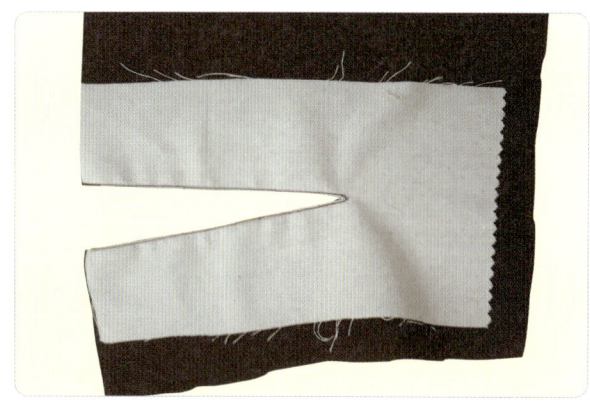

2 박음선 중심을 자른다.

3 한쪽은 오버로크 처리하고 다른 한쪽은 봉제선이 덮이도록 2 cm 간격으로 접어 다림질한다.

4 3을 안쪽 가장자리를 따라 박음질한다.

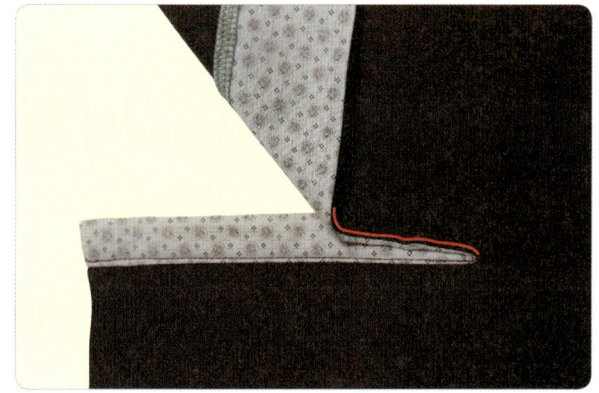

5 겉면은 빨간색 선을 따라 위에서 눌러 박음질한다.

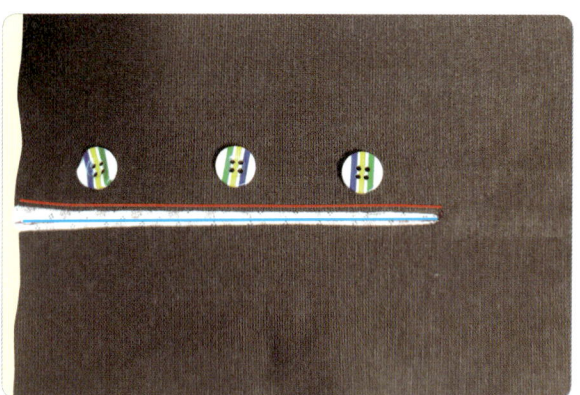

6 단추를 달면 완성이다. 빨간색은 겉김에서, 파란색은 인감에서 끝 박음질하여 올이 풀리거나 들뜨는 것을 잡아준다.

뒤트임 목라인 만들기

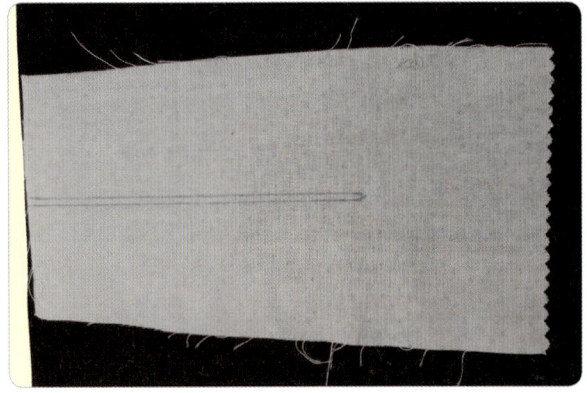

1 몸판에 가로 6 cm, 세로 15 cm 정도 원단을 놓고 0.4 cm 간격으로 그림을 그린다.

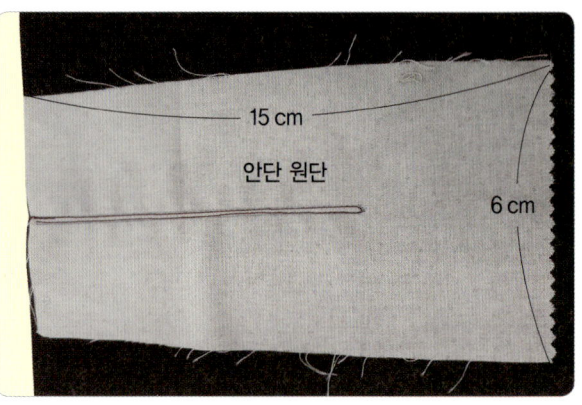

2 그림을 따라서 박음질한다.

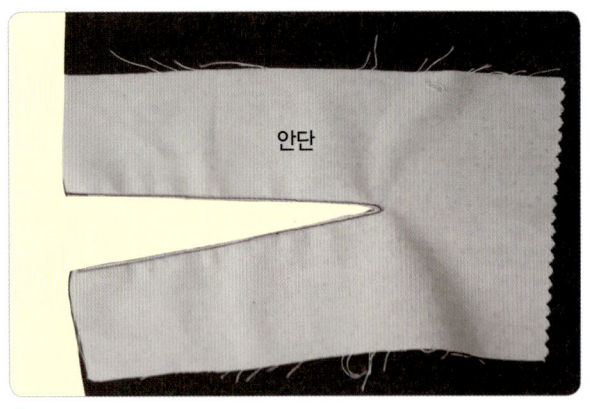

3 박음선 중심을 자른다.

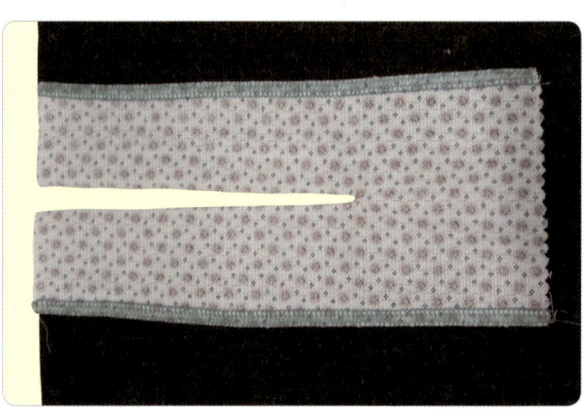

4 박음질된 것을 뒤집어 다림질하고 오버로크 처리한다.

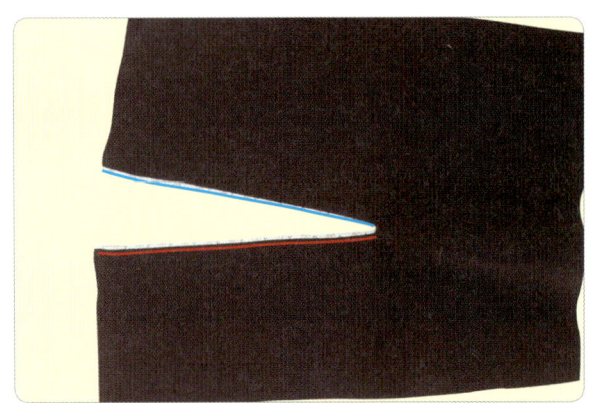

5 겉모습이며 안단이 보이도록 하려면 겉감에서(빨간색) 박음질을 하고, 안단이 보이지 않게 하려면 안단에서 (파란색) 박음질을 한다.

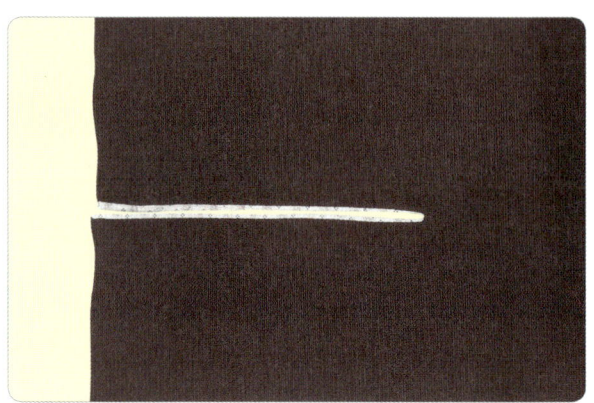

6 안단이 보이도록 트임 완성된 모습이다. 블라우스나 티셔츠 뒷목에 많이 사용한다.

차이나 칼라 만들기

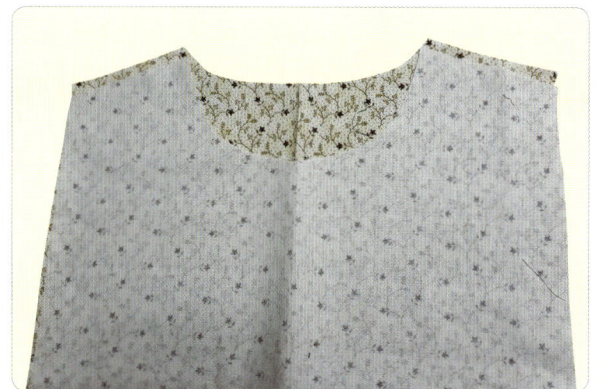

1 앞뒤판 재단된 몸판 모습이다.

2 앞판에 0.4 cm 폭으로 그림을 그리고, 끝부분은 각을 그려준다.

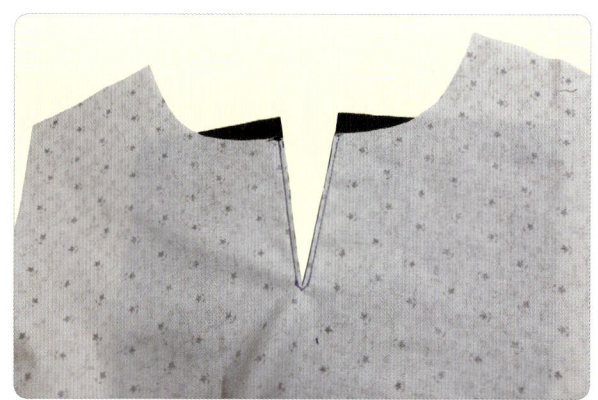

3 2의 그려진 선을 따라서 박음질하고 봉제선 중앙을 자른 모습이다. 안단 좌우 폭은 각각 3 cm, 안단 길이는 트임보다 2 cm 길게 한다.

4 들뜨거나 틀어지지 않도록 끝박음질해야 겉면에서 바느질 자국이 보이지 않는다.

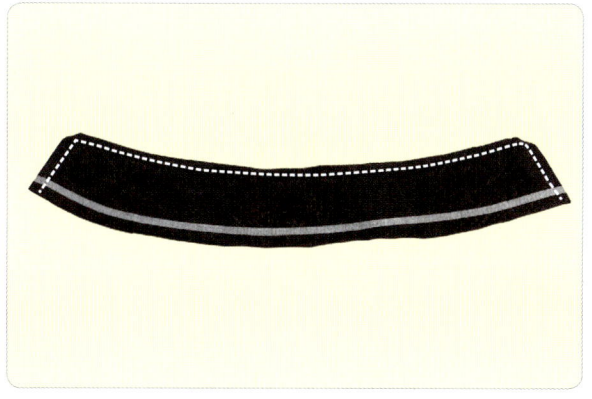

5 칼라에 0.5 cm 테이프를 붙여 늘어지지 않게 하고 점선을 따라 박음질한다.

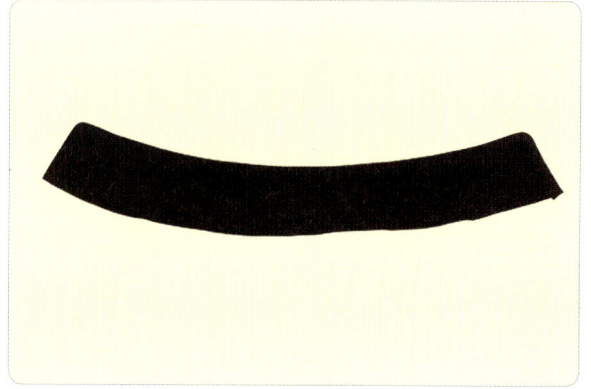

6 칼라 박음질된 것을 뒤집은 모습이다.

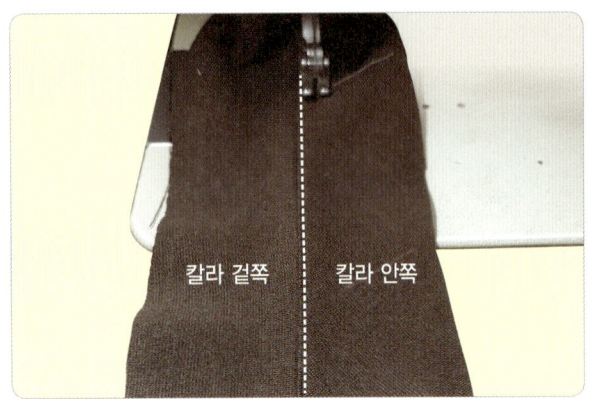

7 칼라 안쪽을 여유분과 함께 박음질하여 밀려 나오지 않
도록 고정시킨다.

칼라 겉쪽   칼라 안쪽

8 칼라와 몸판을 합쳐 박음질한다.

칼라   몸판

9 안단 쪽 끝부분(흰색)은 오버로크 처리하여 겉에서 눌러
박음질로 마무리해도 된다.

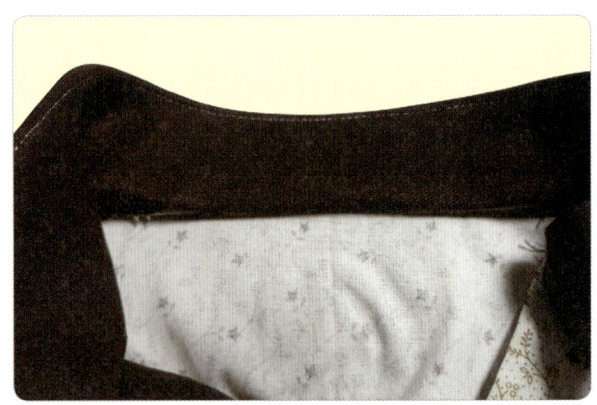

10 안단 칼라를 접어 넣고 시침을 하든지 핀으로 고정하
고 겉에서 눌러 박음질로 마무리해도 된다.

11 완성 모습.

9로 처리할 때는 뒤에서 빠지는 부분이 없는데 **10**으로 처리하면
안쪽에서 박히지 않고 빠진 부분이 많으므로 주의해야 한다.

테일러 칼라 만들기

1 재단된 모습이다.

2 칼라 부분 전체에 심지를 붙이고 여유분 가장자리에 1cm 테이프를 붙인다.

3 앞면 위 칼라 부분에 테이프를 붙인 모습이다.

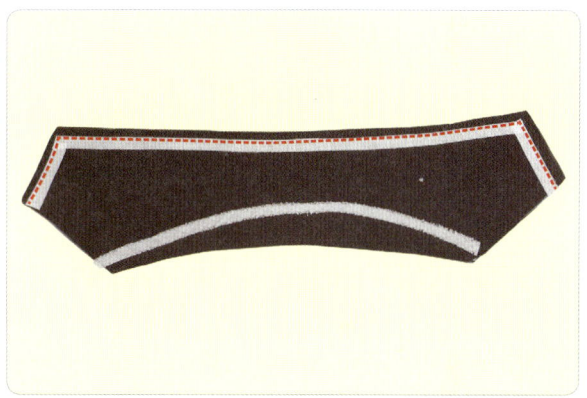

4 뒷면 위 칼라 부분에 테이프를 붙이고 점선을 따라 박음질한다.

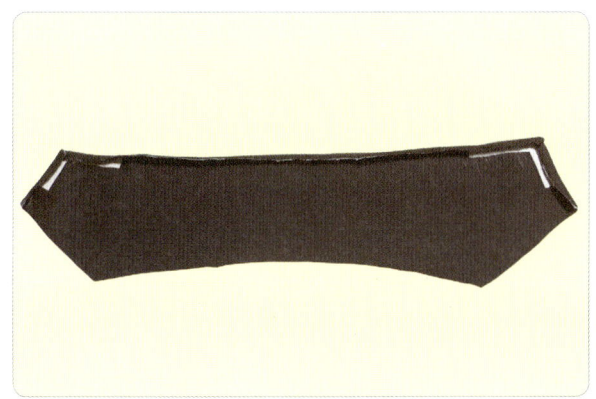

5 빅음질하고 어분을 겉면 쪽으로 향하게 하고 다림질힌 모습이다.

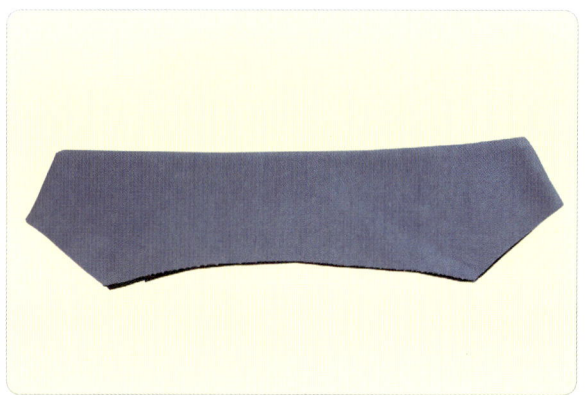

6 위 칼라를 뒤집어 완성된 모습이디.

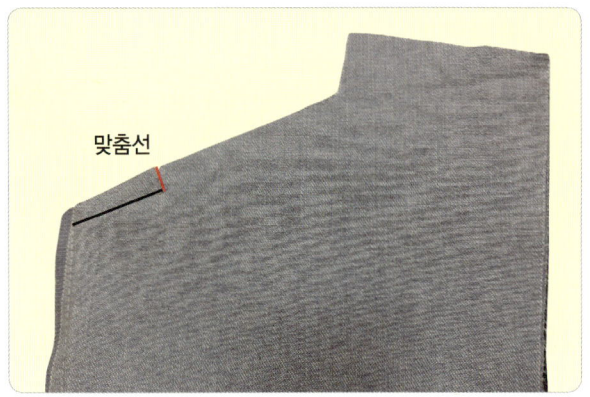

7 아래 칼라 겉과 안을 맞춤선까지 박음질하고 빨간색 부분 2장을 자른다.

8 7에서 잘라준 부분에 위 칼라 여유분과 맞추어 앞뒤 각각 박음질할 것이다.

9 위 칼라와 아래 칼라가 부착될 부분이다. 겉감과 안감쪽을 각각 박음질할 것이다.

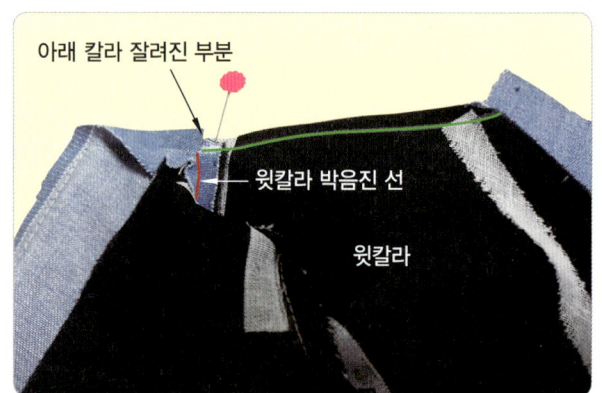

10 8에서 잘라 준 부분에 위 칼라를 넣고 박음선을 맞추어 초록색 선을 따라 앞뒤 각각 박음질한다.

11 빨간색 선을 따라 박음질할 때 노란색 부분에 바늘을 꽂고 아래 칼라(파란색)를 바늘 부분까지 잘라 주어야 빨간색 선을 따라 꺾어 박음질이 가능하다.

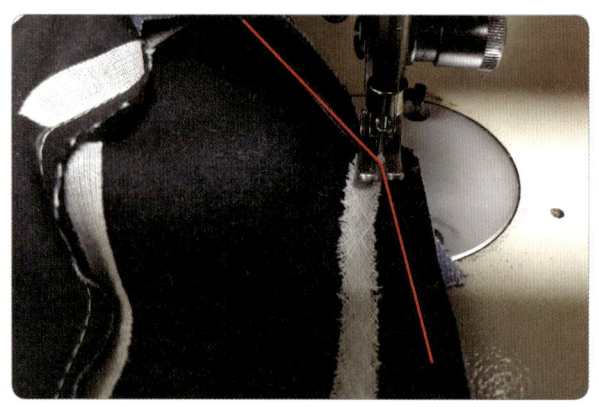

12 11의 연장이며 아래 칼라 여유분이 잘려 꺾어 박음질이 가능하다.

13 칼라 박음질된 안쪽 모습이다.

14 13을 뒤집은 모습이다.

15 완성 모습.

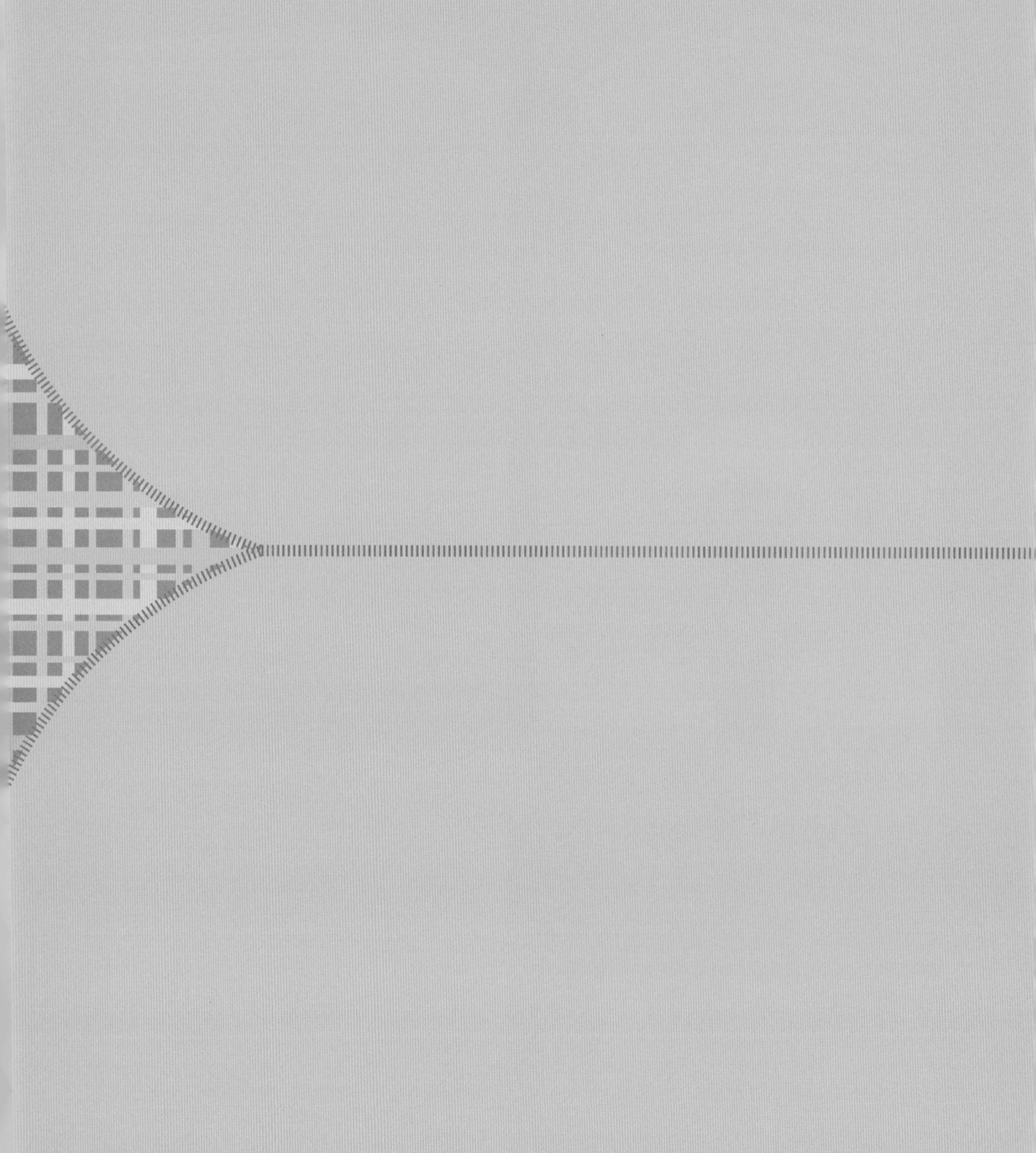

Chapter

6

하의 및
어린이옷 만들기

- 수면바지 만들기
- 옆주머니바지 만들기
- 쫄바지 만들기
- 타이트스커트 만들기
- 플레어스커트 만들기
- 어린이 민소매 원피스 만들기
- 어린이 바지(내복) 만들기
- 어린이 모자원피스 만들기

수면바지 만들기

1 본을 뜰 바지이다.

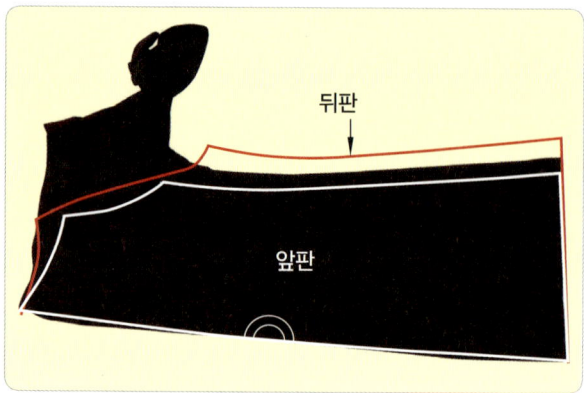

2 흰색은 앞판이고 빨간색은 뒤판이다. 뒤판의 다리 폭은 앞판을 그리고 남은 것의 2배를 그리면 된다. 봉제선을 따라서 송곳이나 핀침으로 꾹 찔러 흔적을 낸다.

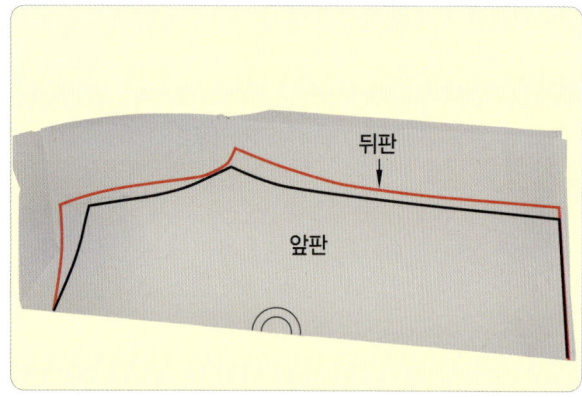

3 앞판과 뒤판을 한 장(골선)으로 그린 모습이다.

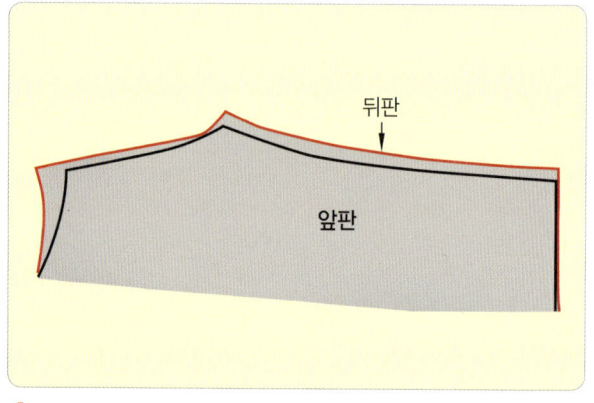

4 자를 때는 뒤판으로 2장 모두 자른 후, 앞장을 자르는 것이 좋다.

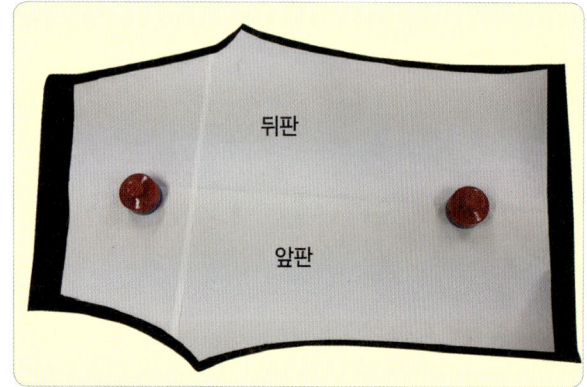

5 펼쳐진 모습이다. 길이는 3 cm 여유분, 허리는 4 cm(고무줄 분) 여유분으로 하고 나머지는 1 cm 여유분을 남기고 잘라 낸다.

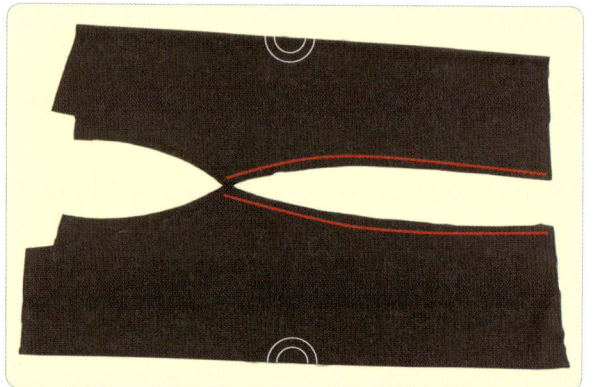

6 빨간색 선을 따라서 각각 다리통을 박음질한다.

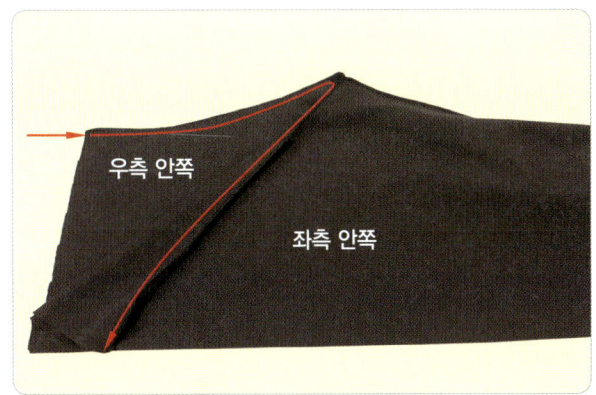

7 다리통 겉쪽이 마주보게 포개고, 다리통 한쪽을 집어넣고 빨간색 선을 따라서 엉덩이선을 박음질한다.

8 7을 박음질하고 뒤집어보면 이렇게 완성된 모습이다.

고무줄

9 고무줄을 허리 사이즈에 맞게 잘라 둥글게 박음질하고 허리 여유분을 접어 흰색 선을 따라서 박음질한다.

10 밑단은 오버로크 처리하고 여유분 3 cm를 접어 두 줄 박음질한다.

11 고무줄 빅음질이 완성된 모습이다.

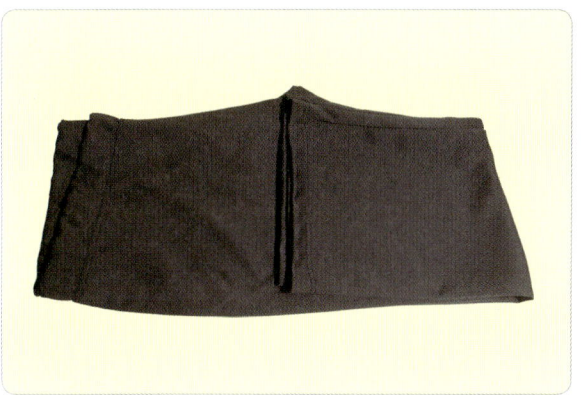

12 완성 모습.

옆주머니바지 만들기

■ 본뜨기 ■

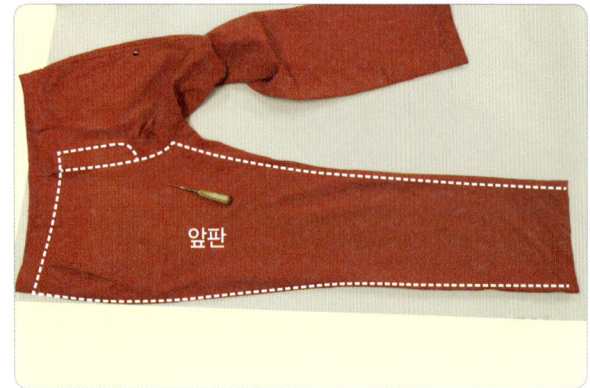

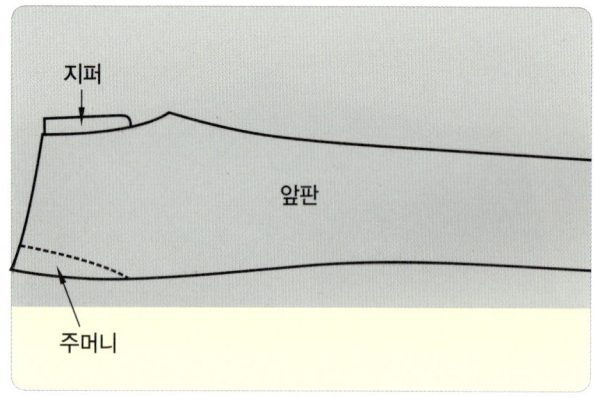

1 얇은 스펀지나 신문지를 3장 이상 깔고 그림과 같이 봉제선을 따라 송곳으로 꾹 눌러 흔적을 낸다.

2 흔적을 따라 선을 연결한 모습이다. 바르게 펴주면 앞판은 비교적 정확하게 나온다.

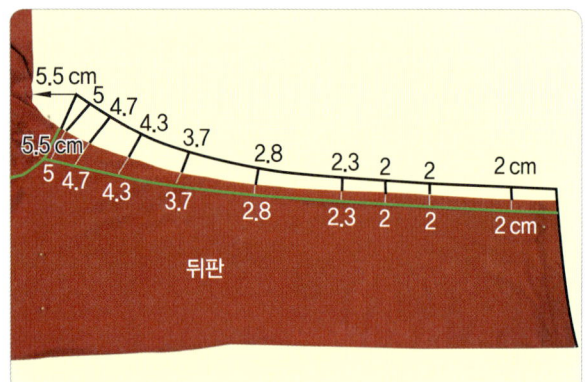

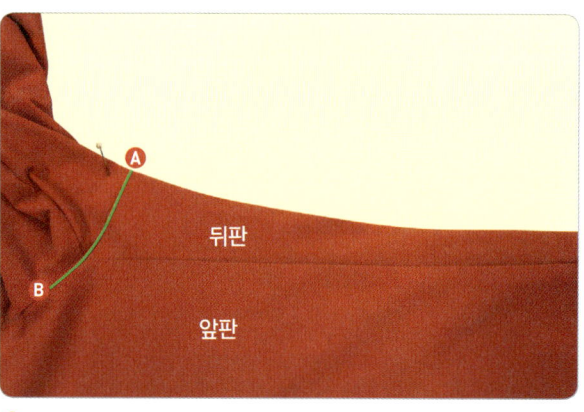

3 뒤판이며 초록색은 봉제선이다. 봉제선에서 흰색의 길이와 검은색의 길이가 같아야 한다. 끝선 5.5cm선은 허리 쪽으로 약간 올라가도록 한다.

4 ④에서 ⑧까지는 안쪽(뒤판) 봉제선을 손으로 만지며 송곳으로 흔적을 내도 된다.

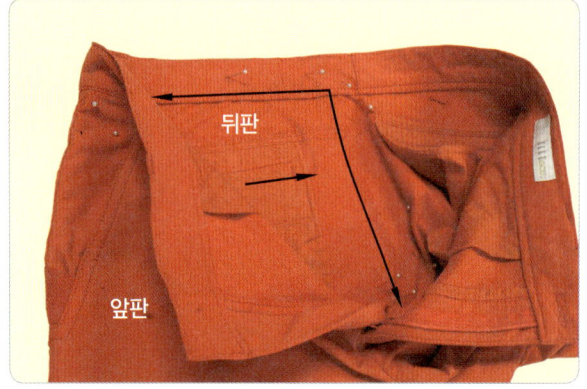

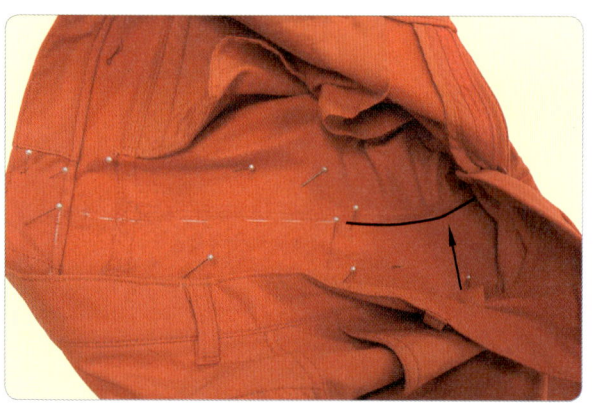

5 밀리지 않도록 핀으로 잘 고정하고 화살표 방향으로 잘 펴서 봉제선을 따라 송곳으로 꾹 찔러 흔적을 낸다.

6 핀의 위치를 조정하며 아래 부분을 찍을 수 있도록 검은색 선 쪽을 화살표 방향으로 잘 밀면서 흔적을 낸다.

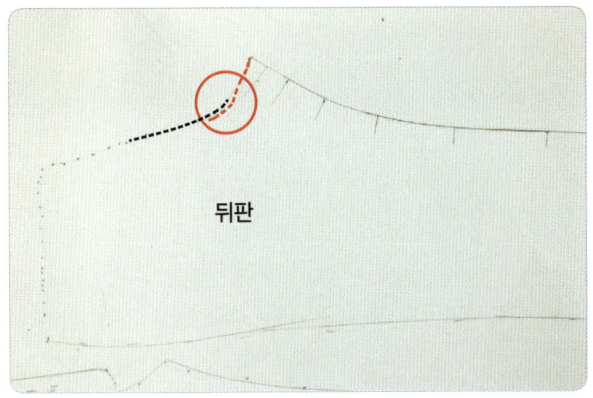

7 4와 5에서 찍는 방향이 다르므로 연결 부위가 달라질 수 있다. 이 부분은 중요하므로 흔적을 촘촘히 내는 것이 좋다.

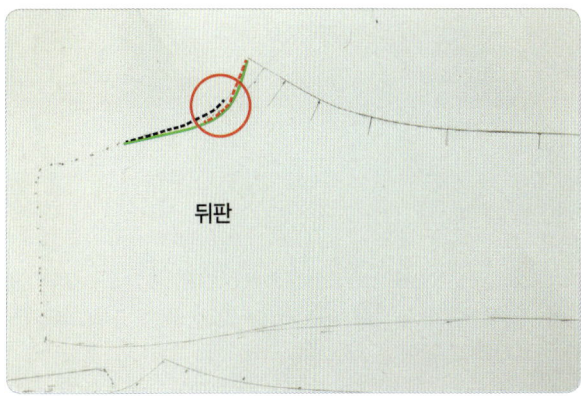

8 연결 부위가 다른 것은 흐름을 통하여 연결하되 조금 더 파인 쪽을 이용하여 연결하는 것이 좋다.

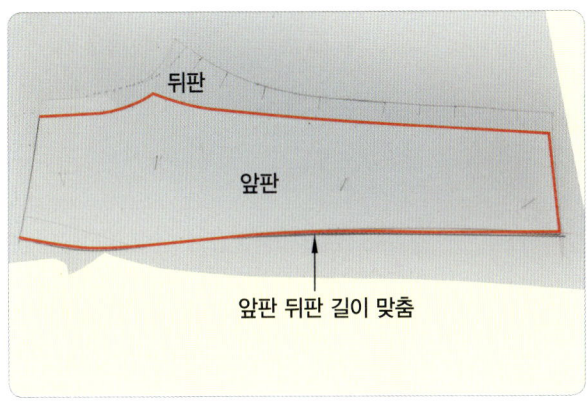

9 옆선은 앞판과 뒤판을 포개어 앞판 또는 뒤판에 맞추어 수정하여 그린다.

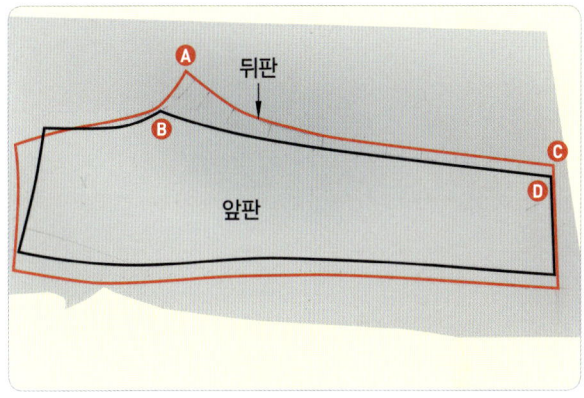

10 본뜬 것은 ⒶⒷⒸⒹ의 길이가 각각 같아야 한다. 혹시 길이가 다르면 Ⓐ를 위아래 조정하여 길이를 맞춘다. 길이가 다르면 돌아가는 바지가 된다.

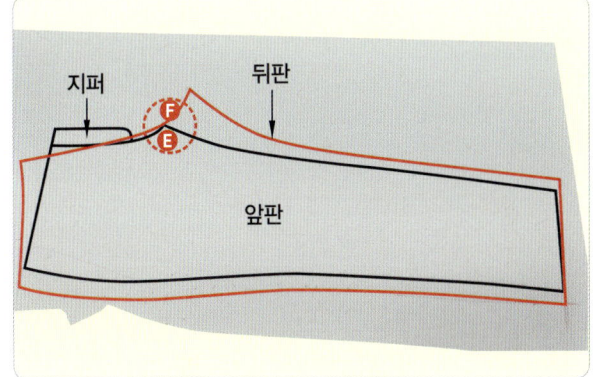

11 뒤판 밑 길이는 바지에 따라서 길이가 다르므로 통일성은 없어도 되지만, 동그라미 부분의 앞뒤(Ⓔ. Ⓕ)는 큰 차이가 나지 않도록 한다.

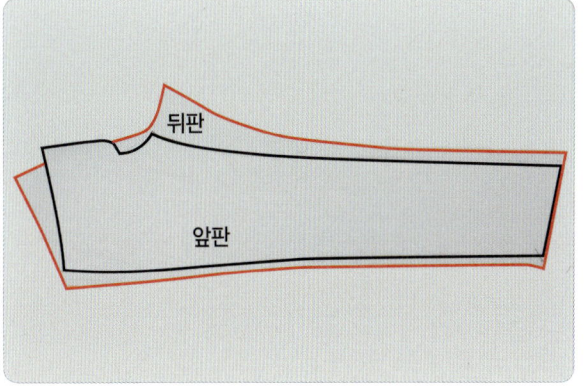

12 앞판 뒤판 완성된 본뜨기 모습이다.

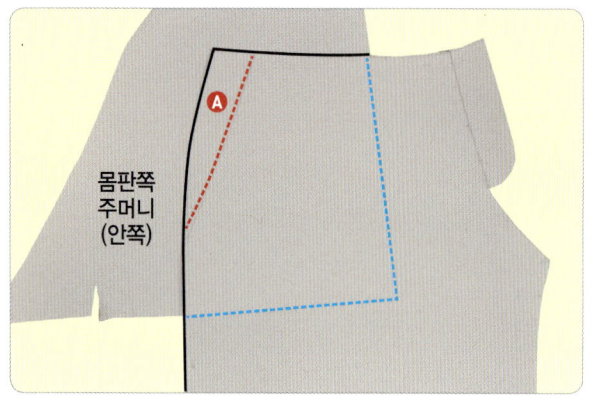

13 안쪽 주머니 감을 본뜨기 할 때는 Ⓐ를 포함하여 뜬다(겉감 원단을 사용함).

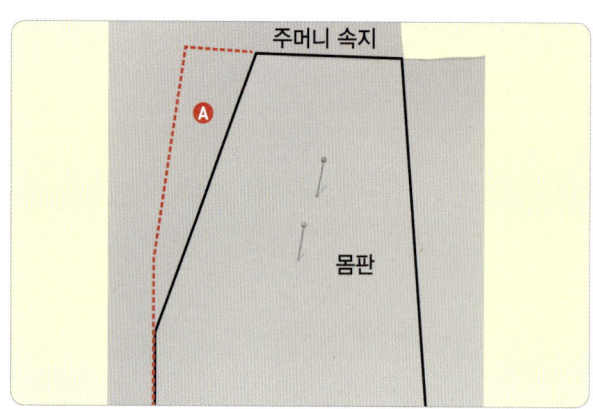

14 겉쪽 주머니 본뜨기 할 때는 Ⓐ를 빼고 떠야 한다.

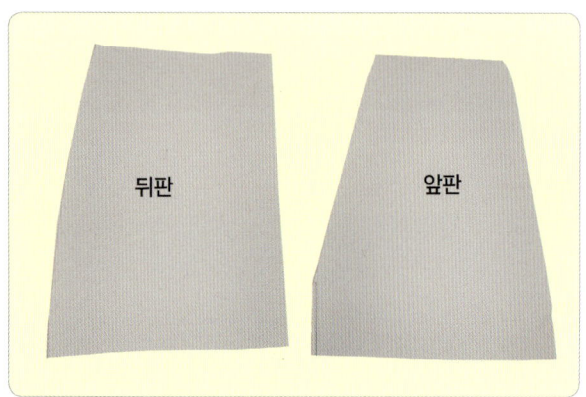

15 주머니 앞뒤 본뜨기 한 모습이다.

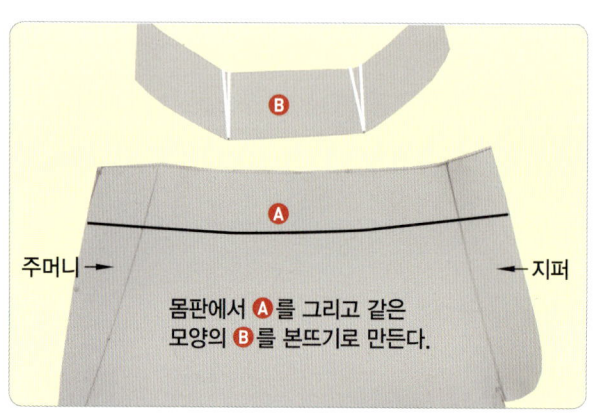

16 허릿단은 Ⓐ로 본뜨기하여 잘라내고 Ⓑ의 다트를 넣었을 뿐 Ⓐ와 Ⓑ 길이의 연결 부위는 같다.

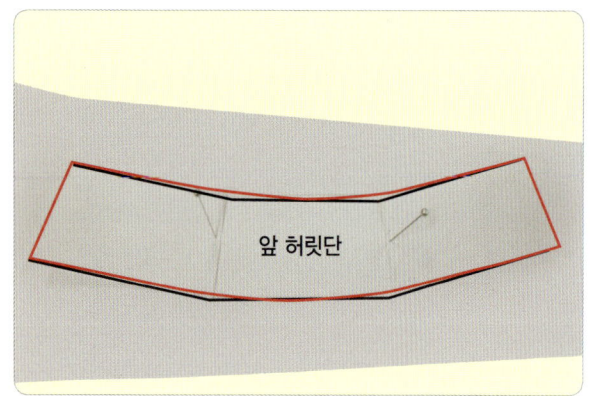

17 3등분하여 다트분량을 접으면 위아래 각이 생긴다(검은색 선). 이것은 빨간색 선과 같이 자연스러운 선이 되도록 수정을 해준다.

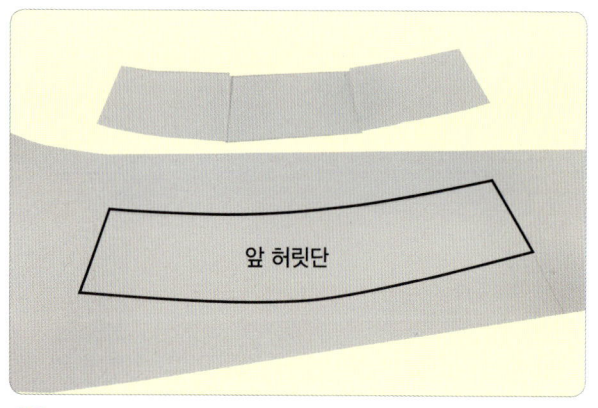

18 수정된 앞 허릿단이다.

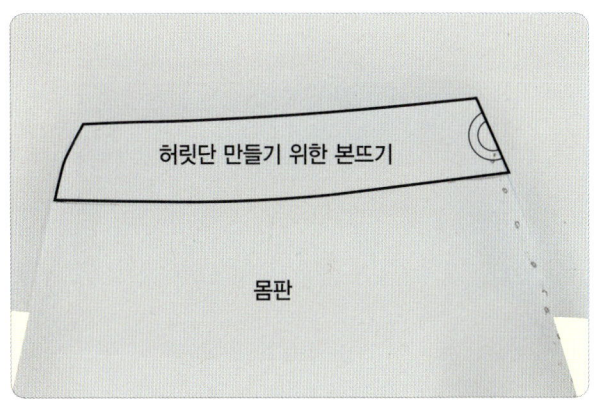

19 뒷부분 허릿단도 패턴 모양에서 본뜨기를 한다.

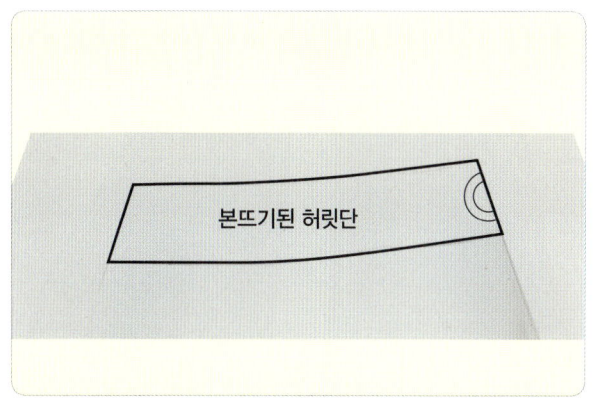

20 골선으로 허릿단을 잘라 낸다.

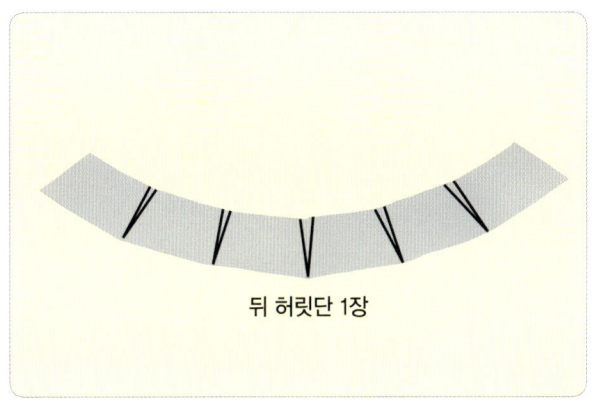

21 5~6등분하여 허리 사이즈에 맞추어 다트분량을 접는다. 많은 양의 다트를 접으면 각이 심하게 생긴다. 뒤판 다트는 5~6등분하면 좋다.

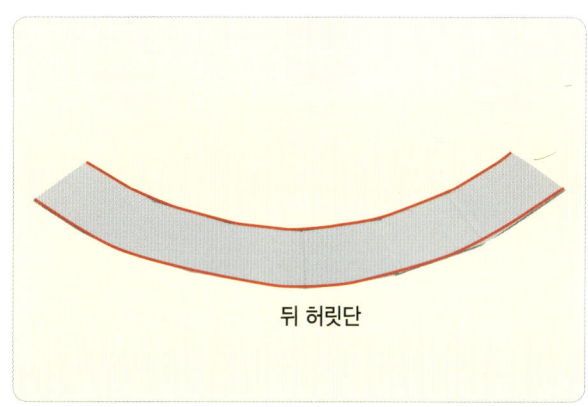

22 각이 잡힌 것을 수정하여 자연스러운 라인을 만든다.

▌ 재단 및 만들기 ▌

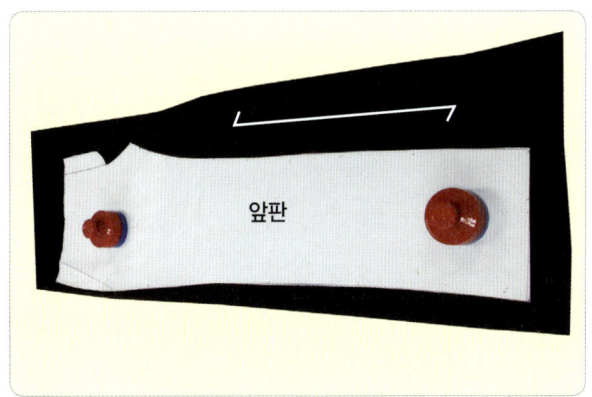

23 본뜬 종이로 원단을 식서 방향으로 펴고 그린다.

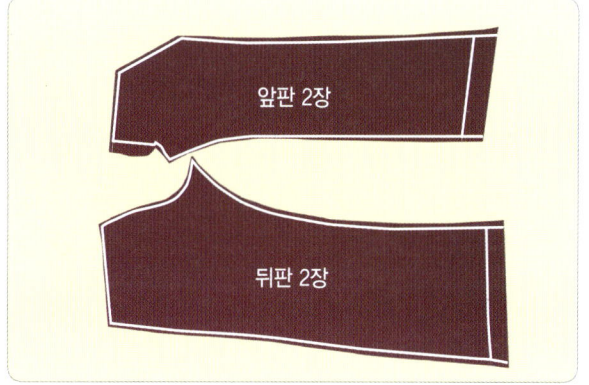

24 앞뒤판 각 2장씩 길이는 4 cm, 나머지 모두 1 cm 여유분을 주고 자른다. 양옆은 2 cm 여유분을 주어도 된다.

25 주머니도 본을 떠 여유분 1 cm를 주고 자른다.

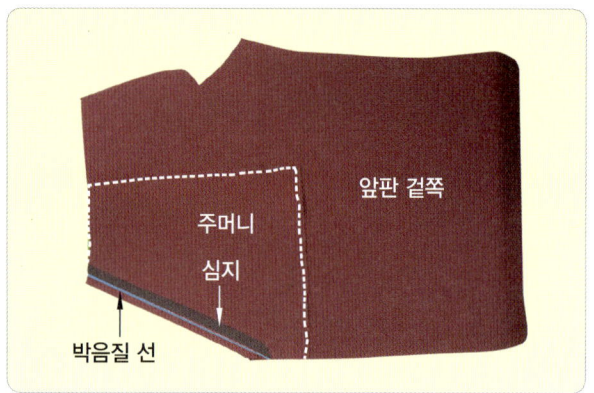

26 앞판 겉쪽에 주머니를 올려놓고 늘어나지 않도록 1 cm 심지를 붙이고 파란색 부분을 박음질한다.

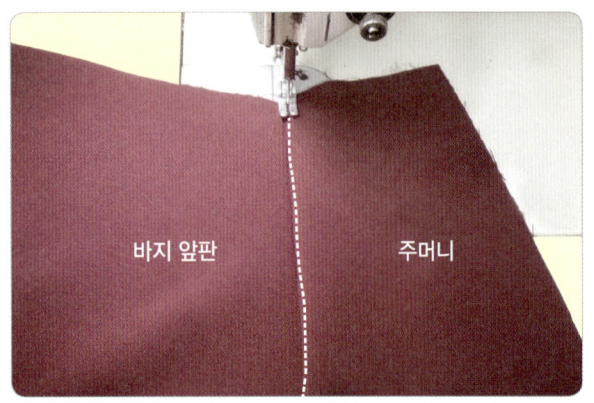

27 26의 박음질한 것을 펴고 주머니쪽에서 흰색 선을 따라 눌러 박음질한다.

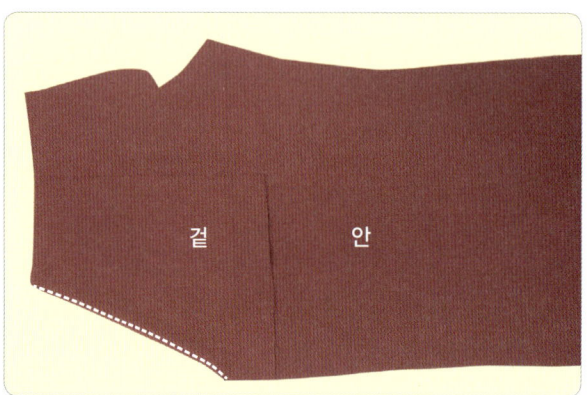

28 점선 부분이 눌러 박음질된 곳이다.

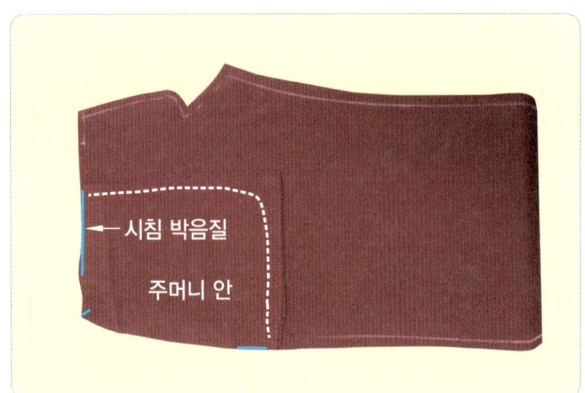

29 주머니 안쪽을 덮어 파란색 부분을 시침 박음질을 먼저하고 주머니 형태를 박음질하여 오버로크 처리한다.

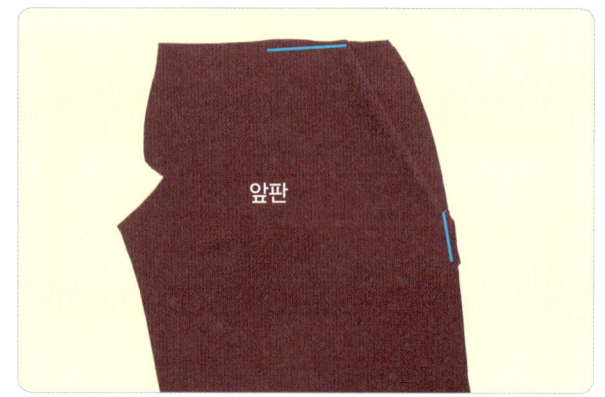

30 겉감 주머니 완성된 모습이다. 파란색 선은 29 안쪽에서 시침한 선이다.

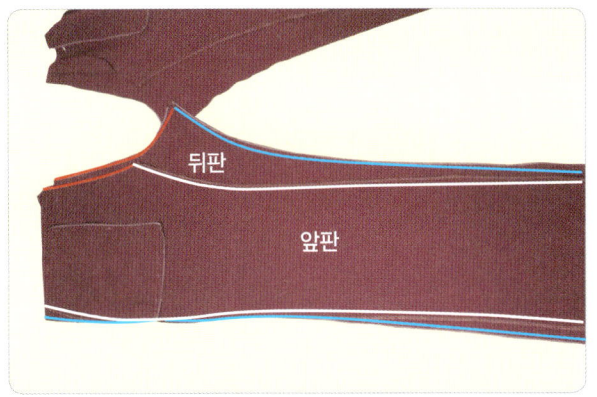

31 바지통을 박음질할 때 파란색 선과 흰색 선을 합쳐서 박음질한다. 이때 박음질되는 선의 길이가 서로 꼭 맞아야 한다.

32 앞판보다 뒤판 폭이 2 cm 정도 크다.

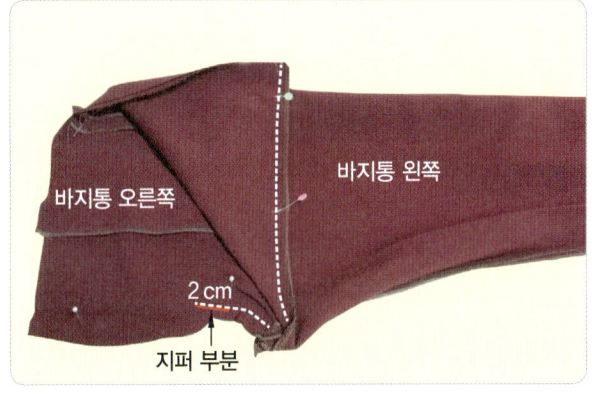

33 겉과 겉이 마주보도록 한쪽 통 부분을 집어넣고 점선을 따라 박음질하되 지퍼 부분 쪽으로 1∼2 cm 정도 더 박음질한다.

34 33을 박음질하고 뒤집으면 위와 같다.

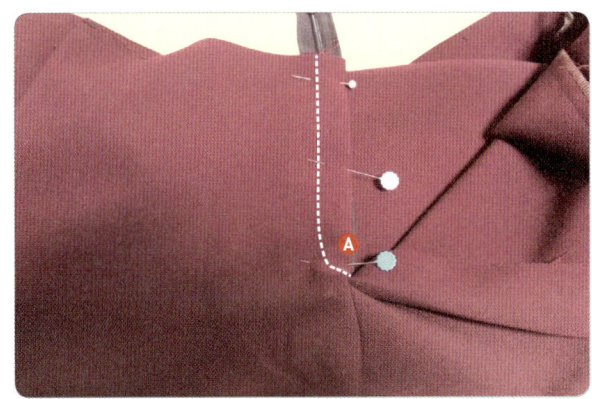

35 지퍼는 위쪽부터 박음질하되 ⒜끝부분은 지피가 2 mm 정도 보이게 시침 박음질하는 것이 아래 박음질할 때 좋다.

36 흰색 선 부분을 잘 접기나 다림질해서 파란색 선 위에서 눌러 박음질한다.

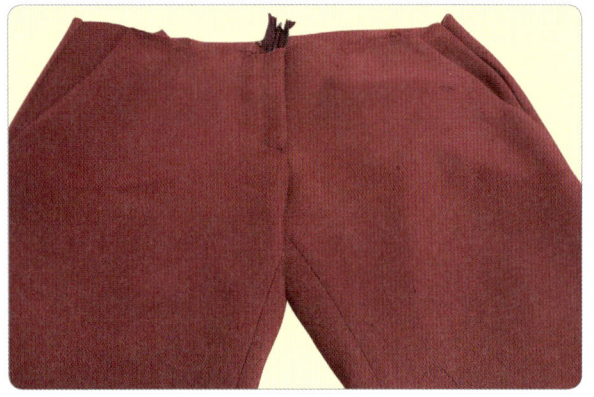

37 지퍼가 완성된 모습이다.

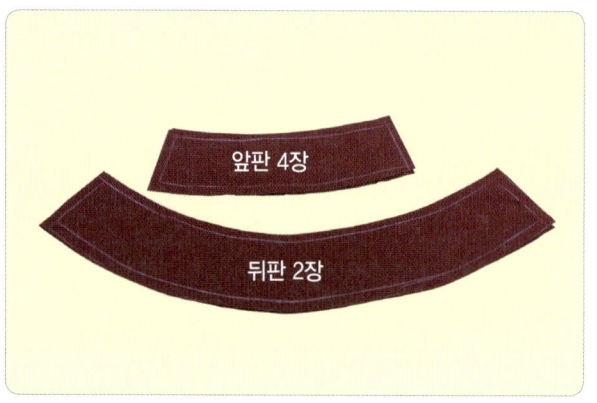

38 허릿단 앞뒤판을 1 cm 여유분을 주고 잘라 낸다.

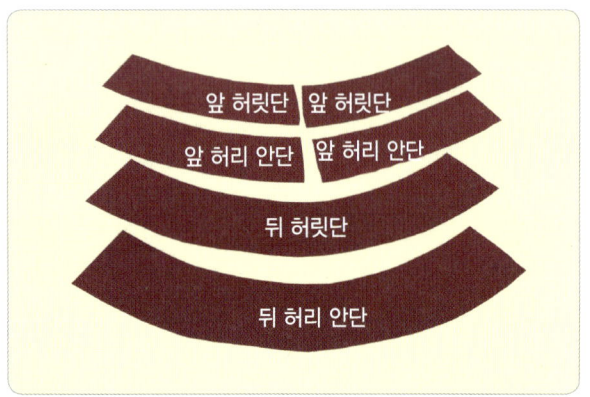

39 심지를 붙이기 위하여 허리 앞뒤 안과 겉을 안쪽이 위가 되게 바르게 펴준다.

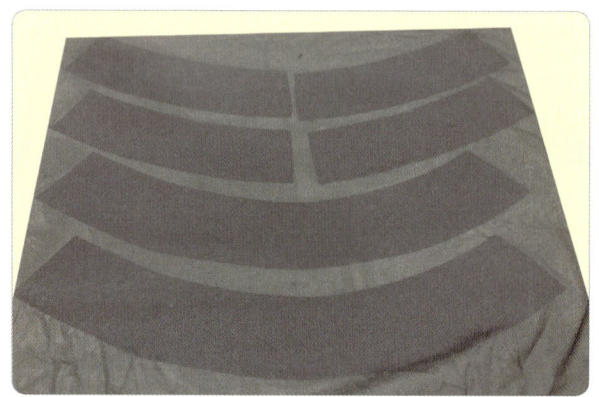

40 바르게 편 것 위에 심지를 덮어 다림질을 하고 잘라 내면 좋다.

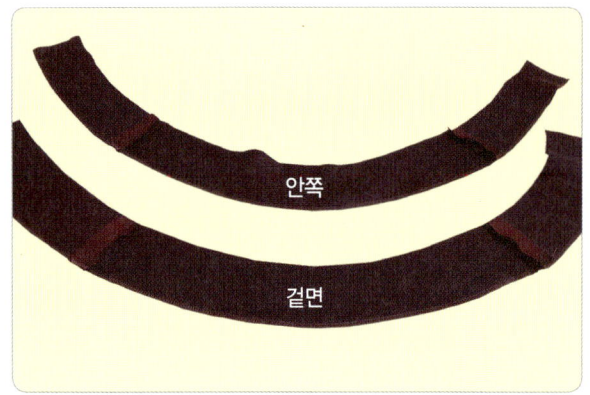

41 허릿단에 심지 붙인 것을 길이로 연결하고 아래 끝 부분은 오버로크 처리한다.

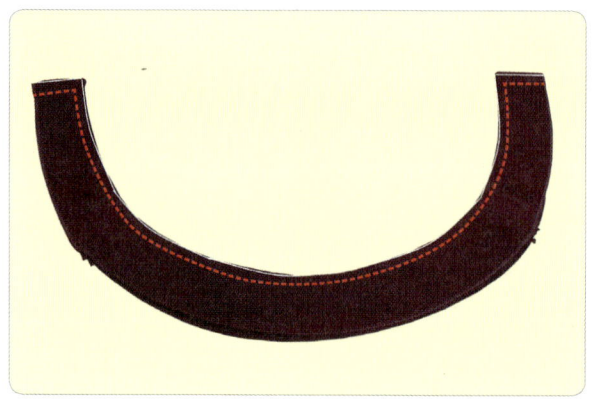

42 허릿단을 2장 합하여 그림과 같이 박음질한다.

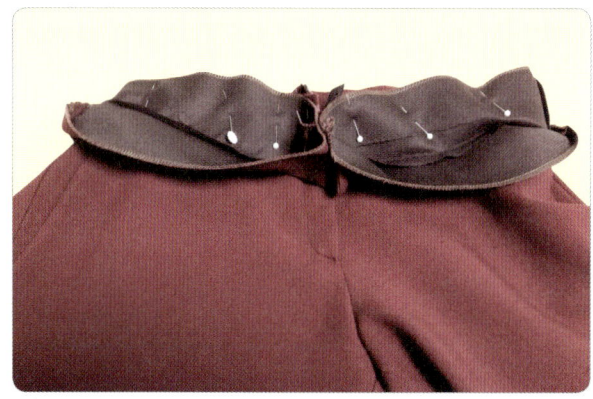

43 허릿단과 몸판을 앞판에 맞추어 핀을 꽂고 박음질한
다.

44 43을 박음질한 후 뒤집어 다림질한 모습이다. 안쪽은
박히지 않았다.

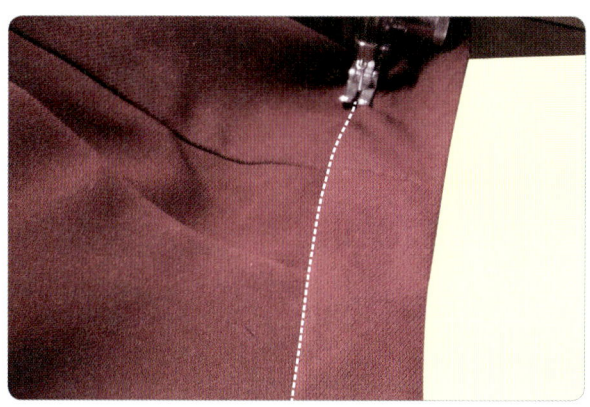

45 허릿단 봉제선 부분을 눌러 박음질하여 안단과 연결
되게 한다.

46 완성 모습.

쫄바지 만들기

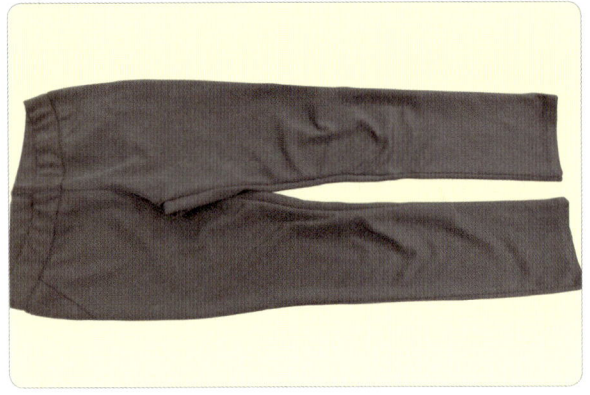

1 본을 뜰 쫄바지이다.

2 흰색 종이 아래 얇은 스펀지나 신문지 3장 이상을 깔고 앞판을 바르게 펴고 봉제선을 따라 송곳으로 꾹 찍어 흔적을 낸다.

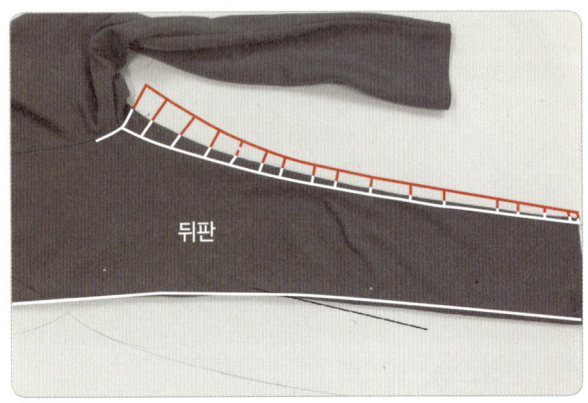

3 뒤판 본뜨기는 앞판의 봉제선과 뒤판의 접혀진 부분의 길이를 재서 각각 흰색의 길이와 빨간색의 길이를 같게 한다. (94쪽 **3** 참고)

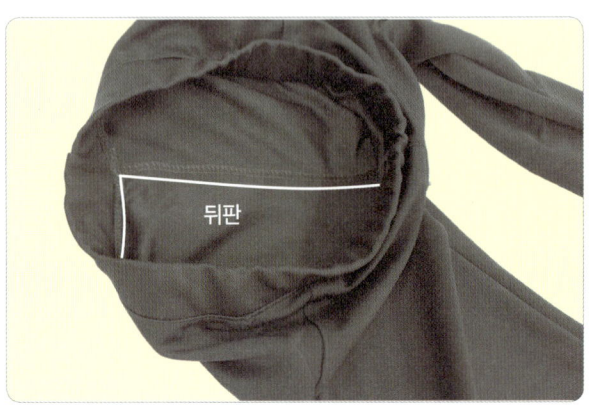

4 **3**의 나머지 부분은 안쪽에서 찍어 흔적을 낸다.

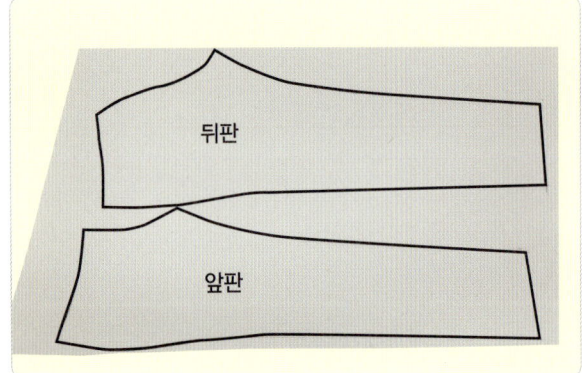

5 앞판과 뒤판 흔적을 따라 선을 긋는다.

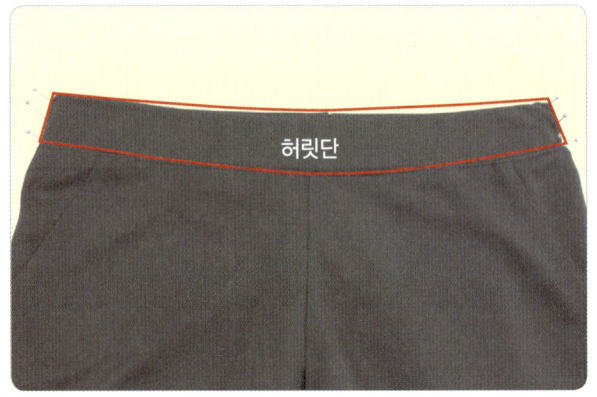

6 고무줄 허리이므로 당겨서 고정하고 송곳으로 흔적을 낸다.

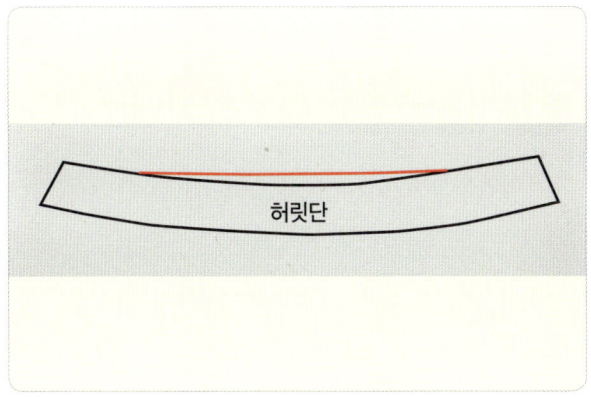

7 고무줄이라 흔적을 내다보면 밀려서 빨간색 선처럼 될 수 있는데 이때는 각각의 넓이를 재서 검은색 선을 만들어 낸다.

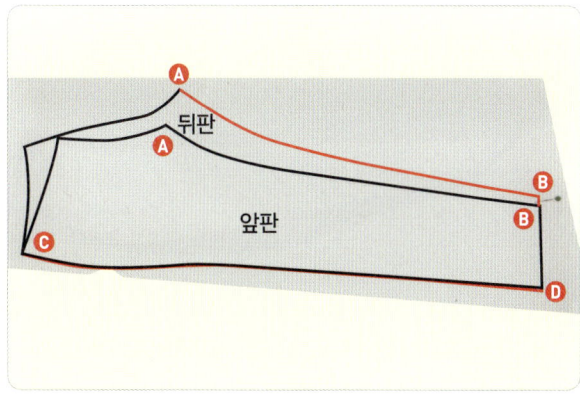

8 ⒶⒷⒸⒹ의 길이가 서로 꼭 맞아야 하며, Ⓐ와 Ⓑ의 차이가 날 때는 뒤판 Ⓐ부분을 위아래로 조정한다.

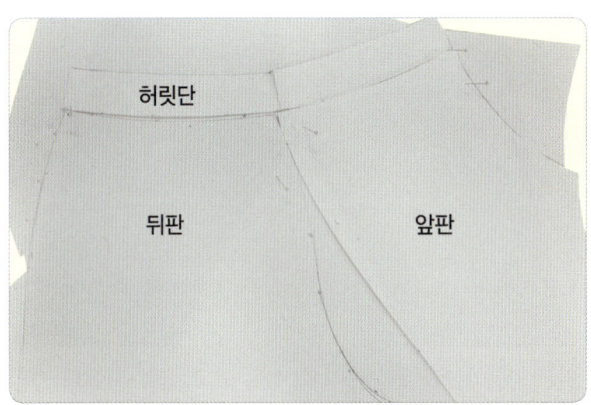

9 몸판의 허리를 펴서 허릿단과 맞는지 확인한다.

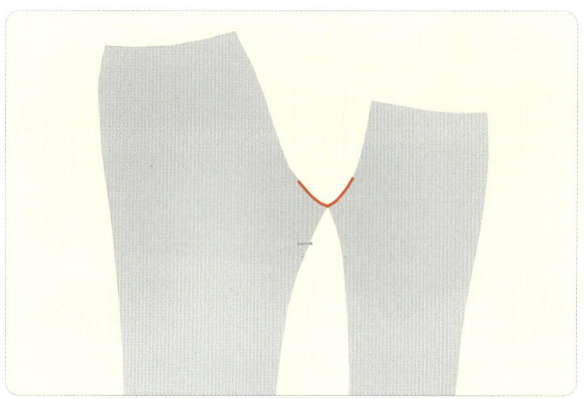

10 밑 부분 라인의 자연스러움을 확인하고 그렇지 않으면 다시 수정한다(빨간색 선).

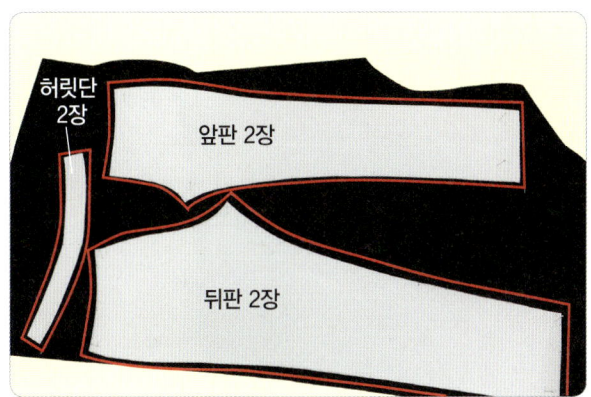

11 진체 어유분 1cm를 주고 잘라 낸다. 양옆은 2cm를 주어 품을 늘릴 때 사용하기도 한다.

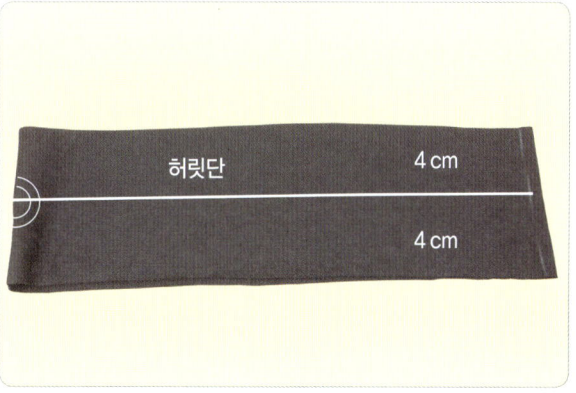

12 허릿단은 고무줄이므로 본을 뜬 데로 해도 되고 일자로 해도 된다.

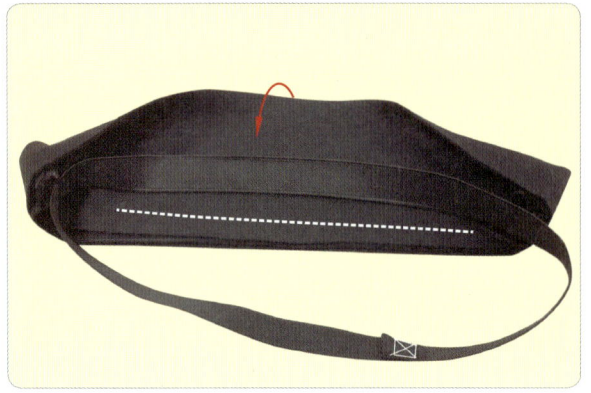

13 고무줄 연결 부위를 박음질한 후 원단 속에 고무줄을 넣고 화살표 방향으로 덮고 고무줄이 박히지 않도록 박음질한다.

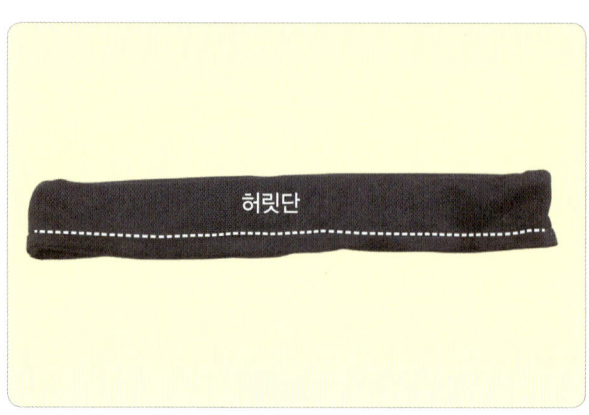

14 박음질된 모습이다.

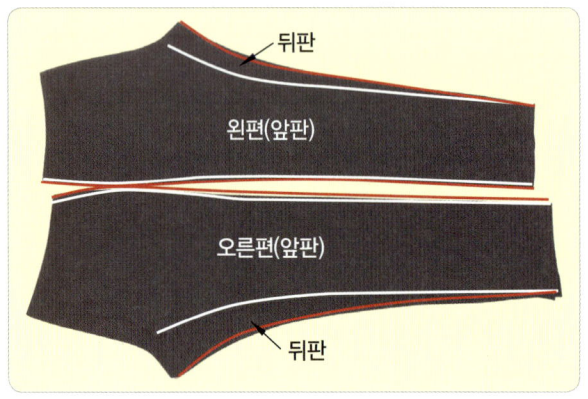

15 좌우 바지통을 흰색 선과 빨간색 선을 합쳐 좌우 각각 박음질한다.

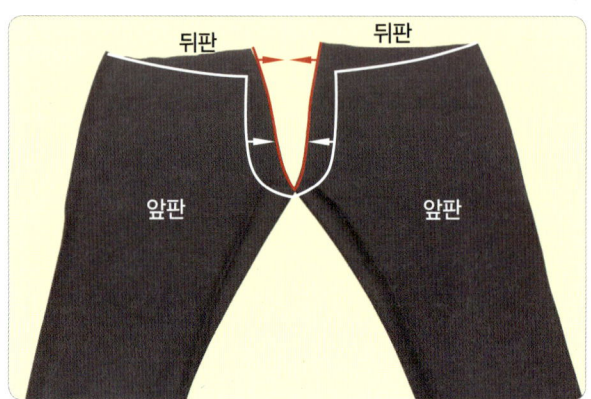

16 엉덩이선과 밑선은 서로 마주보고 각각 화살표 방향으로 박음질하여 앞뒤 연결한다.

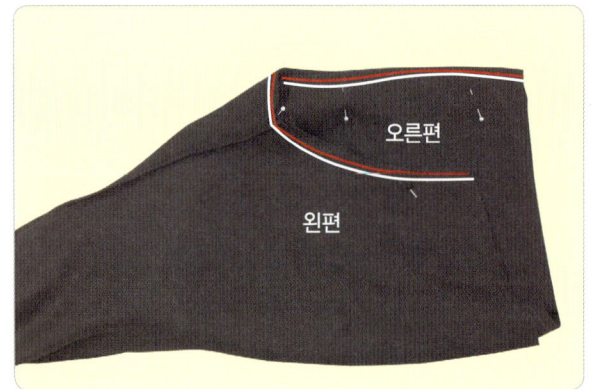

17 **16** 처럼 해도 되지만, 겉면을 서로 마주보게 하고 한쪽을 집어넣어 선 따라 박음질해도 된다.

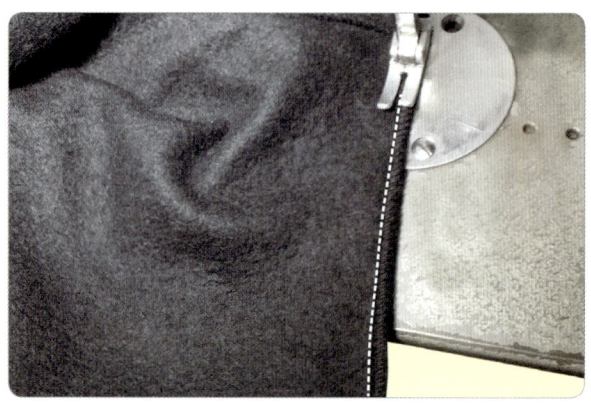

18 모든 봉제 부분은 오버로크만 처리해도 되고 오버로크 끝을 박음질해도 된다.

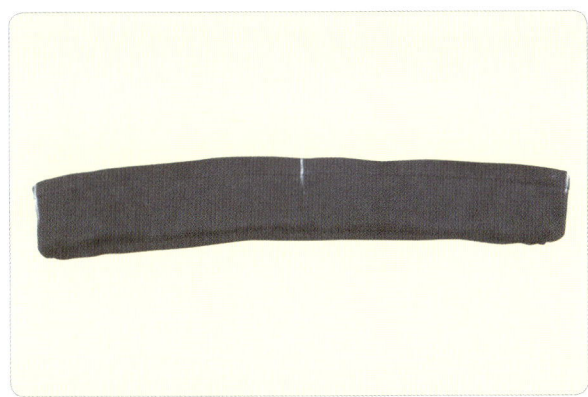

19 박음질된 허릿단을 4등분한다.

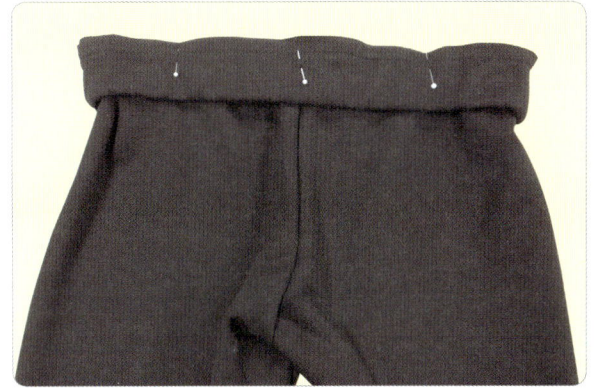

20 몸통 허리 부분도 4등분하여 허릿단과 같은 위치에 고정하여 핀을 꽂는다.

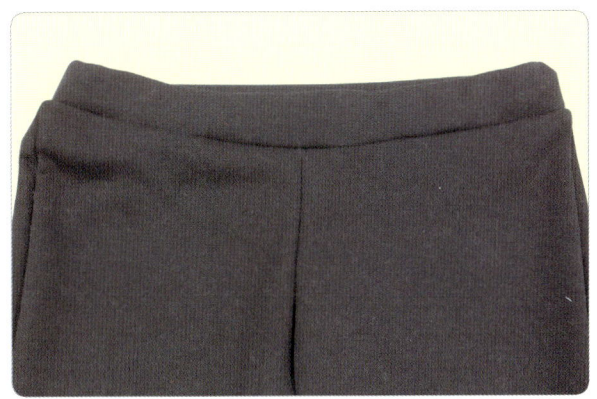

21 안쪽에서 오버로크 처리하고 박음질된 모습이다.

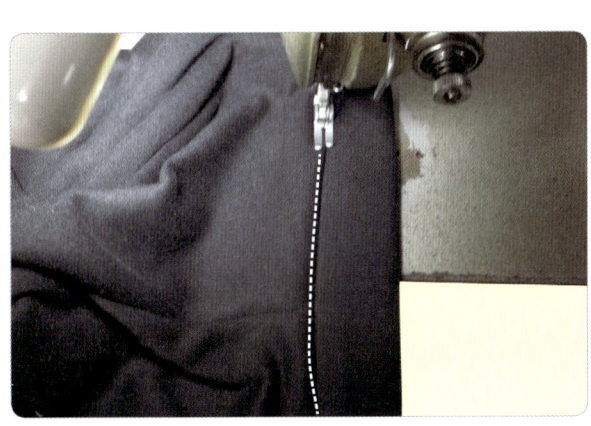

22 들뜨지 않도록 허릿단 부분 위에서 한 번 더 눌러 박음질한다.

23 완성 모습. 고무줄이 꼬이지 않도록 허릿단을 3∼4 군데 세로 방향으로 박음질해 준다.

타이트스커트 만들기

1 본뜰 치마를 바르게 펴고 누름쇠나 핀침으로 고정하고 송곳으로 흔적을 낸다. 빨간색과 검은색 차이는 다트분량이다.

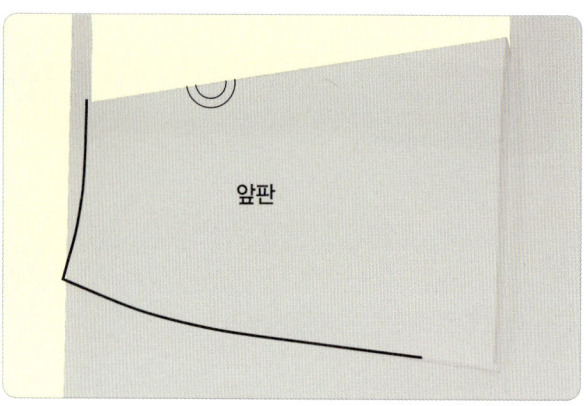

2 흔적을 따라 곡선자와 직선자를 사용하여 선을 긋고 허리 좌우를 맞추어 접어 자른다.

3 접어 잘라 낸 모습이다. 빨간색 부분은 다트분량이다.

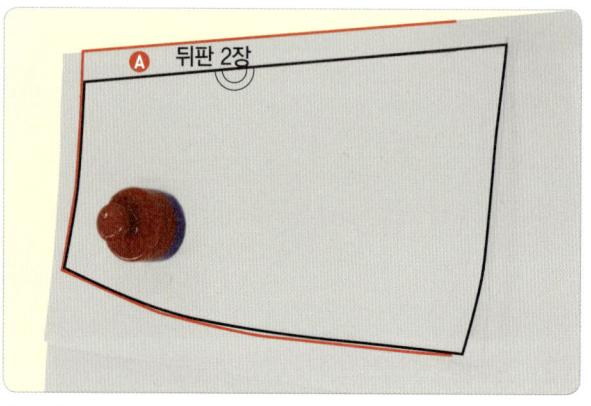

4 앞판으로 뒤판을 만들 때 지퍼분량을 2.5 cm 정도 남긴다. 검은색은 앞판, 빨간색은 뒤판이다.

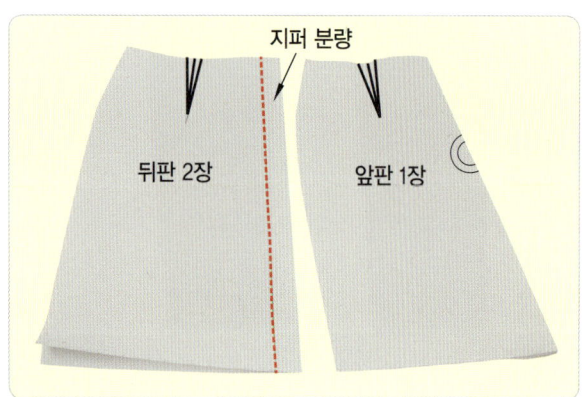

5 앞판은 골선, 뒤판은 절개선이다.

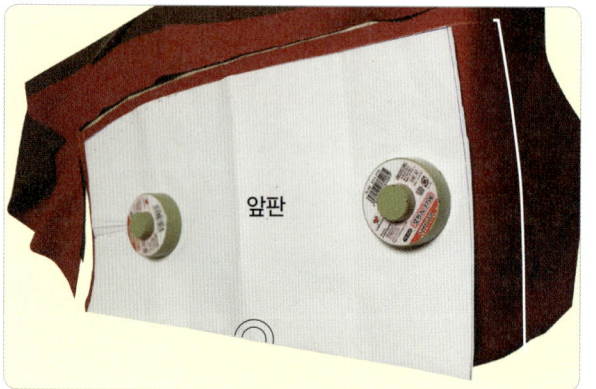

6 앞판은 길이 4 cm 여유분, 나머지는 모두 1 cm 남기고 골선으로 자른다.

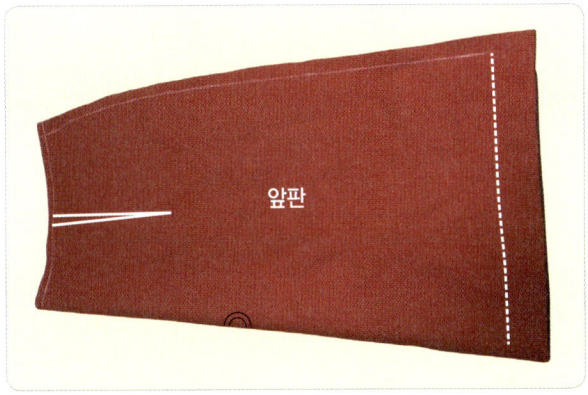

7 앞판 잘라 낸 모습이다.

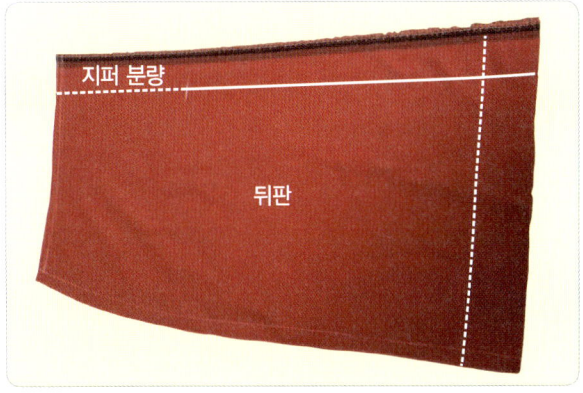

8 뒤판도 길이 4 cm 여유분, 지퍼분량 2.5 cm 남기고 자른 모습이다.

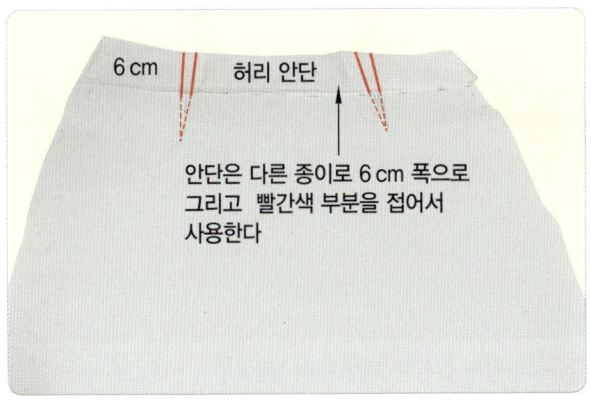

9 노 벨트 치마는 안단을 6 cm 폭으로 다트 없이 만들어야 하므로 다트 부분을 접어 없앤다.

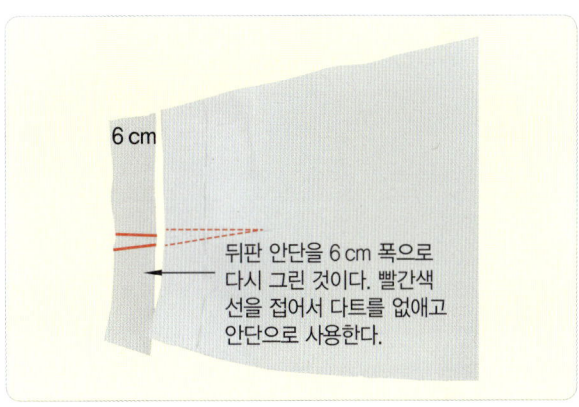

10 뒤판도 6 cm 폭으로 다트 없이 안단을 만들어야 한다. 본뜬 종이로 복사하여 잘라 낸다.

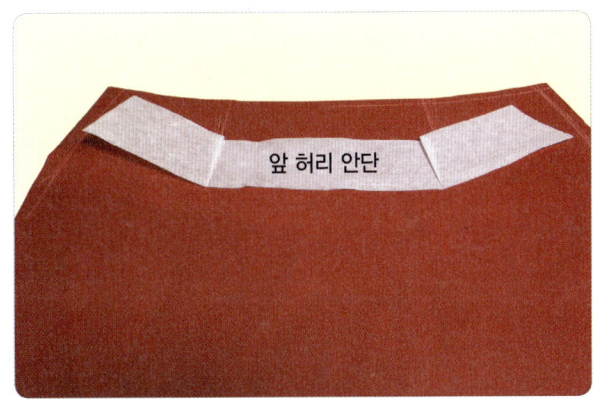

11 안단 다트를 없애기 위하여 다트분량을 접으면 위와 같이 각이 생긴다.

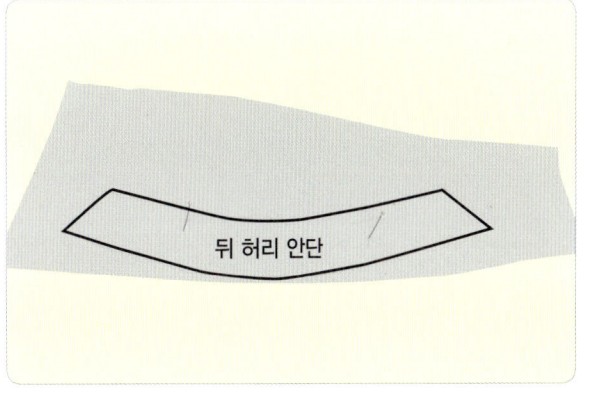

12 11의 각진 패턴을 자연스러운 각 수정을 위하여 다시 옮겨 그려야 한다.

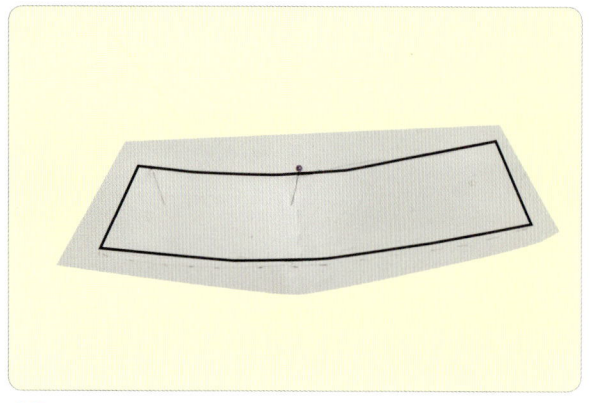

13 뒤판 안단도 각 수정을 위하여 다시 옮겨 그린다.

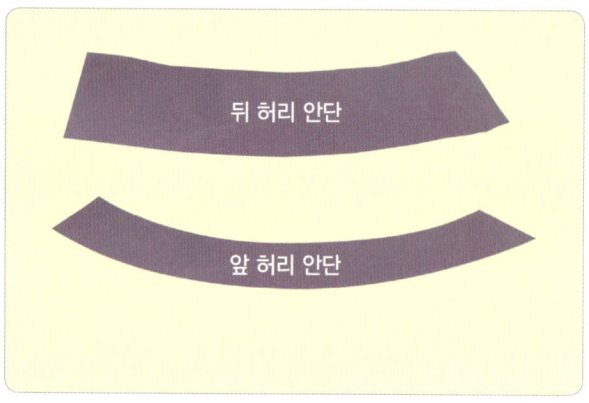

14 앞뒤 허리 안단에 심지를 붙인다.

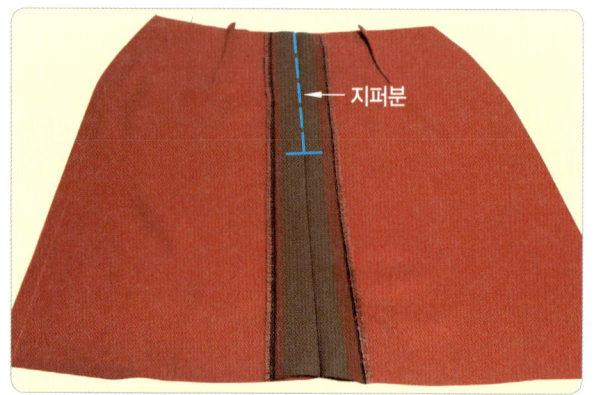

15 뒤판 다트를 박음질하고 지퍼 부분도 박음질하되 위에서 17 cm는 뜰 분량이니 시침을 짧게 해서 박음질한다.

16 앞판도 다트분량을 박음질한다.

17 지퍼분량은 뜯고 검은색 부분은 뜯어지지 않도록 튼튼히 봉제되어야 한다.

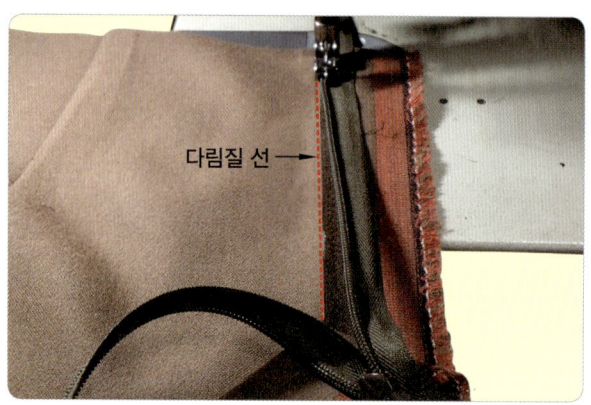

18 지퍼는 왼쪽부터 박음질하되 다림질 선에 플라스틱 끝이 맞아야 한다.

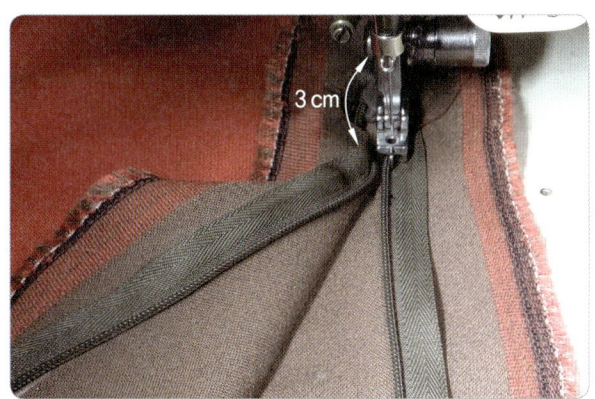

19 지퍼가 트임 공간 길이보다 3 cm 정도 길게 하여 오른쪽 지퍼를 부착할 때 노루발이 자유롭게 움직이도록 해야 한다.

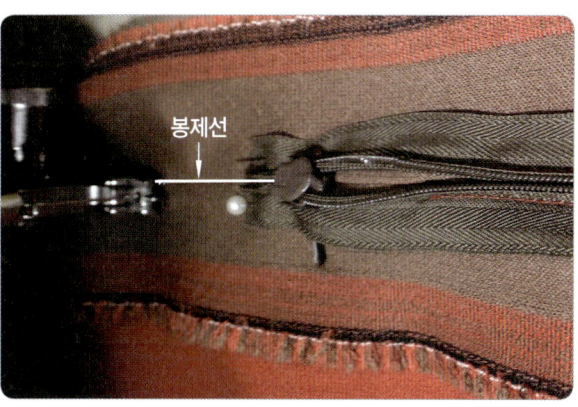

20 뒤판 치마중심선과 지퍼의 중신선이 꼭 맞아야 겉에서 지퍼가 울거나 접히지 않는다.

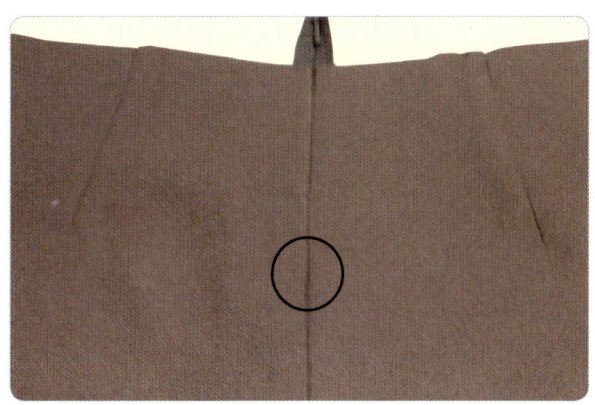

21 지퍼 겉 부분이 울거나 접히지 않았다.

22 앞뒤판 포개고 좌우 박음질한다.

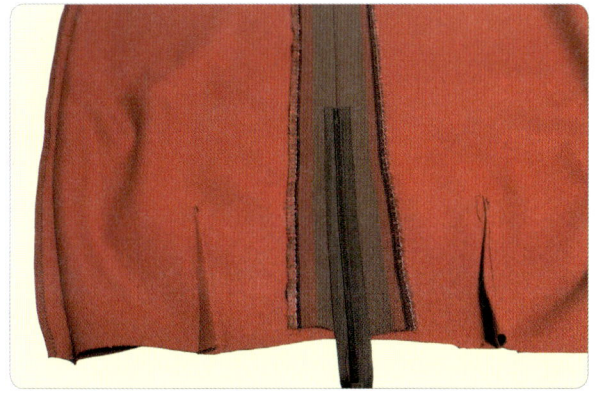

23 지퍼를 부착하고 뒷면에시 봤을 때 이와 같이 지피의 중심선과 봉제선이 일직선이 되어야 겉면에서 울거나 접히지 않는다.

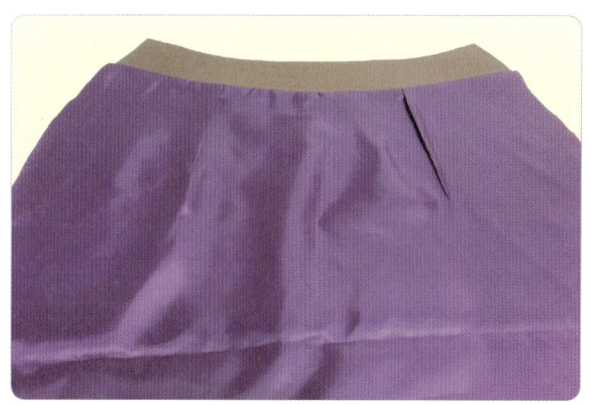

24 앞 안단과 안감을 연결할 때 안단은 심지를 붙였으며, 안감은 다트 대신 접어서 넣은 모습이다.

25 앞뒤 안감과 안단이 연결된 모습이다.

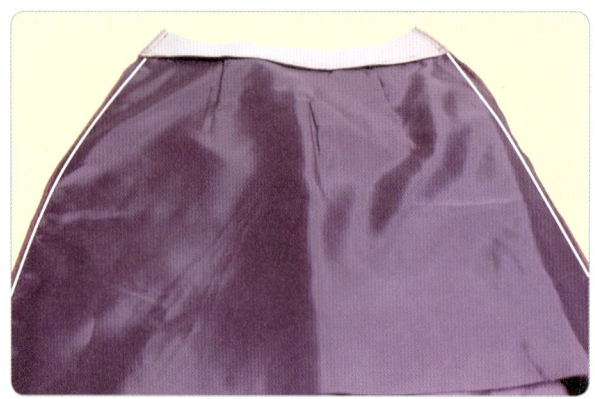

26 25의 완성된 안감을 겉면이 마주보게 포개고 양옆을 박음질하고 오버로크 처리한다.

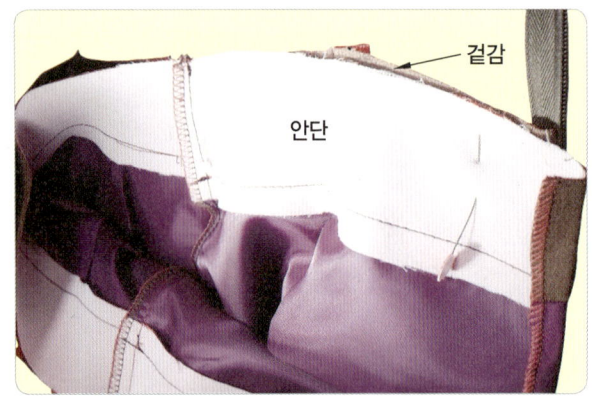

27 안단과 겉감 겉면이 서로 마주보게 포개고 핀으로 고정한다.

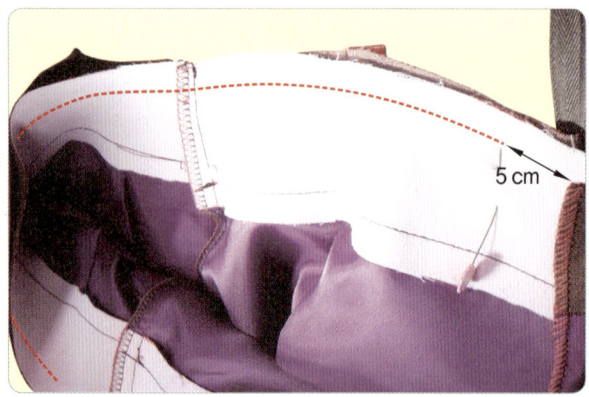

28 좌우 5 cm를 남기고 1 cm 여유분으로 박음질하려고 한다.

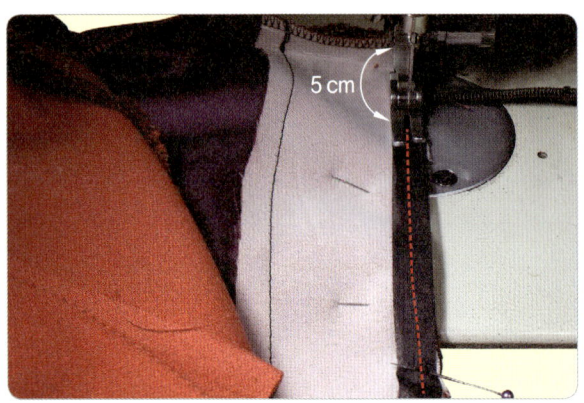

29 5 cm 남기고 허리가 늘어나지 않도록 1 cm 직선 테이프를 살살 당기며 박음질한다.

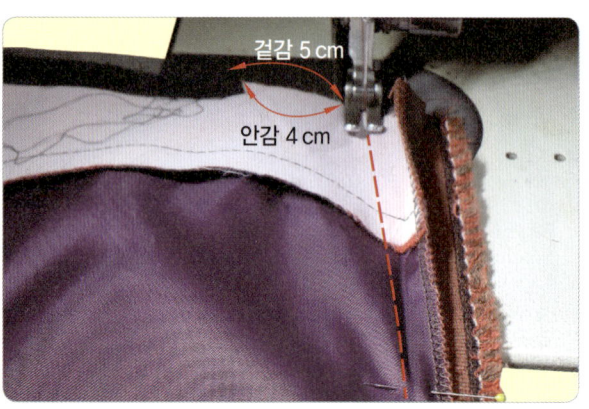

30 남겨둔 허리 부분을 안감은 4 cm, 겉감은 5 cm가 되도록 만들고 지퍼 부분을 먼저 박음질한다.

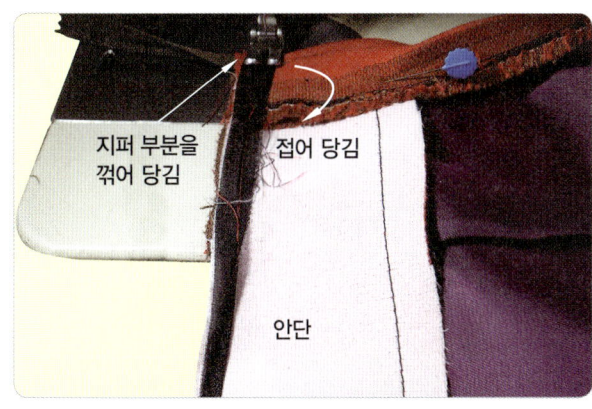

지퍼 부분을 꺾어 당김

접어 당김

안단

31 5 cm 남긴 부분을 안감 쪽으로 접고 지퍼 끝을 당기며 박음질한다.

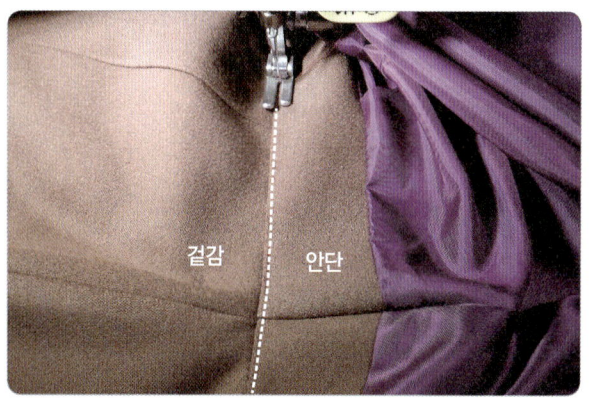

겉감   안단

32 안감 안단 쪽 시접을 포함하여 끝 박음질을 해준다.

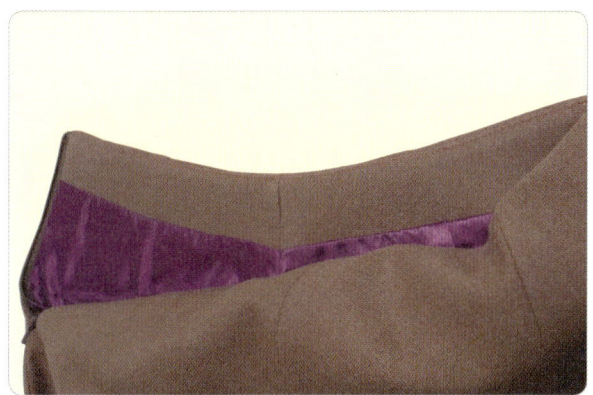

33 허리와 지퍼의 완성된 모습이며, 안단 1 cm 모자란 것이 지퍼로 채워진 모습이다.

35 완성 모습.

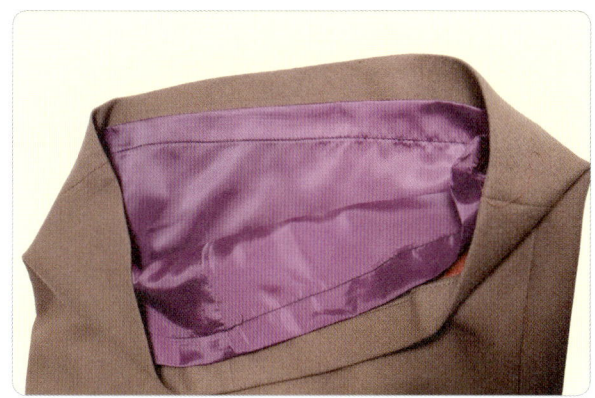

34 밑단 안감은 2 cm 말아 박음질하고, 겉감은 4 cm 오버로크 처리하여 손바느질하면 된다.

tip

타이트스커트는 앞판만 본뜨기하고 뒤판은 지퍼분량만 추가하여 절개하면 된다. 노 벨트는 안단은 다트가 없으므로 다트분량을 접어 없애주면 각이 생기므로 꼭 각 수정을 해야 한다.

플레어스커트 만들기

1 본을 뜰 플레어스커트이다.

2 흰색 종이 아래 얇은 스펀지나 신문지 3장 이상을 깔고 송곳이나 핀침을 사용하여 꾹 찔러 봉제선을 따라서 흔적을 낸다.

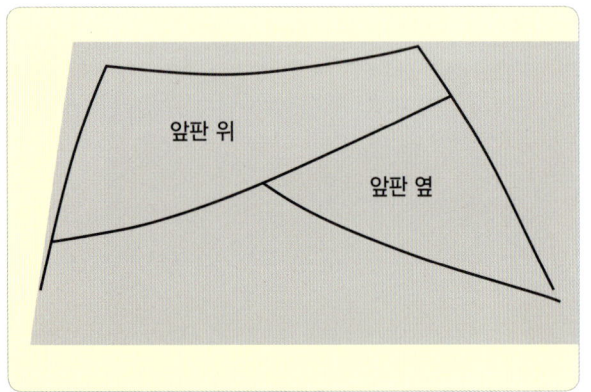

3 흔적을 따라서 선을 긋는다.

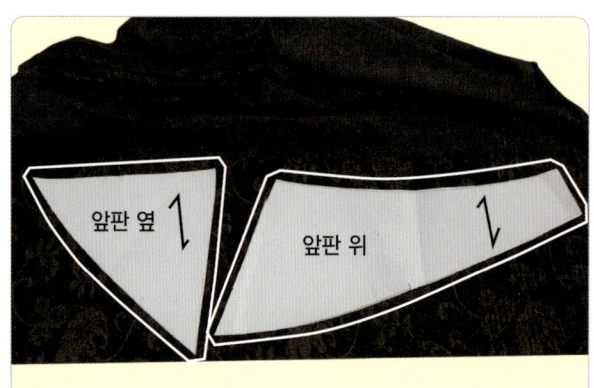

4 사방 1cm 여유분을 남기고 자른다.

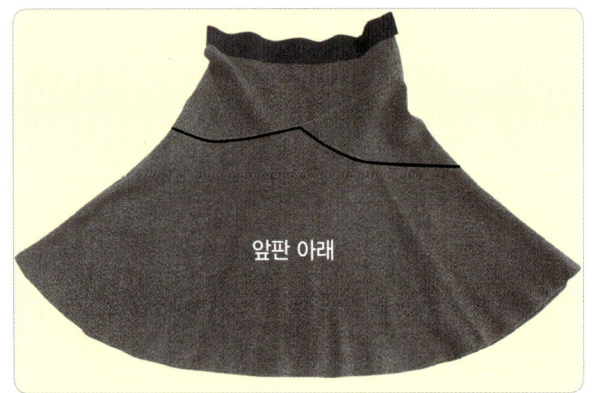

5 앞판 아래 부분도 바르게 펴고 봉제선을 따라서 송곳이나 핀침으로 꾹 찔러 흔적을 낸다.

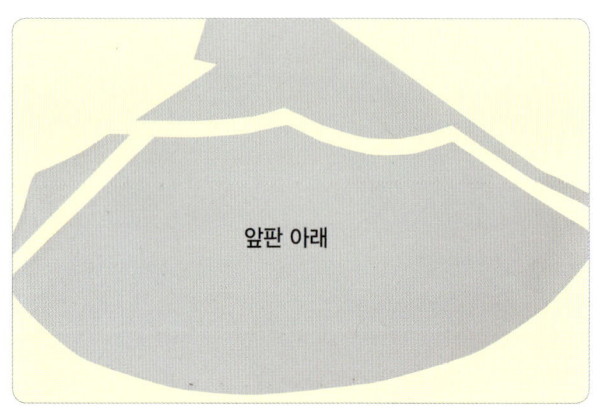

6 흔적 난 것을 따라서 선을 긋고 잘라 낸 모습이다.

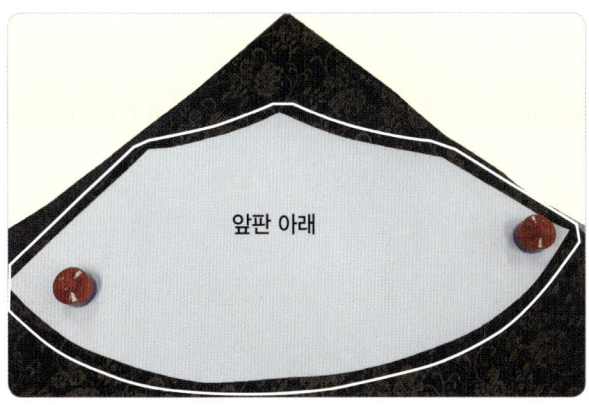

7 사방 1cm를 남기고 자른다.

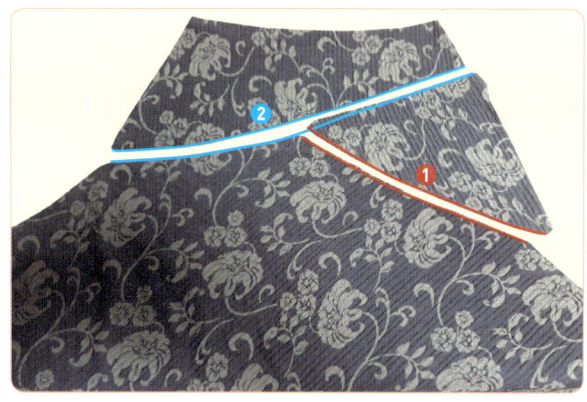

8 빨간색 부분을 먼저 박음질하고 파란색 부분을 박음질 한다. 연결 부위에 따라 봉제 순서가 다르다.

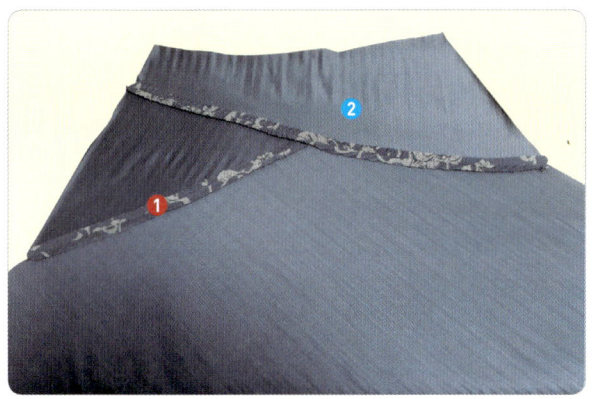

9 박음질된 것은 가름솔 다림질된 뒷모습이다.

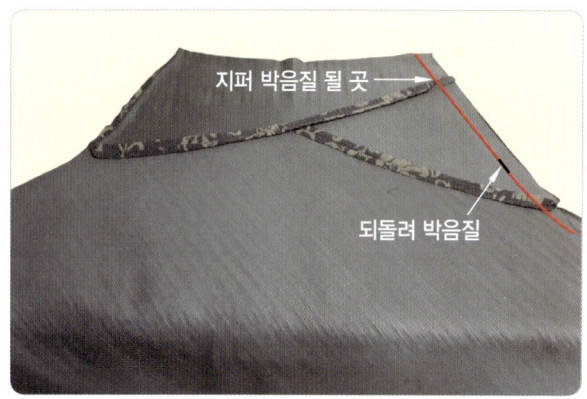

지퍼 박음질 될 곳

되돌려 박음질

10 앞뒤 2장을 포개고 지퍼 끝 부분에서 되돌려 박음질 한 후, 나머지 전체를 박음질하고 가름솔 다림질 후 지퍼 부분을 분리한다.

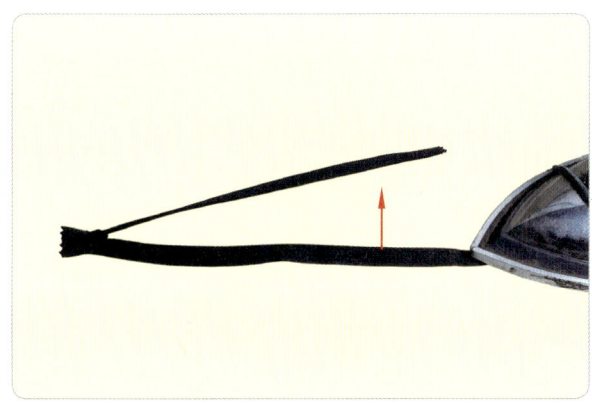

11 혼실 지퍼 플라스틱 부분올 화살표 방향으로 펴고 디 림질한다.

지퍼 안쪽 부분

12 지퍼는 왼쪽부터 박음질하되 다림질 선에 플라스틱 끝을 맞춰 박아야 한다.

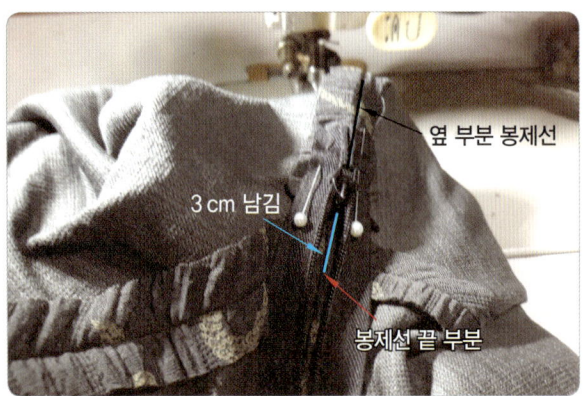

13 오른쪽은 치마 옆 부분 봉제선과 지퍼 갈라진 부분이 일직선이 되도록 하고 지퍼 봉제 끝 선보다 지퍼 길이를 3 cm 정도 길게 남겨줘야 한다.

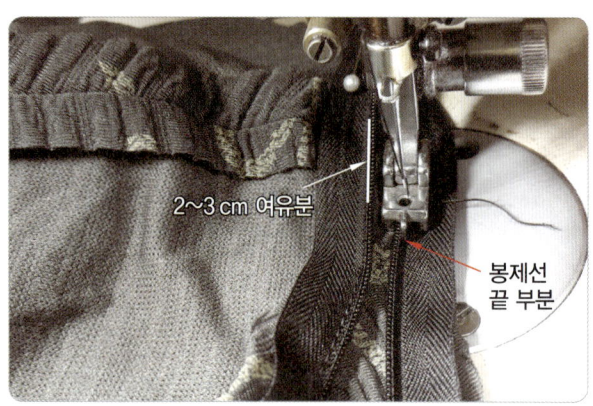

14 노루발을 지퍼 길이보다 3 cm 길게 남겨둔 곳에 넣고 오른쪽 지퍼를 봉제선 끝 부분에서 박음질이 시작되어야 한다.

15 이렇게 하면 겉면이 집히지 않고 깔끔하게 된다(동그라미).

16 허리고무줄은 원단 부분에 여유분을 주며 위에서 눌러 박음질한다.

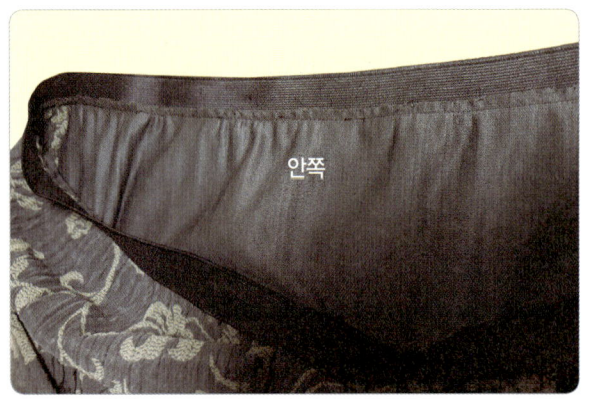

17 고무줄 안쪽 모습이다. 풀리지 않는 원단이라 오버로크는 하지 않았다.

18 완성 모습. 풀리지 않는 원단을 사용하면 오버로크가 필요하지 않으며 길이도 마감처리하지 않아 간편하다.

어린이 민소매 원피스 만들기

1 본을 뜰 원피스이다.

2 흰색 종이 아래 얇은 스펀지나 신문지 3장 이상을 깔고 바르게 펴서 봉제선(검은색)을 따라 송곳으로 꾹 찔러 흔적을 낸다.

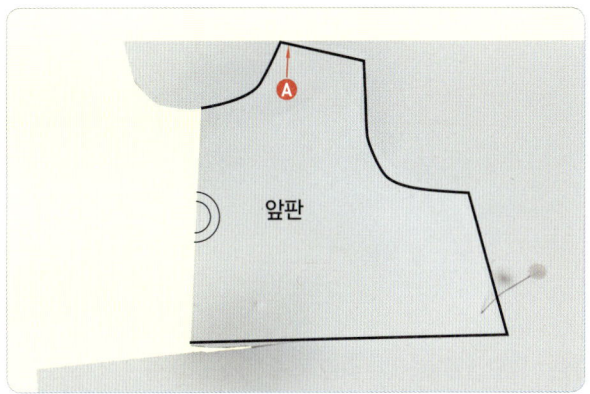

3 가끔 선을 찍었는데 좌우가 같지 않을 때가 있다. 이때는 Ⓐ부분을 좌우가 맞도록 접어 잘라내도 된다.

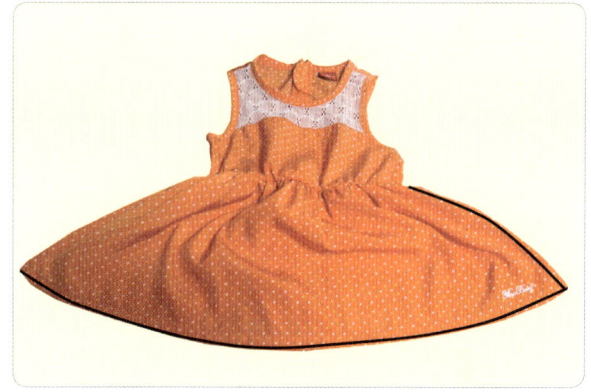

4 주름으로 된 스커트는 총 길이와 밑 둘레를 잰다.

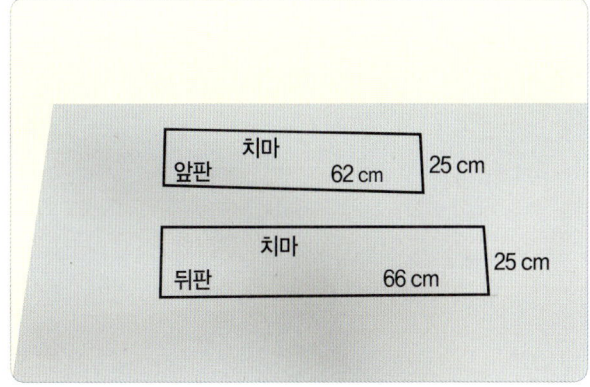

5 치마폭 넓이다. 뒤판은 지퍼분량으로 좌우 2 cm 여유분을 주었다.

6 뒤판도 봉제선을 띠리 흔적을 내고 앞으로 넘어간 어깨 길이 1 cm를 늘려 표시하고 지퍼분량 여유분 2 cm를 그린다.

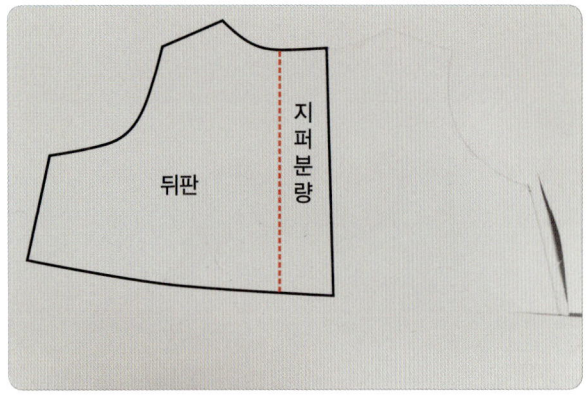

7 뒤판 본을 뜬 모습이다.

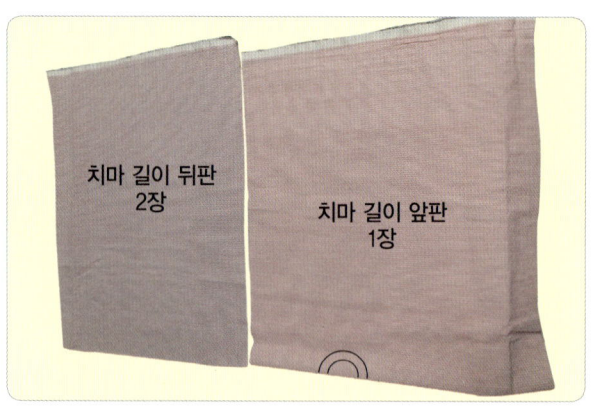

8 치마 길이 앞판과 뒤판의 모습이다. 앞판은 골선으로 한 장이고 뒤판은 절개로 2장이며 앞판보다 각 2 cm 크다.

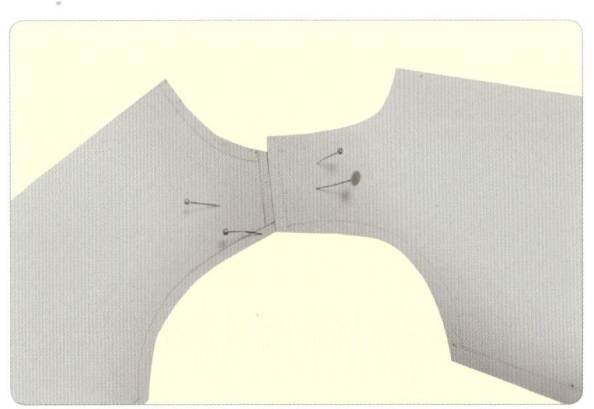

9 앞뒤 각각 본을 뜨고 앞뒤판 어깨 넓이를 확인한다.

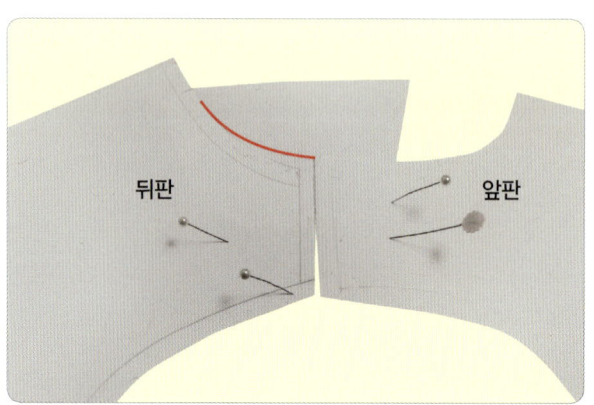

10 앞판 넓이에 맞추려면 뒤판 아래 종이를 깔아 풀로 붙인 뒤 그림을 그리고 잘라 낸다.

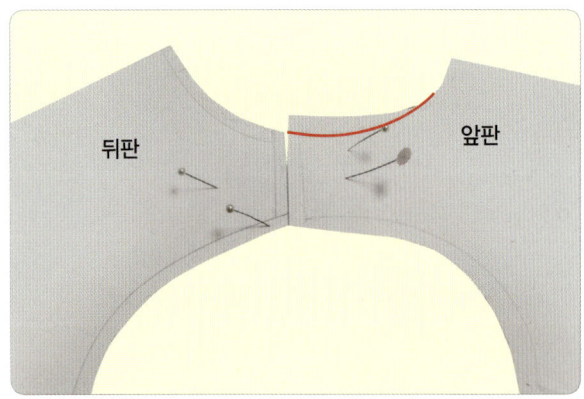

11 뒤판에 맞추려면 앞판을 라인에 맞게 잘라 낸다.

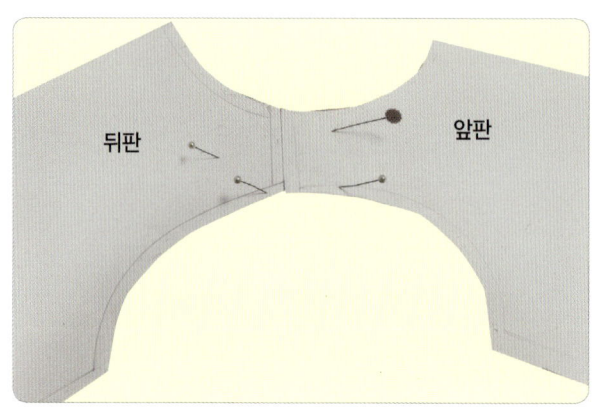

12 이번 옷은 뒤판에 맞추어 잘라 낸다.

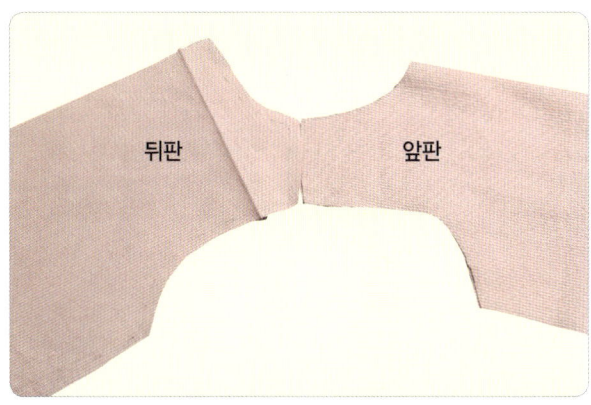

13 앞뒤판 재단된 모습이다. 어떤 옷이든 목 라인과 암홀 라인이 자연스러운 원형을 만드는 것이 좋다.

14 어깨와 옆판을 박음질하고 오버로크 처리한다.

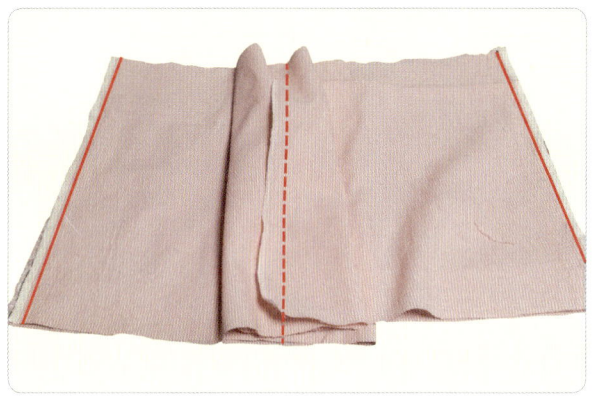

15 치마 부분 양옆을 박음질한다. 점선 부분은 지퍼 박을 분량이다.

16 실고무줄을 북알에 감는다.

17 실고무줄을 북알에 감아 밑실로 사용하면 이와 같이 주름이 생긴다. 더 많은 주름이 필요하면 뒤에서 고무줄을 당겨 주름을 더 잡아준다.

18 스팀 다림질을 해주면 더 많은 주름이 생긴다.

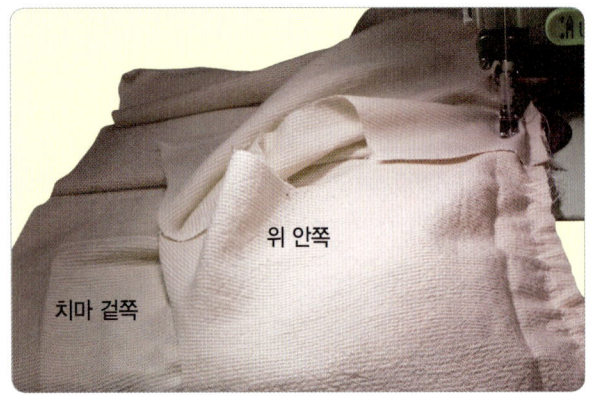

19 서로 겉면을 향하여 위아래를 붙여준다.

20 위아래 붙여준 모습이다.

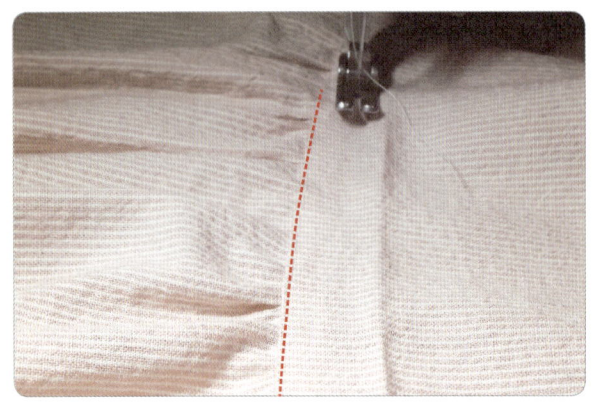

21 위아래 붙여준 것이 들뜨지 않게 한 번 더 상의쪽에서 눌러 박음질한다.

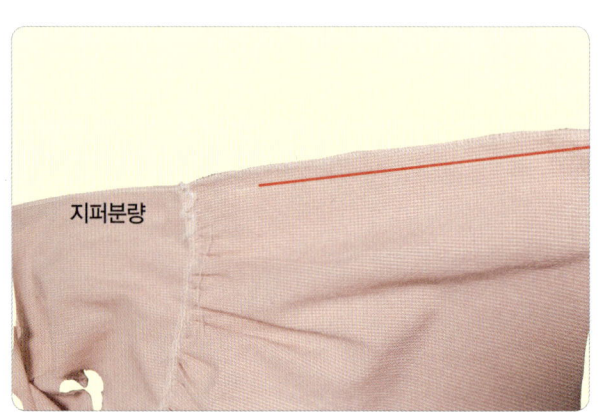

22 위 지퍼분량을 남기고 박음질한다.

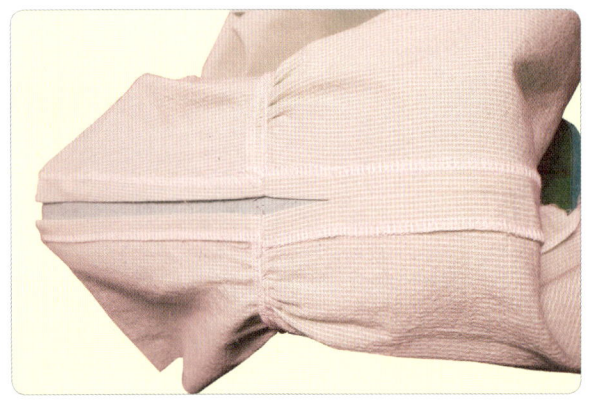

23 **22**의 박음질된 것을 가름솔 다림질한다.

24 목 부분이 너무 허전할 때는 테이프 처리를 한다. 이 부분은 접밴드를 사용하거나 바이어스테이프를 사용하여 처리해도 된다.

25 박음 테이프를 접어 펴지지 않게 끝 부분에 눌러 박음질한다.

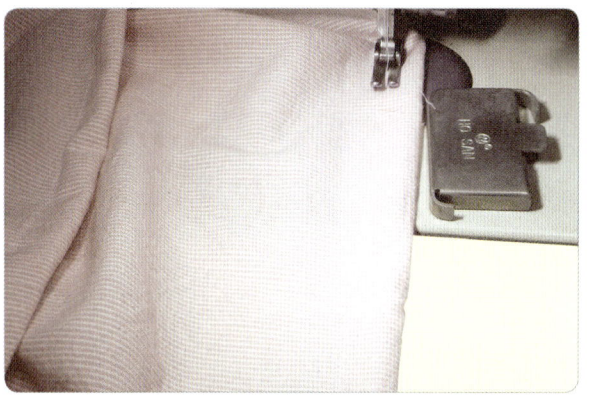

26 밑단 4 cm를 접어서 2 cm씩 말아 박음질한다.

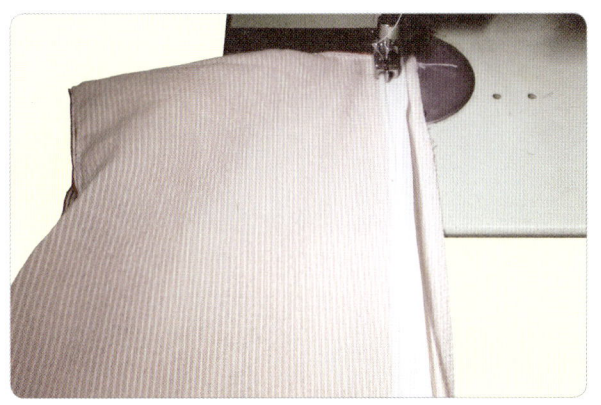

27 지퍼는 왼쪽부터 다림질 선에 지퍼를 맞추고 박음질한다.

28 움직이지 않도록 잘 고정하여 지퍼를 아래에서 위로 박음질한다.

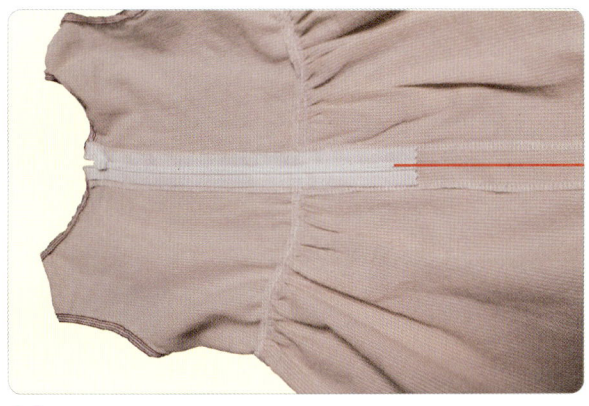

29 지퍼를 박음질한 후 뒤를 뒤집었을 때 봉제선과 지퍼의 골선이 맞아야 겉에서 울지 않는다.

30 완성 모습.

어린이 바지(내복) 만들기

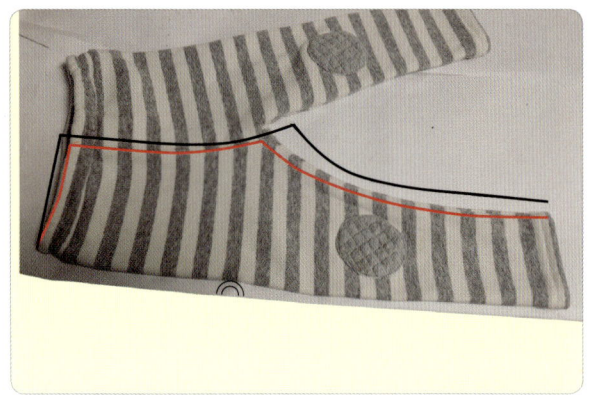

1 아래 흰색 종이를 접어 골선을 만들고 앞판(빨간색)과 뒤판(검은색) 봉제선을 따라 송곳으로 흔적을 낸다. 다리 부분은 빨간색 선과 바지 끝 넓이의 2배를 그린다.

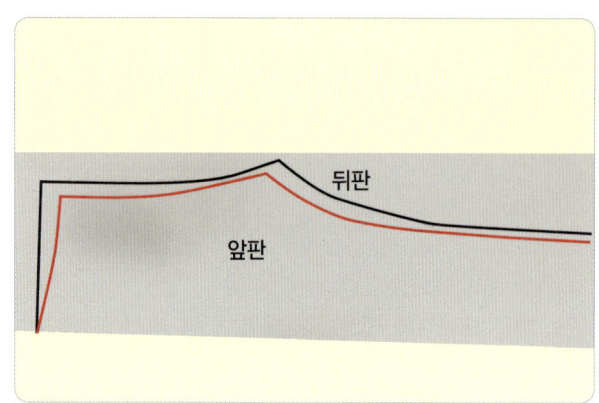

2 흔적의 점을 따라서 선을 이어준 모습이다.

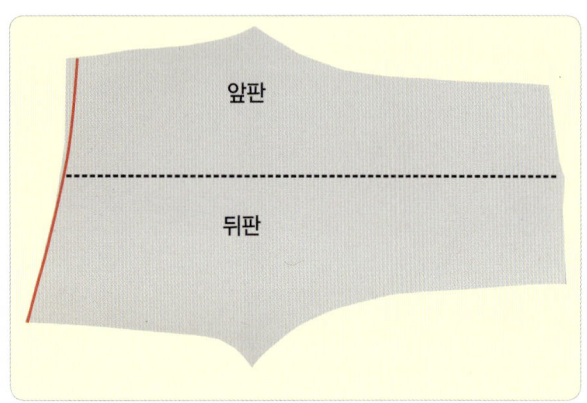

3 펼쳐진 모습이다. 이때 펴보면 허리 부분이 자연스럽지 않을 때가 많다. 그럴 때는 그림과 같이 선을 다시 그린다.

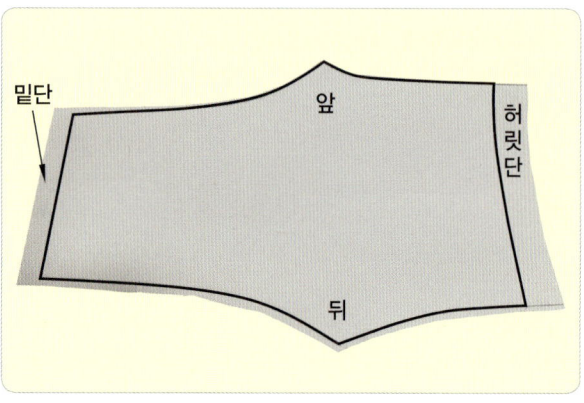

4 오버로크만 처리하므로 여유분을 0.5 cm 주고, 밑단은 3 cm, 허릿단은 4 cm 여유분을 주었다.

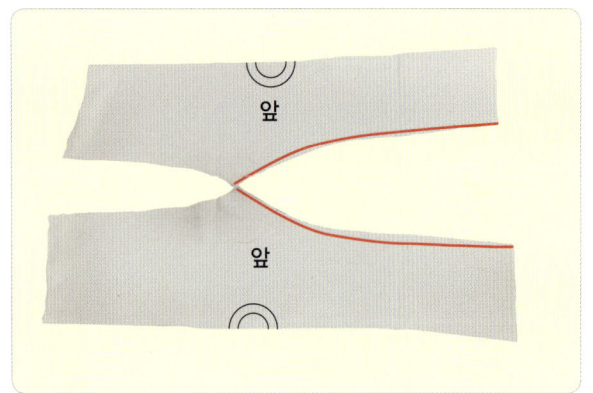

5 양쪽 다리통 빨간색 선 부분을 안쪽에서 각각 박음질한다.

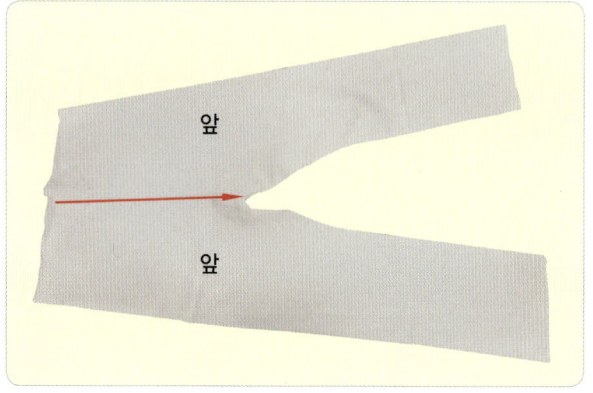

6 화살표 방향으로 둘을 합쳐 돌려서 박음질한다.

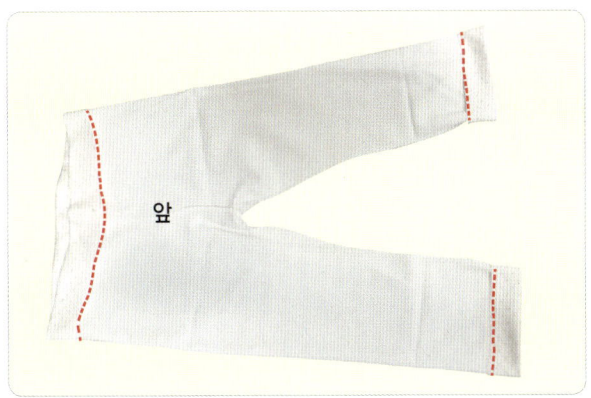

7 밑단 여유분과 허리 부분 여유분을 접어 다림질한다.

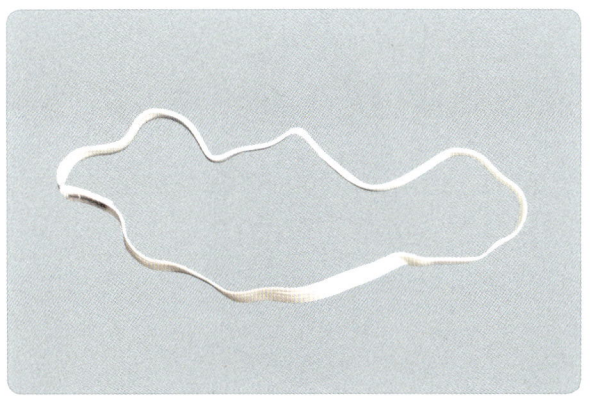

8 허리 부분에 넣을 고무줄을 만든다.

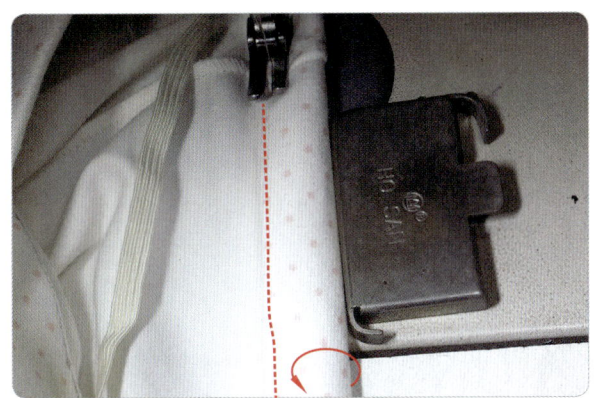

9 허리 부분에 고무줄을 넣고 말아 박음질한다.

11 완성 모습.

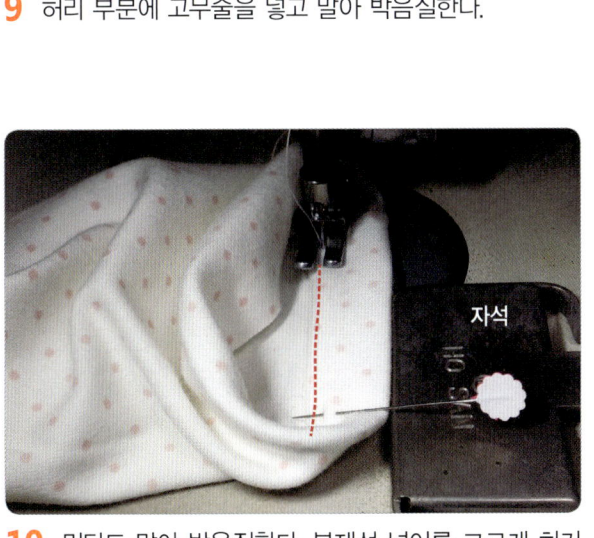

10 밑단도 말아 박음질한다. 봉제선 넓이를 고르게 하기 위하여 자석을 붙여 조정한다.

어린이 모자원피스 만들기

1 본을 뜰 어린이 원피스이다.

2 모자를 바르게 펴고 봉제선을 따라 흔적을 낸다.

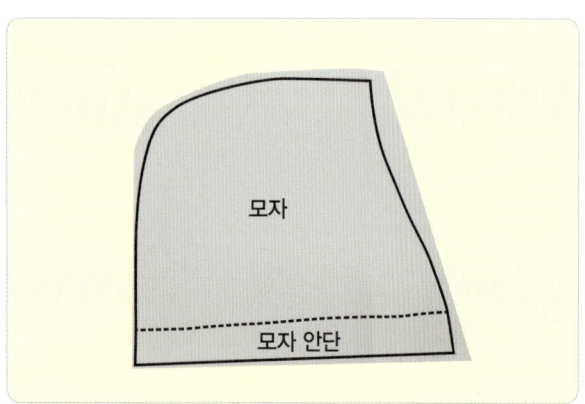

3 흔적을 따라 선을 연결한 모습이다.

4 몸판도 봉제선을 따라서 흔적을 낸다.

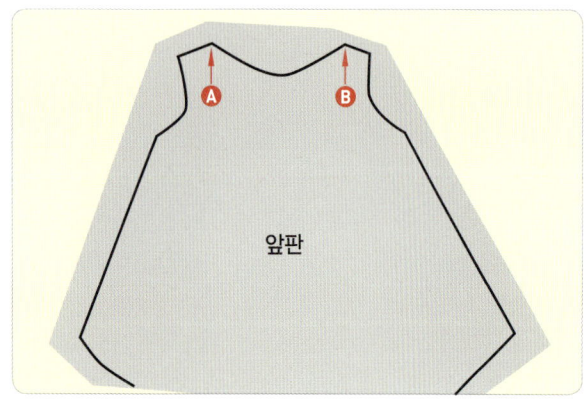

5 흔적을 따라 선을 그린다. 때론 흔적이 바르지 않을 때
가 있다. 이때는 화살표 부분을 맞추어 접어 자르면 된다.

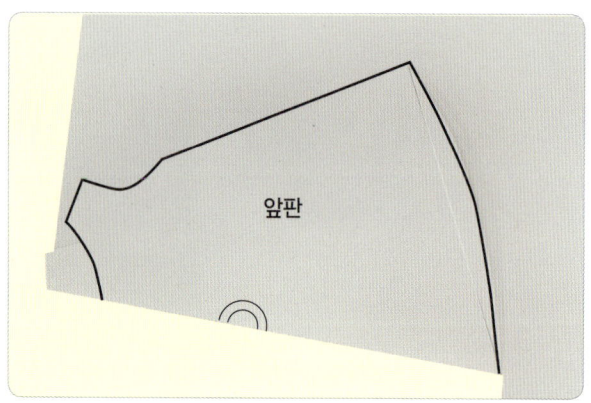

6 접어 자른 모습이다.

7 소매도 봉제선을 따라 흔적을 낸다. 티셔츠 암홀 부분은 손으로 만져서 앞뒤 구분하여 흔적을 낼 수 있다.

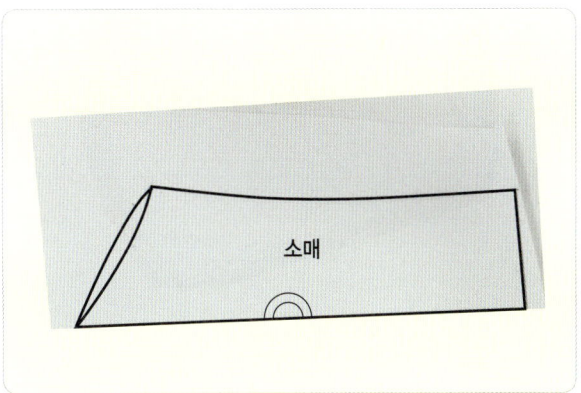

8 흔적을 따라 선을 그린 모습이다.

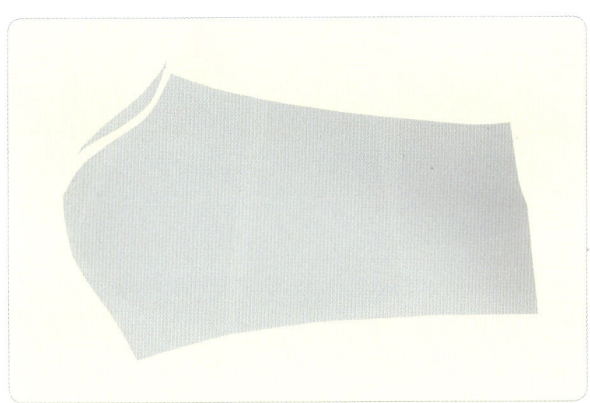

9 앞판 뒤판을 함께 잘라 앞부분은 잘라 낸다.

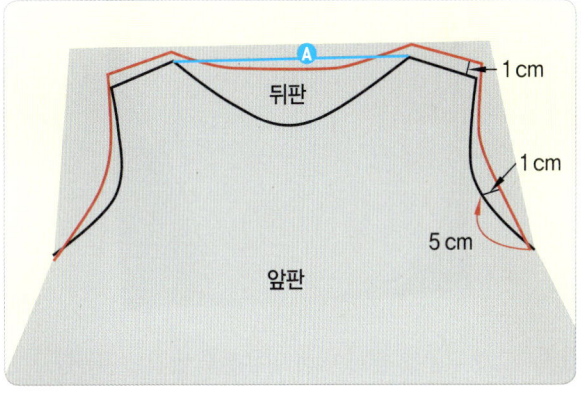

10 앞판으로 계산을 해보려고 한다. 뒷목은 파란색 선에서 1 cm 내려온다. 어깨 길이는 뒤판이 1 cm 크다. 암홀은 5 cm 올라가 1 cm 키워 자연스럽게 그린다.

11 패턴을 보관힐 때 앞핀을 허리까지만 만들어 뒤판 패턴에 붙여 사용한다.

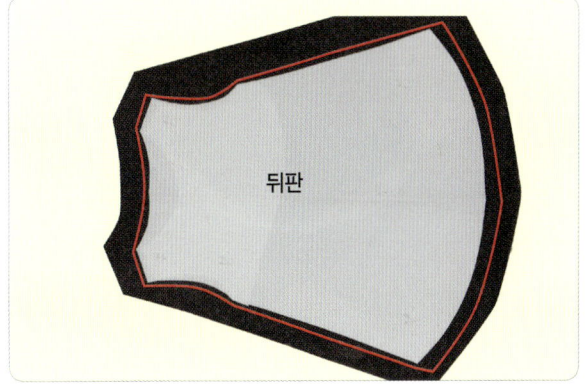

12 전체 1 cm 여유분으로 하고, 길이는 3 cm 여유분으로 자르면 된다.

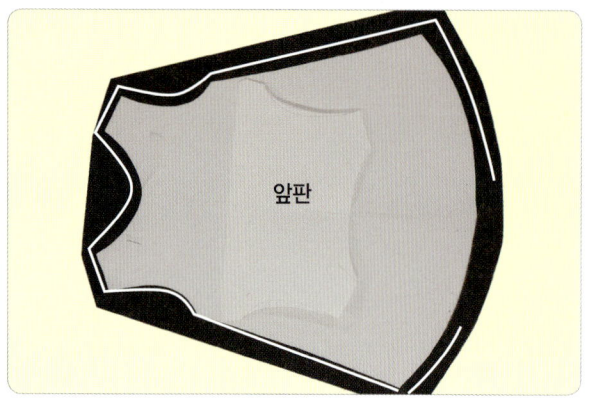

13 앞판도 여유분 전체 1 cm 남기고 밑단 3 cm 남긴다.

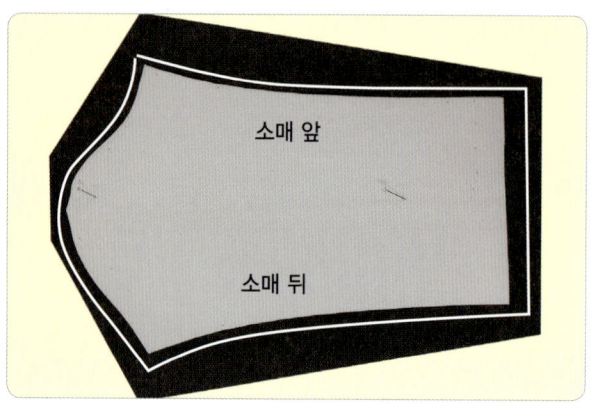

소매 앞

소매 뒤

14 소매도 전체 여유분 1 cm, 소매길이만 3 cm로 한다.

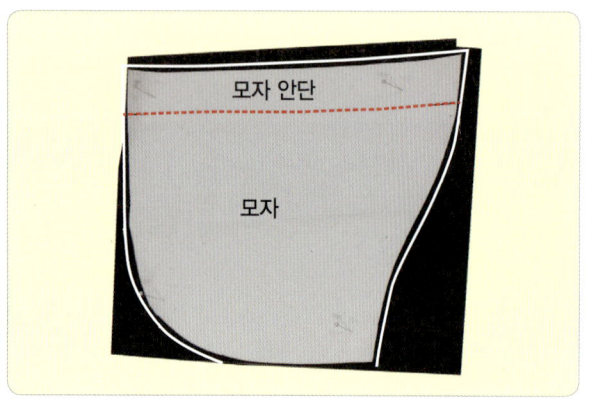

모자 안단

모자

15 모자 부분도 전체 1 cm 여유분을 남기고 자른다.

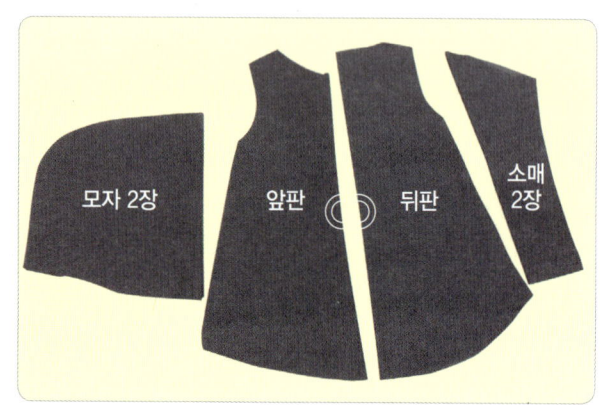

모자 2장

앞판

뒤판

소매 2장

16 재단된 모습이다.

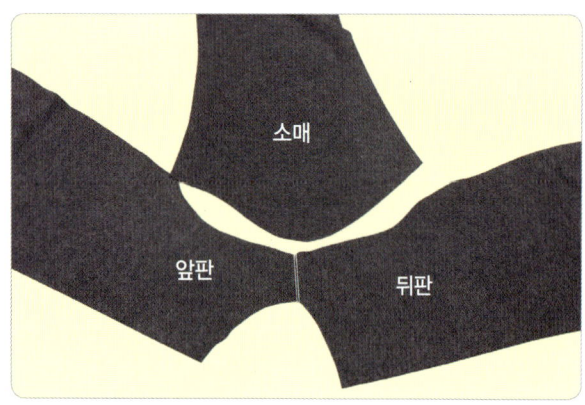

소매

앞판

뒤판

17 앞뒤 어깨 길이와 몸판 좌우 길이, 소매 암홀 길이를 맞추어보고 맞으면 오버로크로 박음질한다.

18 모자 앞부분을 박음질로 고정하고 뒤 라인과 앞 라인을 맞추어 시침을 한다.

19 모자와 몸판을 핀으로 고정하여 오버로크 처리한다.

20 모자 목 부분이 늘어나지 않도록 투명 늘임방테이프 (실리콘 밴드)를 박음질한다.

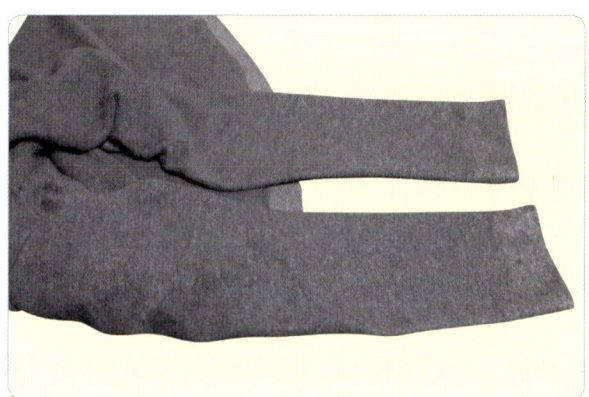

21 소매를 오버로크 처리하고 여유분 3 cm를 다림질하여 박음질한다.

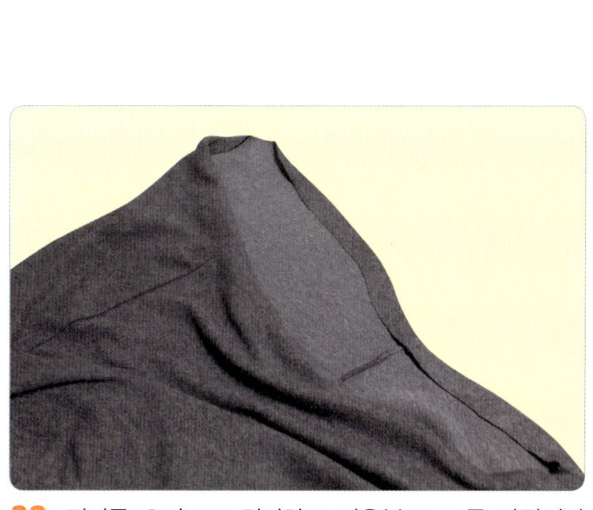

22 길이를 오버로크 처리하고 여유분 3 cm를 다림질하여 박음질한다.

23 완성 모습.

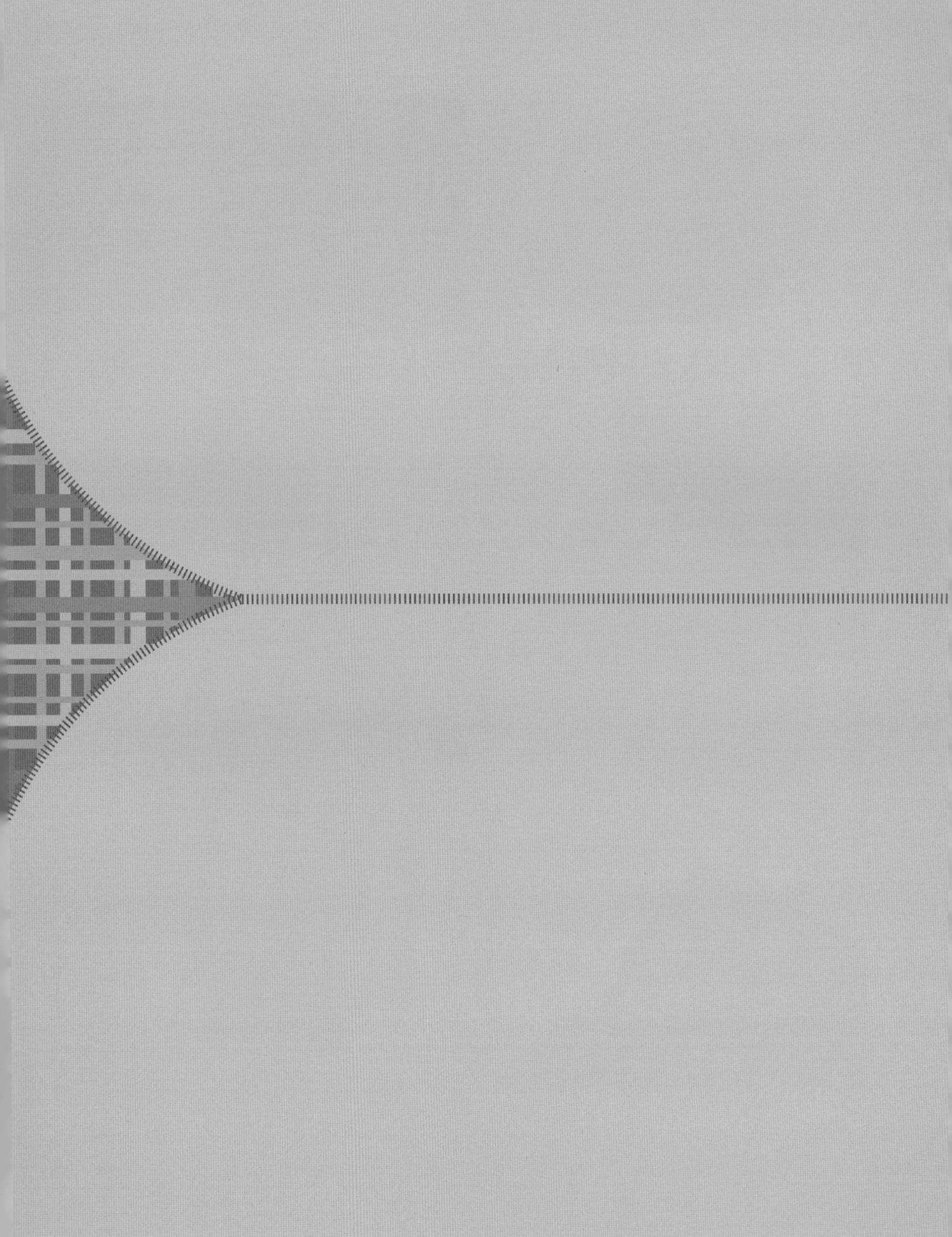

티·남방·카디건 만들기

- 라운드 티셔츠 만들기
- 모자조끼티 만들기
- 앞 지퍼 티셔츠 만들기
- 여자 남방 만들기
- 남자 남방 만들기
- 재킷용 카디건 만들기
- 기본형 카디건 만들기

라운드 티셔츠 만들기

1 본을 뜰 옷이다.

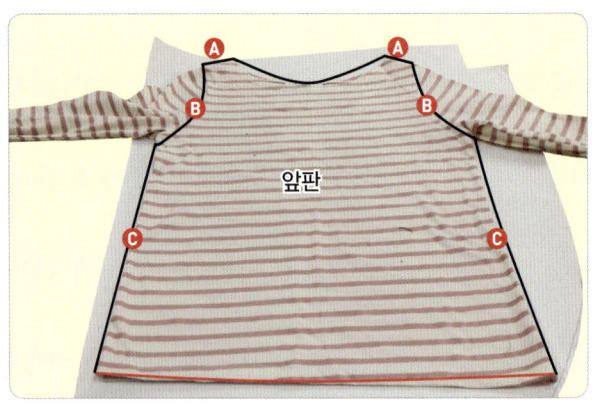

2 흰색 종이 아래에 얇은 스펀지 또는 신문지 3장 이상을 깔고 송곳으로 봉제선을 따라서 꾹 눌러 흔적을 낸다.

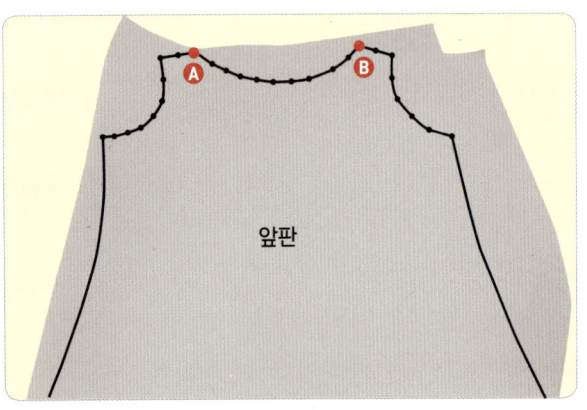

3 Ⓐ와 Ⓑ 부분을 굵게 표시해 둔다.

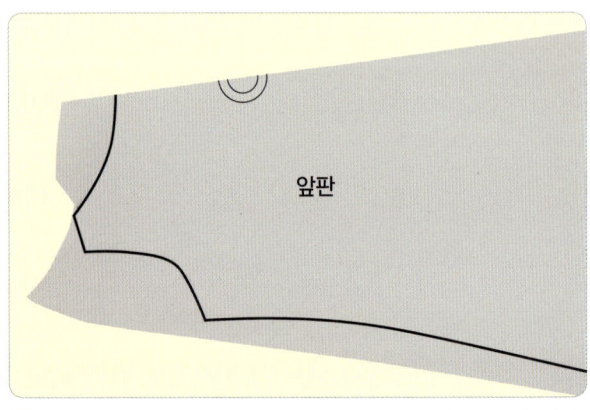

4 Ⓐ와 Ⓑ부분이 서로 맞도록 맞추어 포개어 잘라 낸다. 맞지 않으면 다시 그린다.

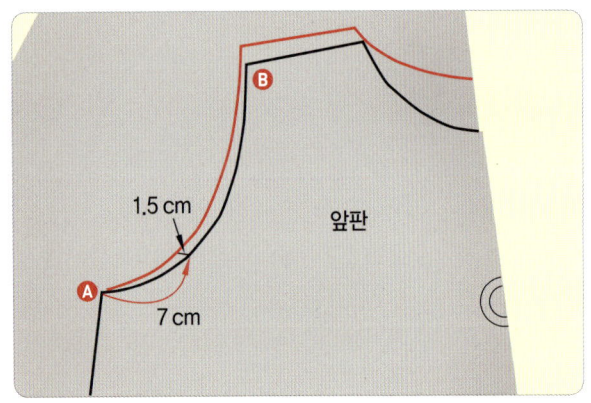

5 뒤판도 송곳으로 흔적을 내도 되지만 앞판 패턴으로 뒤판을 만들려고 한다. Ⓐ에서 7 cm 올라가서 1.5 cm 키우고 암홀자를 이용하여 선을 그린다.

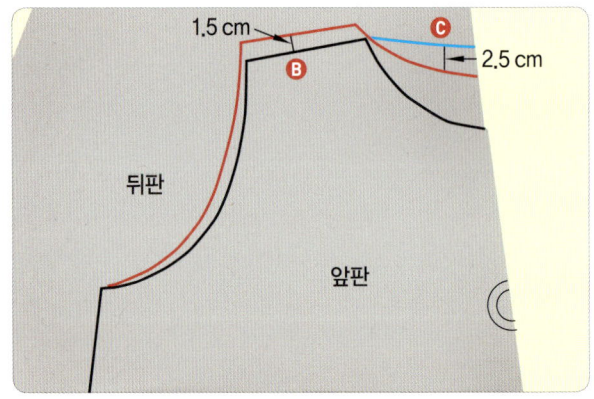

6 Ⓑ에서 1.5 cm 키우고, Ⓒ는 어깨선 직선(파란색 선)에서 2.5 cm 내려 암홀자를 이용하여 그린다.

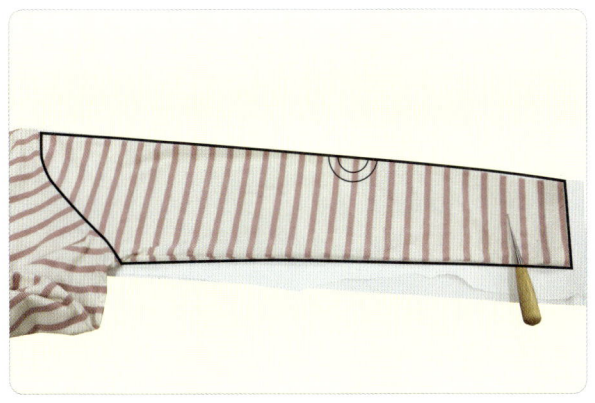

7 팔을 바르게 펴고 종이는 2겹 골선으로 접어 봉제선을 따라 송곳으로 흔적을 낸다.

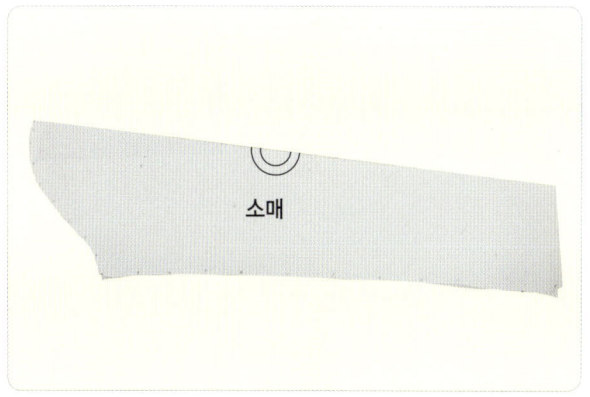

8 흔적을 따라 잘라 낸 모습이다.

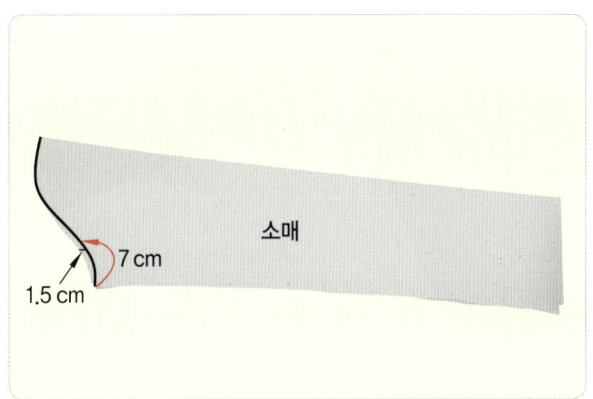

9 팔 앞판 만들기 7 cm 올라가서 1.5 cm 들어가 암홀자를 이용하여 자연스럽게 그린다.

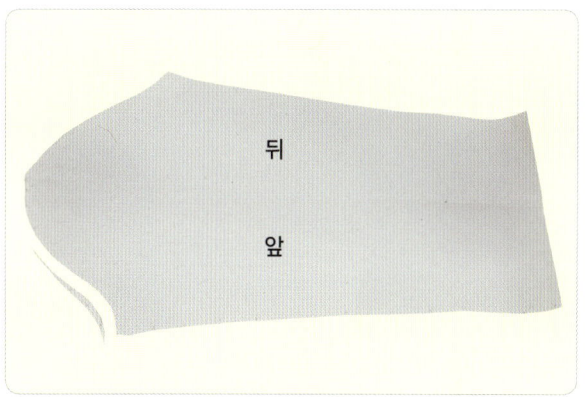

10 펼친 모습이며 앞부분이 잘린 모습이다.

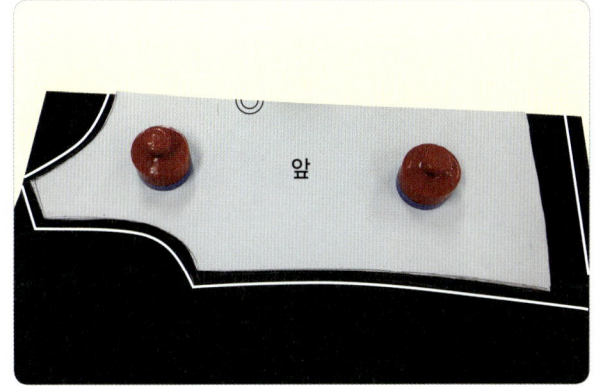

11 티는 오버로크 처리하므로 총길이 여유분은 3 cm, 나머지는 모두 1 cm 여유분으로 하면 된다.

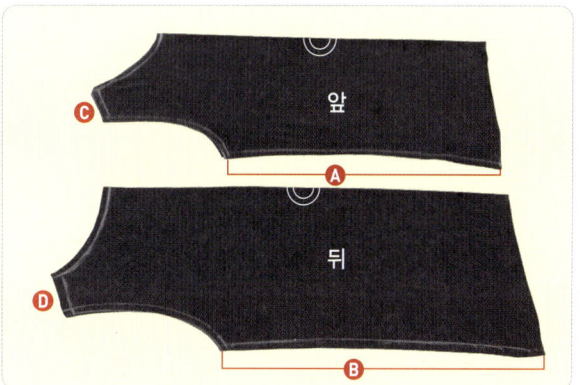

12 앞뒤판 재단된 모습이다, Ⓐ와 Ⓑ의 길이와 Ⓒ와 Ⓓ의 길이가 각각 같아야 한다.

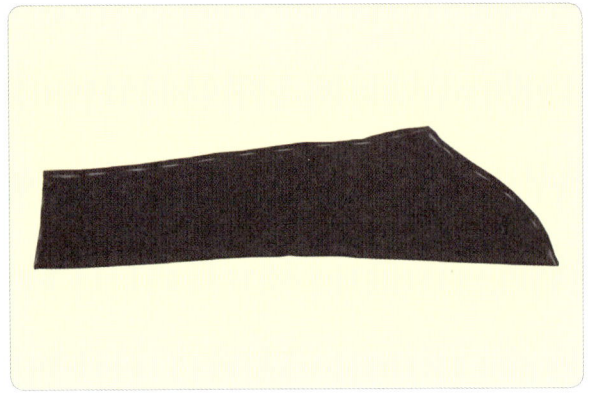

13 소매 재단된 모습이다.

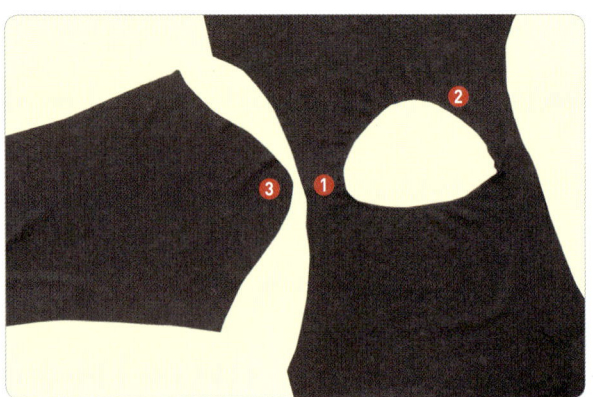

14 ❶과 ❸을 오버로크 처리하고 목을 오버로크 처리한다.

15 몸판과 어깨를 오버로크로 부착하는 모습이다. 바늘 4개짜리는 오버로크만 처리해도 되며 3개짜리는 오버로크하고 바로 옆에 바늘 11번으로 한 번 더 박음질하는 것이 좋다(바늘 4개 니흔 오버로크).

16 몸판과 어깨박음질 후 팔에서 몸판으로 한번에 오버로크 처리해도 된다.

17 목 부분 늘어짐 방지를 위하여 투명 늘임방테이프를 오버로크 부분에 살짝 당기며 박음질한다.

18 목 부분 전체 박음질된 모습이다.

19 투명 늘임방테이프를 사용했으므로 박음질 후 약간의 셔링이 보인다.

20 이것을 다림질하면 말끔히 사라진다. 테이프는 너무 강하게 잡아당기지 말고 아주 약간 잡아당기는 것이 좋다.

21 팔목 부분도 이것을 사용하면 탄력이 생겨서 좋다(살살 잡아당김).

22 밑단은 이것을 사용하지 않고 탄력성 있게 원단을 잡아당기면서 박음질한다.

23 밑단이 완성된 모습이다.

24 완성 모습.

모자조끼티 만들기

1 본뜰 모자조끼이다.

2 신문지 3장 이상이나 스펀지 얇은 것을 깔고 봉제선을 따라 송곳으로 꾹 눌러 흔적을 낸다. 폭이 넓어 전지가 모자라 절반을 사용하려고 한다.

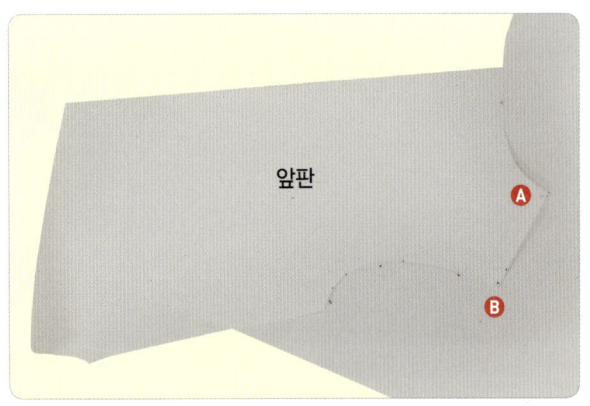

3 접어서 반을 자르려고 한다. Ⓐ와 Ⓑ 좌우를 맞추어 중심을 접는다.

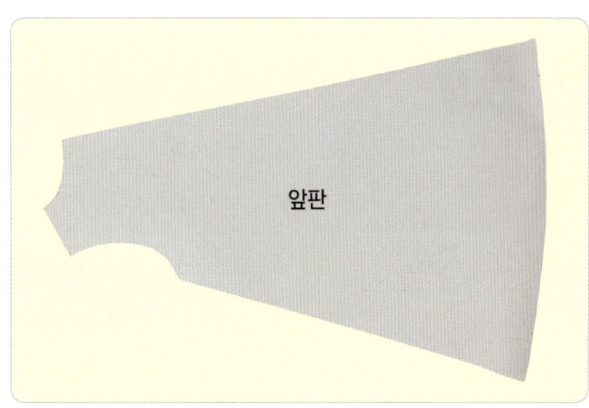

4 잘라 낸 앞판 반쪽이다.

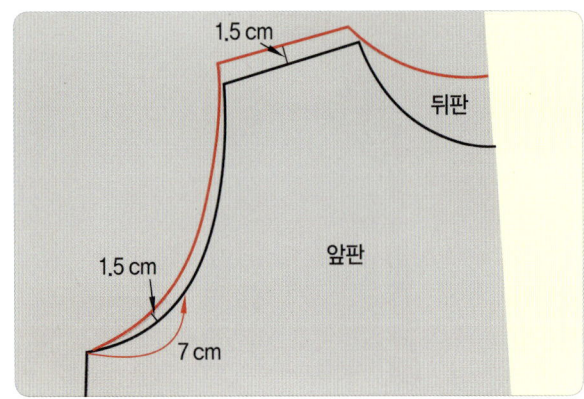

5 뒤판도 앞판과 같이 본뜨기를 해도 된다. 하지만 앞판으로 뒤판을 만드는 방법을 소개한다. 빨간색이 뒤판이다.

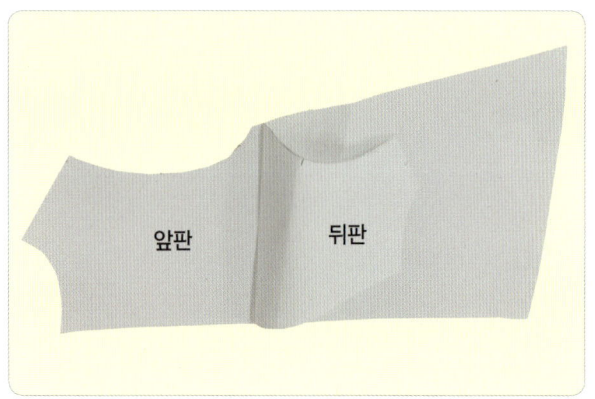

6 패턴지가 너무 큰 것은 앞뒤 한 장을 허리 부분에서 절개하여 붙여 사용하면 보관하기도 좋다.

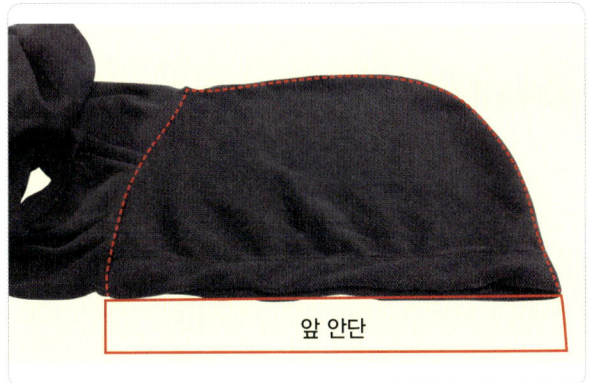

7 모자 본뜨기를 할 때는 앞판 여유분을 그린다.

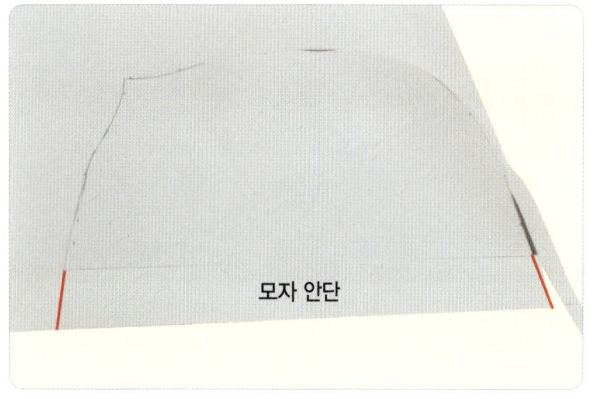

8 모자 앞 안단을 자를 때는 접어 빨간색 선을 자른다.

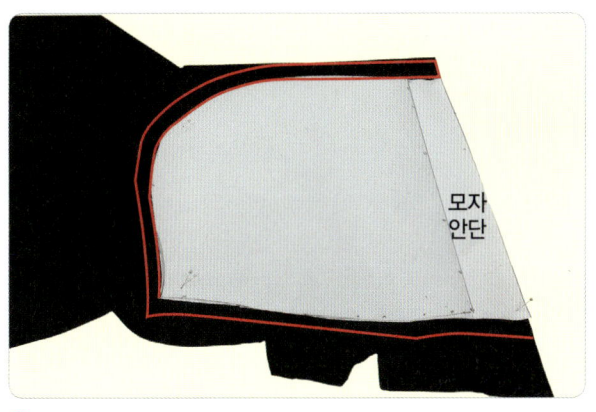

9 재단할 때는 안단 선을 펴고 0.5 cm 여유분으로 자른다.

10 ❶은 2장을 오버로크로 처리하고 ❷는 안단 끝을 오버로크 처리하고 안단을 접어 점선을 따라 2줄 박음질한다.

11 박음질이 완성된 모자 모양이다.

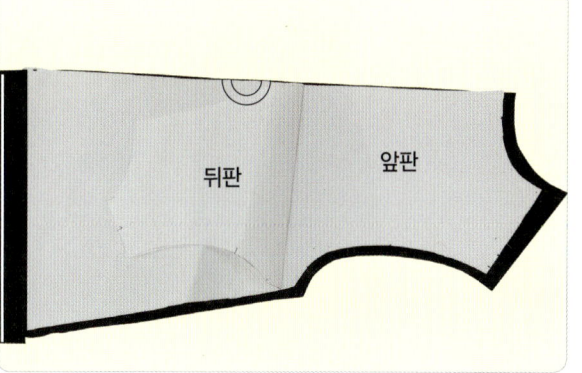

12 앞판 총 길이를 3 cm 남기고, 나머지 모두 여유분 0.5 cm 남기고 자른다. 오버로크 처리로 완성한다.

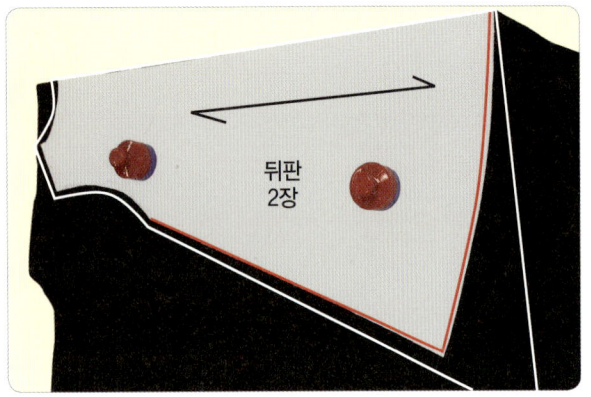

13 원래 선은 빨간색 선이다. 앞뒤가 다르게 하고 싶어 흰색 선을 선택했다.

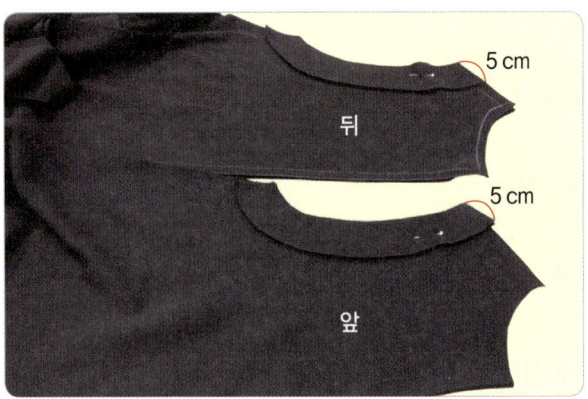

14 앞뒤 암홀 안단 선을 5 cm 폭으로 잘라 만들어 낸다.

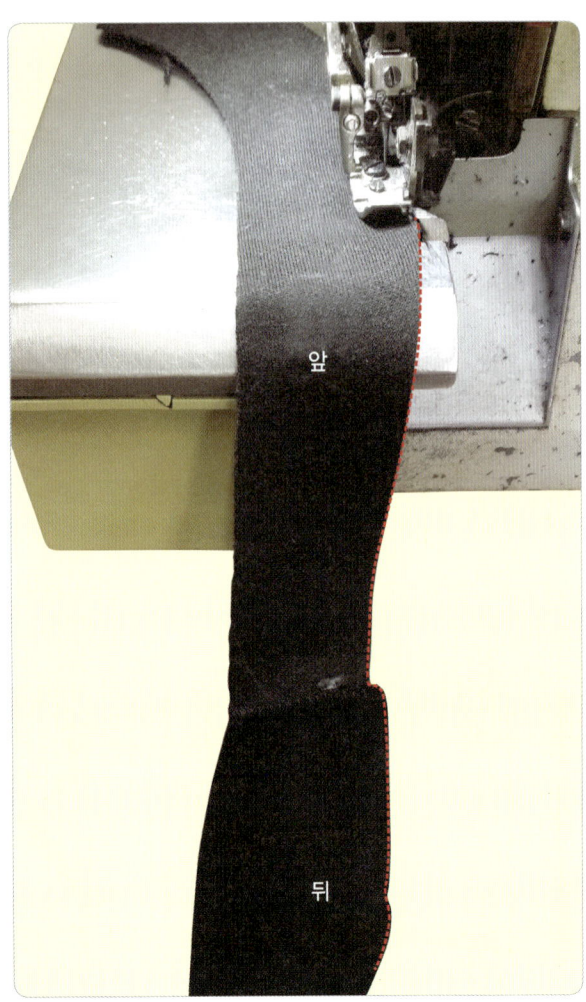

15 14의 암홀 안단을 앞과 뒤를 하나씩 연결하고 오버로크 처리한다.

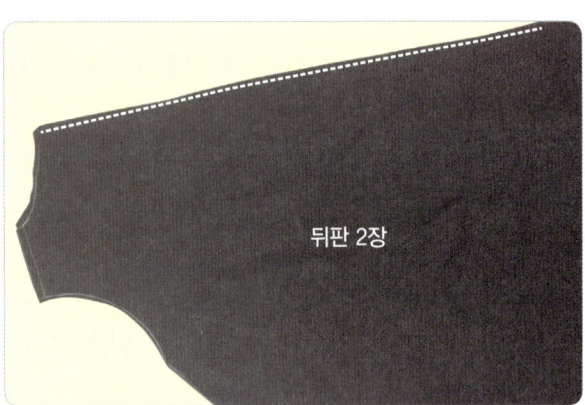

16 뒤판 중앙선을 오버로크 처리한다.

17 양쪽 어깨 부분에 오버로크 처리하고 흰색 선 본봉 박음질한다.

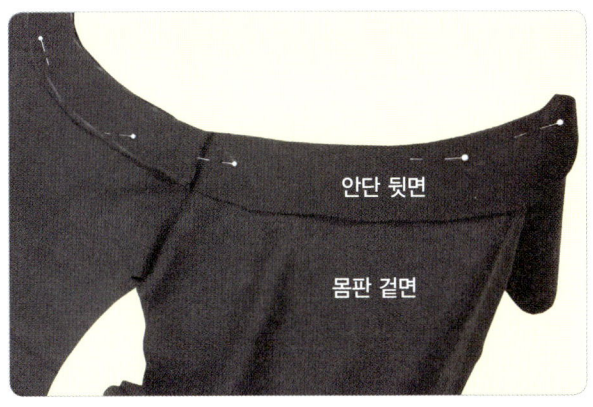

안단 뒷면

몸판 겉면

18 암홀 부분 안단과 겉감을 합쳐서 오버로크 처리한다.

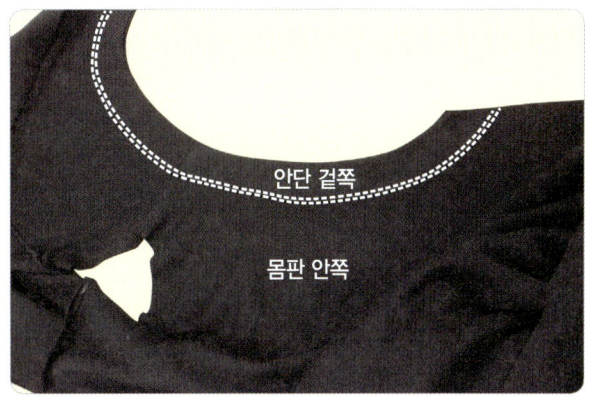

안단 겉쪽

몸판 안쪽

19 18의 완성된 것을 접어 흰색 선을 따라 2줄 박음질 한다.

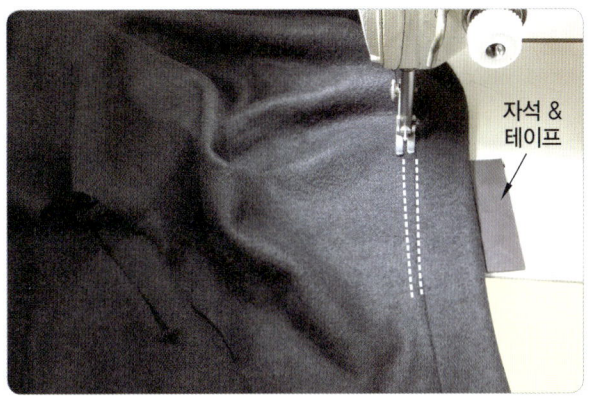

자석 & 테이프

20 박음선을 깨끗하게 하려면 옆에 자석이나 테이프를 붙여서 간격을 조절하면 좋다.

21 암홀 완성된 모습이다.

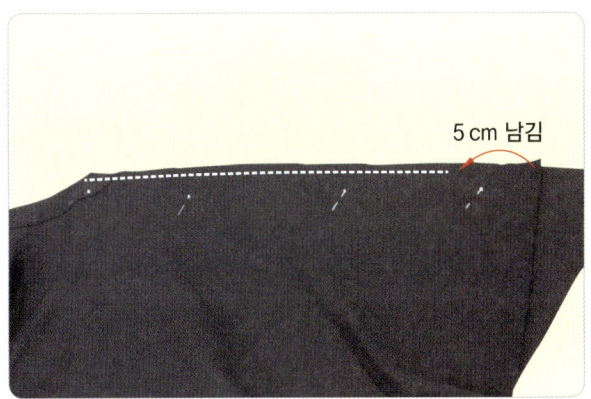

5 cm 남김

22 옆선을 박음질하고 5 cm 남긴다.

23 5 cm 남긴 부위이다.

24 끝부분을 오버로크 처리하고 다림질로 2.5 cm 접고 흰색 선을 따라 2줄 박음질한다.

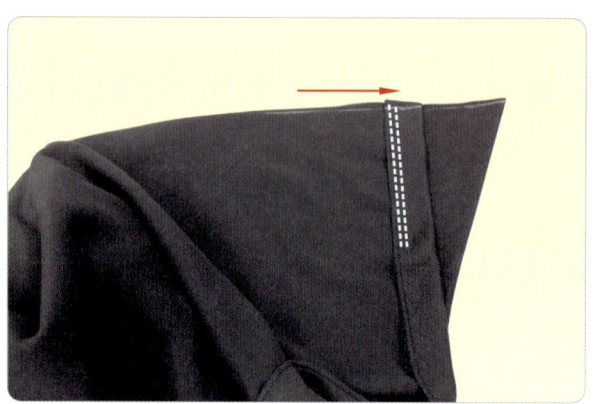

25 **22**에서 남긴 5 cm를 오버로크로 마무리한다(밑단 먼저하고 옆선 처리함).

26 옆 부분 완성된 모습이다.

몸판 앞 중심

27 모자와 몸판을 연결하는 모습이다. 모자의 겹쳐지는 부분이 앞판의 중앙선이 되어야 한다.

28 마무리를 오버로크 처리해야 탄력성이 좋다. 본봉으로 박음질할 때는 적당히 당기어 박음질하고 스팀다리미로 다시 오므려준다.

29 완성 모습.

앞 지퍼 티셔츠 만들기

▌본뜨기 및 재단 ▌

1 앞 지퍼 티셔츠이다.

2 앞판을 바르게 펴고 움직이지 않게 고정하고 얇은 스펀지나 신문지 3장 이상을 깔고 봉제선을 따라 꾹 눌러 흔적을 낸다.

3 흔적 난 곳에 선을 그어 완성한다.

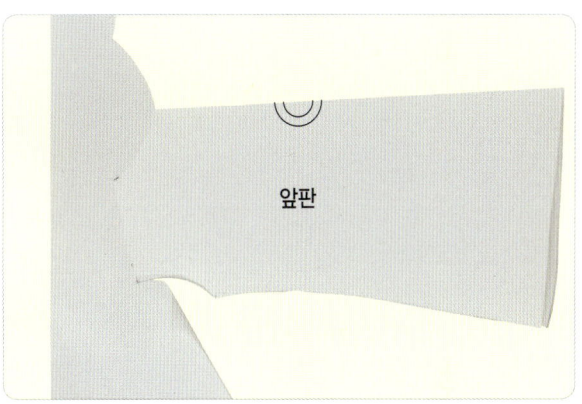

4 좌우 어깨선을 맞추어 반으로 잘라 낸다.

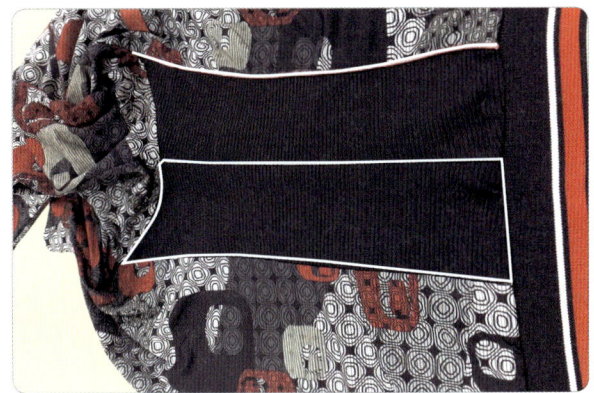

5 옆선(흰색 선 부분)도 봉제선을 따라 송곳으로 꾹 눌러 흔적을 낸다.

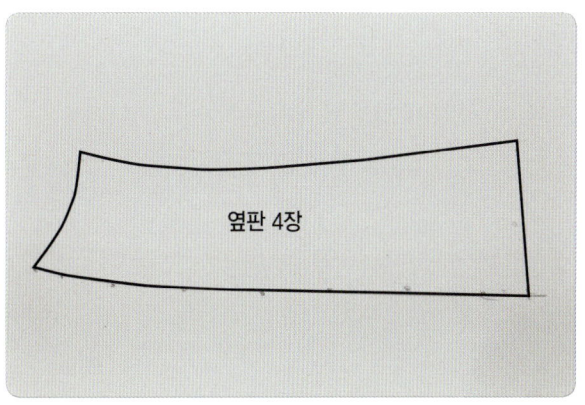

6 흔적 난 곳을 선으로 연결한 것이다.

7 뒤판도 봉제선(흰색 선)을 따라 송곳으로 꾹 눌러 흔적을 낸다. 어깨 부분은 앞으로 넘어간 1~2 cm 크게 그린다.

8 흔적 난 부분을 선으로 그리고, 어깨 부분을 맞추어 반으로 접어 잘라 낸다.

9 뒤판 완성된 모습이다.

10 칼라 부분도 바르게 펴서 골선 재단한다.

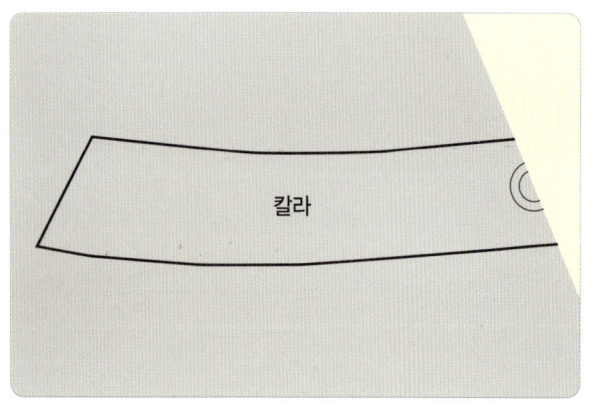

11 흔적 난 부분에 선을 그어 완성시킨다.

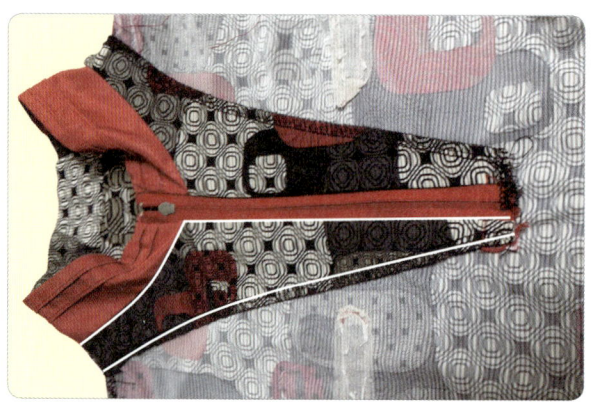

12 앞 안단도 봉제선(흰색 선)을 따라 송곳으로 꾹 눌러 흔적을 남긴다.

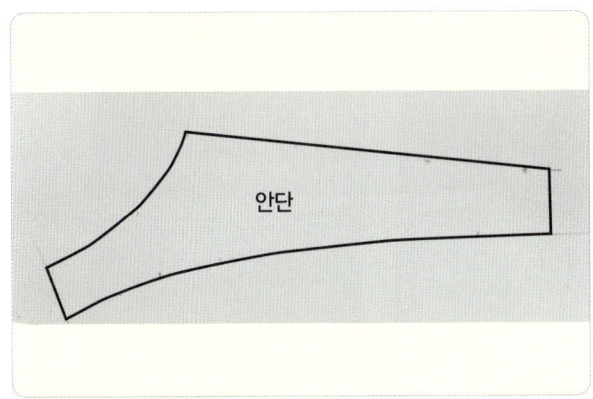

13 흔적을 따라 선을 연결한다.

14 소매 부분도 봉제선(흰색 선)을 따라 송곳으로 꾹 눌러 흔적을 낸다. 빨간색 부분은 조금 짧게 하여 손목 조리개를 넣으려고 한다.

15 티셔츠 소매 본뜨기를 할 때 옷이 얇으므로 잘 만져보면 앞뒤판 구분을 하여 흔적을 낼 수 있다. 이때 골선으로 본을 뜨면 앞뒤판 함께 할 수 있다.

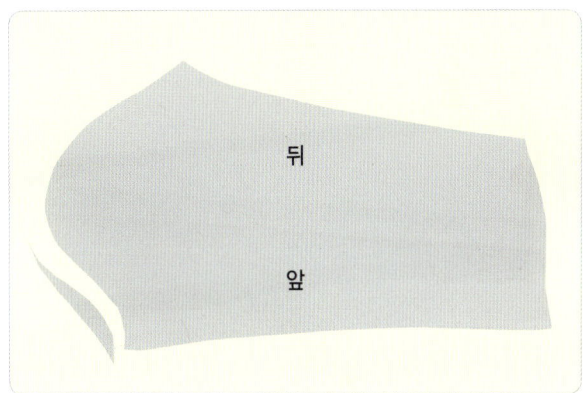

16 뒤판의 흔적을 따라 자르고 앞판을 따로 잘라 낸다.

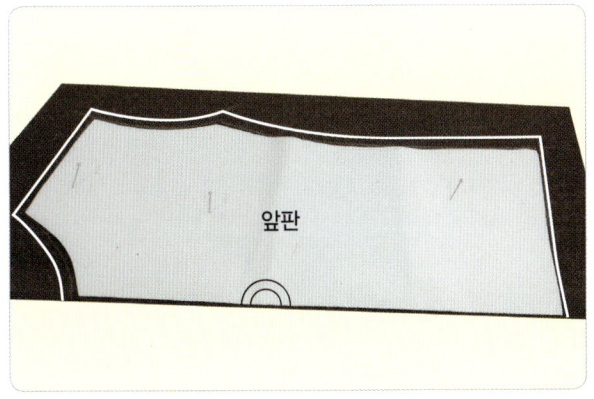

17 앞판 모두 1cm 어유분을 남기고 그린다.

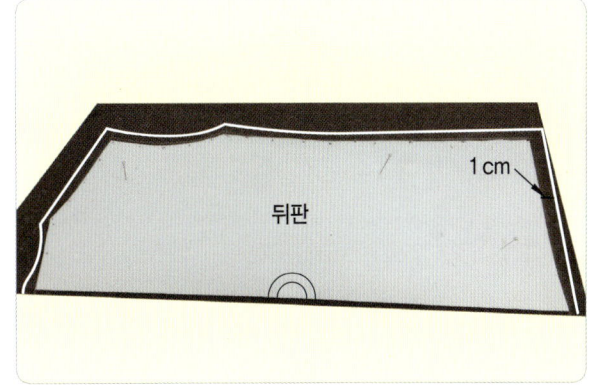

18 뒤판 모두 1cm 여유분을 남기고 그린다.

19 소매도 모두 1 cm 여유분을 남기고 잘라 낸다.

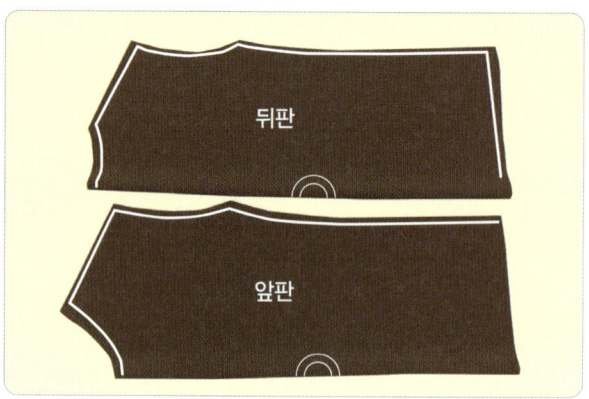

20 앞판과 뒤판 여유분을 1 cm 남기고 잘라 낸 모습이다.

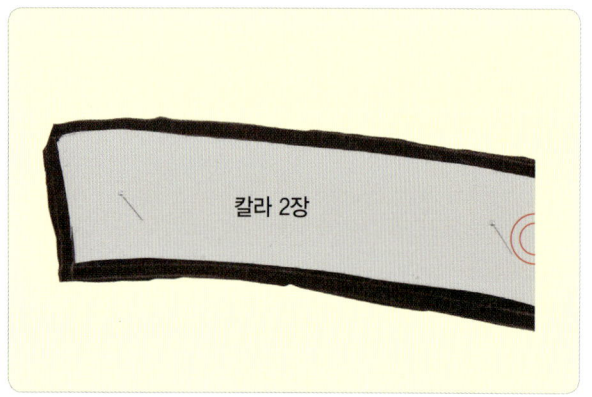

21 칼라 부분 골선 재단으로 1 cm 여유분을 남기고 잘라 낸다.

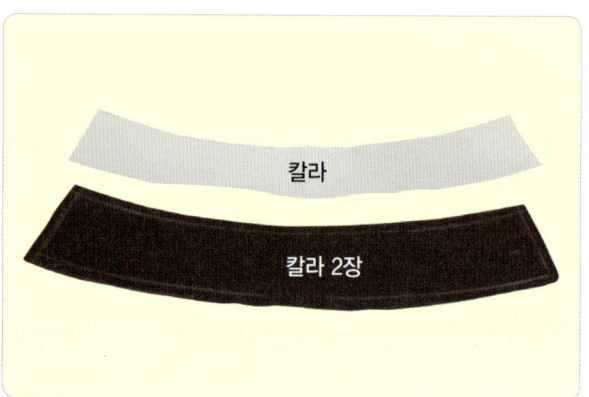

22 칼라가 펼쳐진 재단된 모습이다.

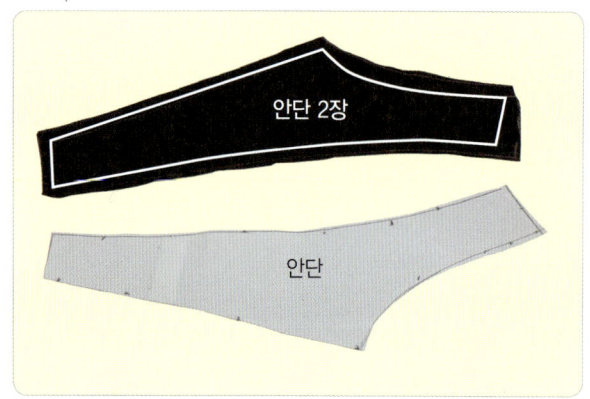

23 앞 안단 1 cm 여유분으로 재단된 모습이다.

오버로크 박음질로 마무리하려면 여유분은 0.5 cm가 필요하다. 오버로크하고 다시 박음질을 하고 싶다면 1 cm 여유분이 필요하다.

▌만들기▐

24 앞판을 그림과 같이 지퍼분량 15〜16 cm를 자른다.

25 지퍼 끝 부분에 원단을 넣어 미리 박음질하고 지퍼 부착할 위치에 녹는 심지로 지퍼를 붙여 다림질하고 박음질한다.

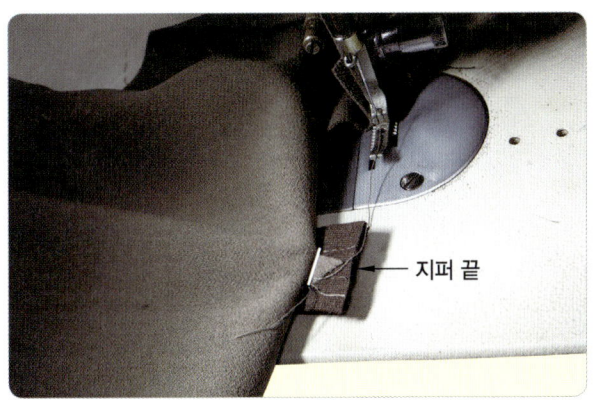

지퍼 끝

26 지퍼 끝 흰색 부분이 직선이 되도록 튼튼히 박음질한다.

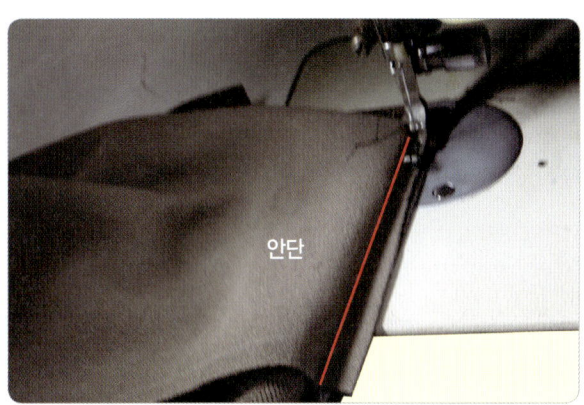

안단

27 지퍼 좌우 박음질할 때 노루발은 1/2 노루발을 쓰면 좋다. 빨간색 선을 따라서 박음질한다.

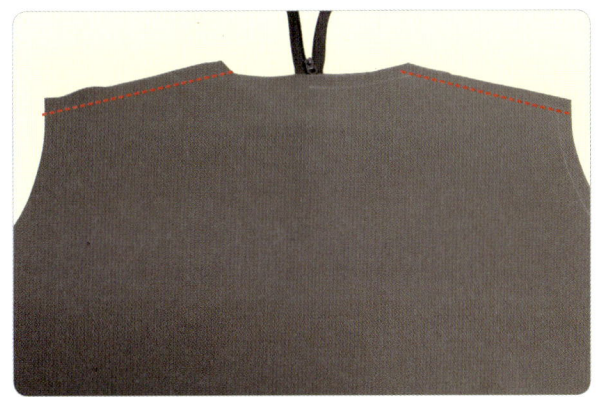

28 앞뒤판 어깨를 포개어 박음질하고 오버로크 처리한다.

29 양옆 날개 부분을 앞뒤 박음질하고 위에서 들뜨지 않도록 흰색 선을 따라서 눌러 박음질한다.

30 좌우 4 cm 정도 남기고 흰색 선까지만 합쳐 박음질한다.

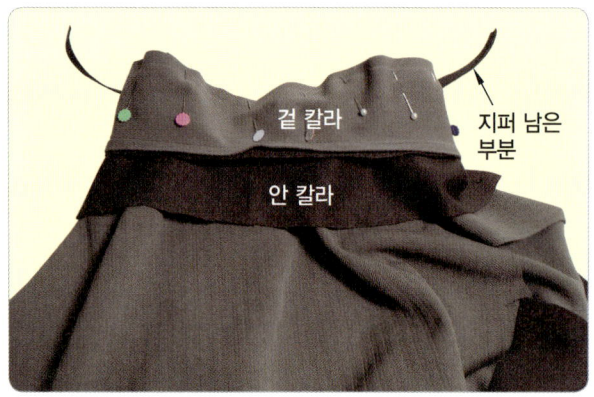

31 몸판 목둘레와 칼라 목둘레를 합쳐 핀으로 고정하고 박음질한다.

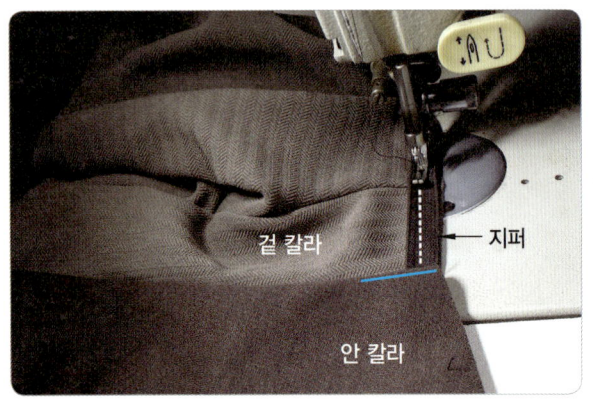

32 남겨두었던 지퍼를 겉감 칼라 부분에 박음질한다(흰색). 파란색 부분은 **7**에서 4 cm 남겨둔 부분이다.

33 빨간색 부분을 안쪽에서 먼저 하고, 흰색 부분을 나중에 모두 안쪽에서 박음질한다.

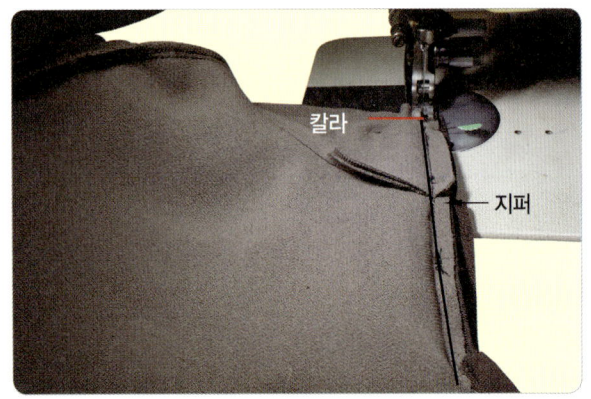

34 빨간색 부분은 **7**에서 4 cm 남겨둔 부분이다. 안감과 지퍼를 연결할 때 위는 4 cm 여유분을, 아래는 3 cm 여유분이 되도록 남기고 지퍼와 안단 검은색을 연결한다.

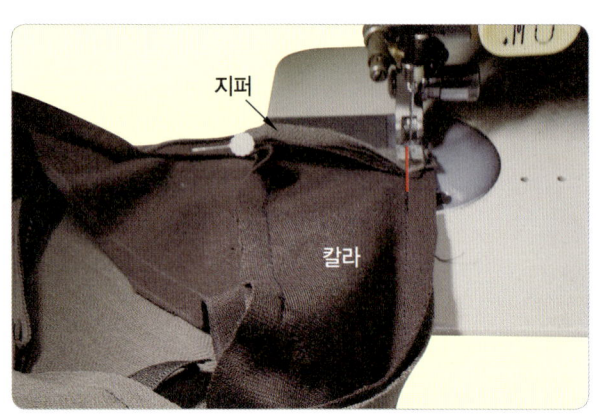

35 4 cm 남겨두었던 부분을 지퍼 끝을 당겨 안단 쪽으로 접어 박음질하면 안단의 1 cm 모자라는 부분을 지퍼가 채워준다.

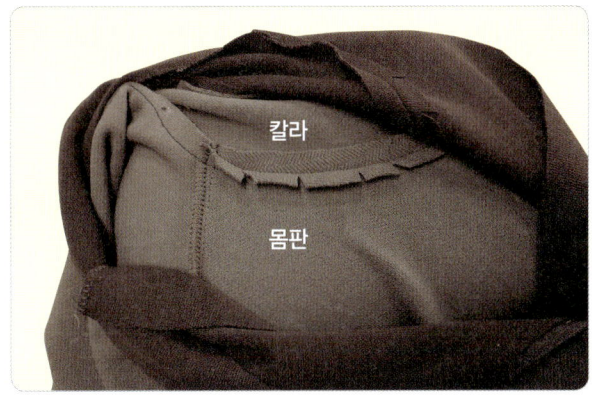

36 앞판 부분 안단과 겉감 여유분을 가위로 잘라 펴고 가름솔 다림질한다.

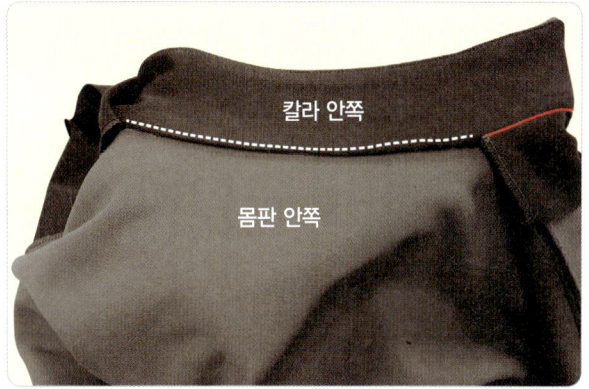

37 빨간색 부분은 안쪽에 가위질하고 가름솔된 부분이다. 흰색 부분은 겉면 봉제선에 맞추어 접어 박음질한다. 녹는 심지 또는 손시침하고 그 위에 박음질해도 된다.

38 칼라 안쪽이 완성된 모습이다.

39 양쪽 소매를 오버로크 처리하고 오버로크 끝 부분을 박음질해도 된다.

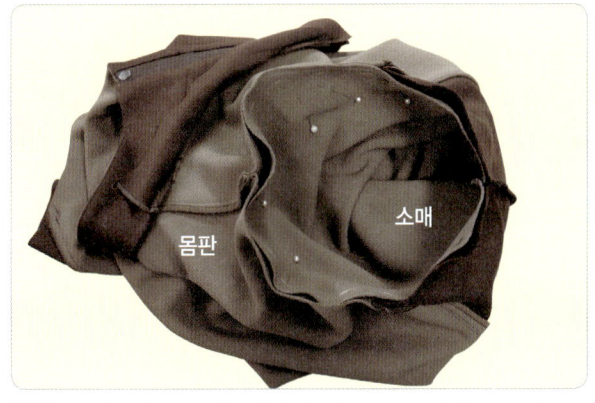

40 소매동과 몸통을 맞추이 핀으로 고정하고 오버로크 처리한다.

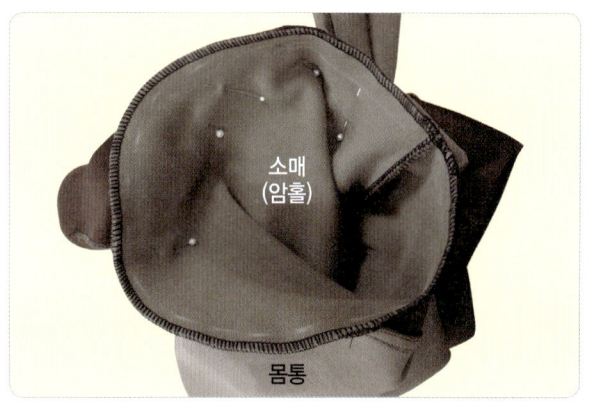

41 암홀 부분을 오버로크 처리한 모습이다.

42 봉제선을 따라 흰색처럼 목 전체를 눌러 박음질하거나 또는 뒷부분만 눌러 박음질한다.

43 완성된 모습이다.

44 밑위길이는 조리개로 붙이려고 한다. 조리개 넓이는 본인의 허리 사이즈에 편하게 맞추면 좋다.

46 완성된 모습이다.

45 조리개 부분은 허리 사이즈에 맞추어 오버로크로 마무리한다.

 tip

소매도 조리개를 사용했는데 조리개가 모자라 원단을 함께 사용했다. 다이마루 원단은 가로줄은 풀어지지만 세로줄은 잘 풀어지지 않기 때문에 오버로크하지 않아도 된다.

여자 남방 만들기

▌본뜨기 및 재단 ▌

1 본을 뜰 남방이다.

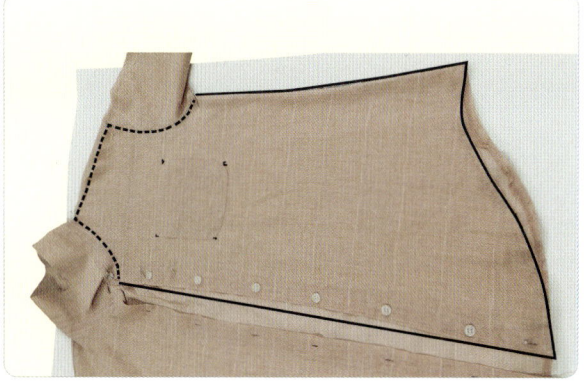

2 남방 아래 흰색 종이를 신문지 3장 이상 위에 깔고 봉제선을 따라 송곳으로 꾹 눌러 종이에 흔적을 남긴다. 움직이지 않도록 다림질하고 바르게 편다.

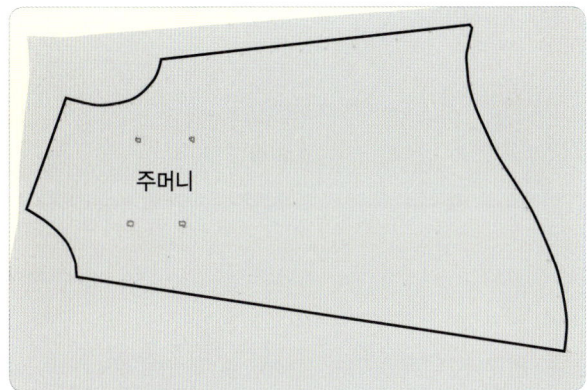

3 남겨진 흔적을 따라 직선자와 곡선자, 암홀자를 이용하여 선을 따라 그린다.

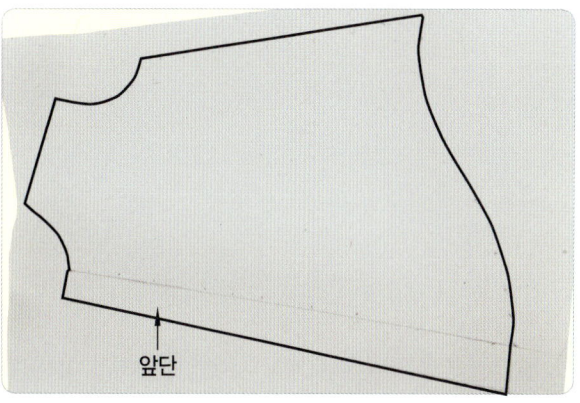

4 안으로 접혀진 앞단의 폭을 2배로 하여 그린다.

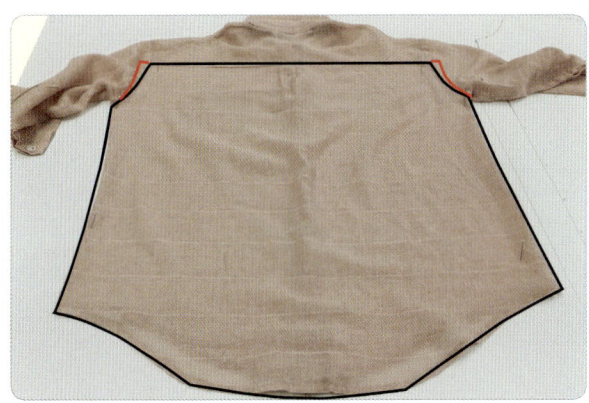

5 뒤판도 바르게 펴 움직이지 않도록 핀침을 꽂는다(빨간색은 주름 분).

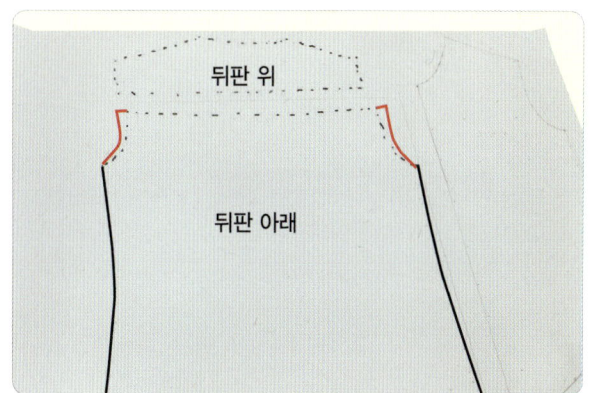

6 흔적올 따라 직선자와 곡선자, 암홀자를 이용하여 선을 그린다(빨간색은 주름 분).

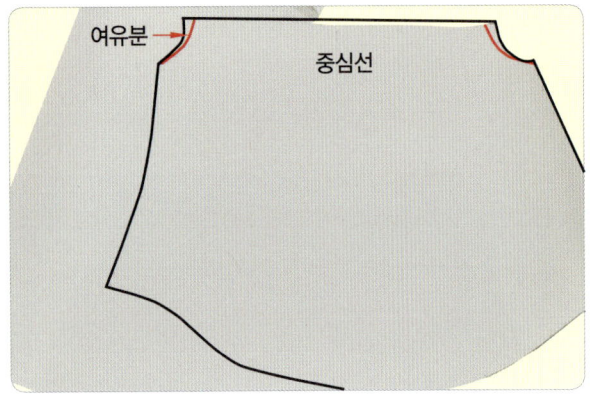

7 빨간색 선 옆은 주름 여유분이다. 여유분 넓이는 자유롭게 하면 된다.

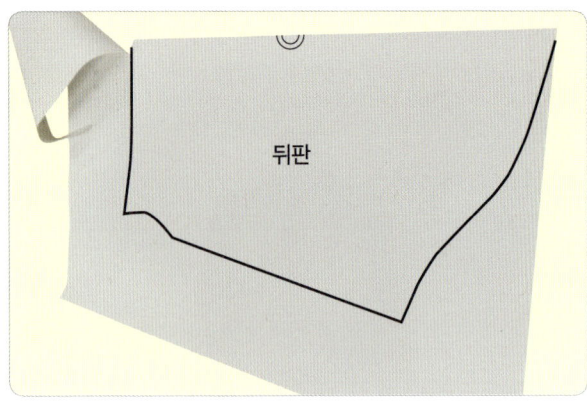

8 중앙선을 접어서 **7**의 빨간색 선을 맞추어 포개어 자른다.

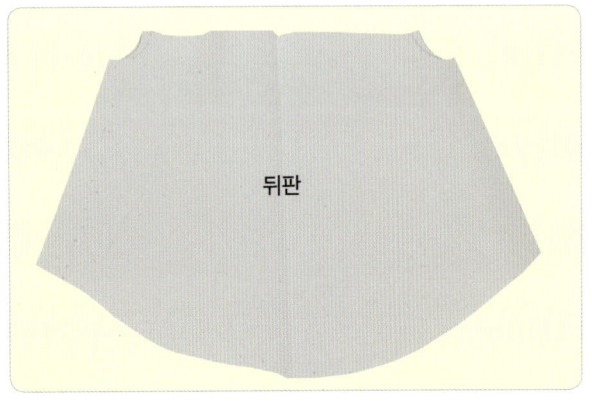

9 빨간색 선을 맞추어 포개어 자르면 원단이라 아래 폭은 달라질 수 있지만 좌우 암홀 부위를 맞추면 바르게 된다.

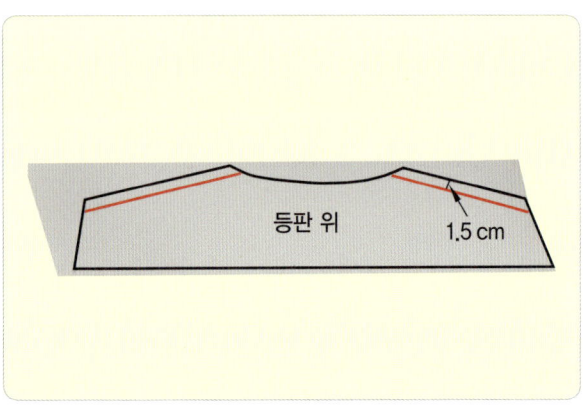

10 등판 위 어깨 길이는 흔적을 낼 때 바르게 펴지지 않으므로 1.5 cm 크게 한다.

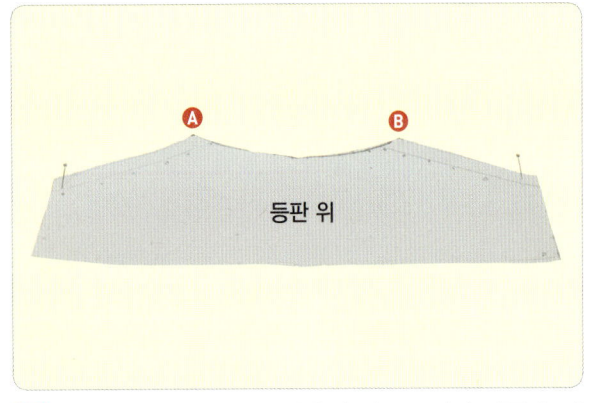

11 자를 때는 Ⓐ와 Ⓑ를 맞추어 반으로 접어 자른다. 맞지 않으면 다시 뜬다.

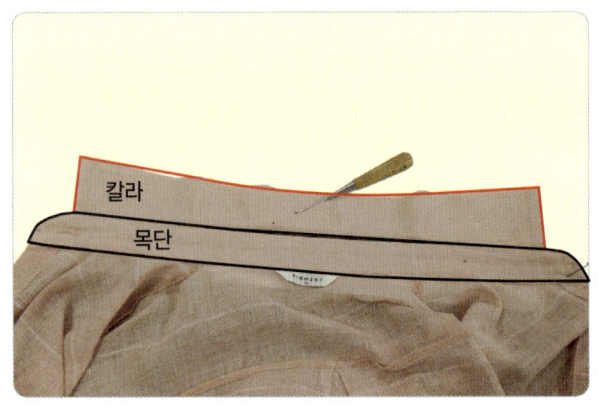

12 칼라와 목단도 바르게 펴서 송곳으로 흔적을 남긴다.

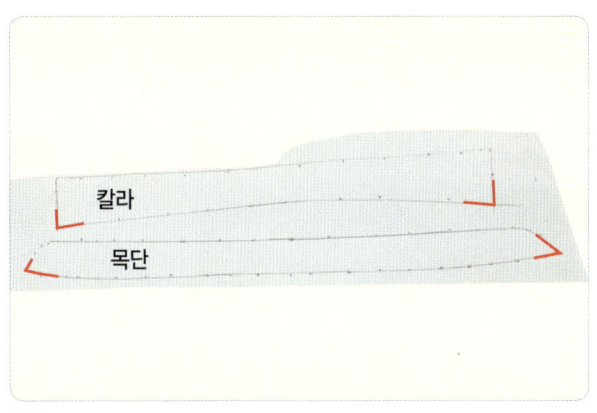

13 흔적을 따라 선을 그릴 때 바르게 되지 않을 때도 있다. 이때는 바르게 된 부분을 사용하여 각각 빨간색 선에 맞추어 접어 자른다.

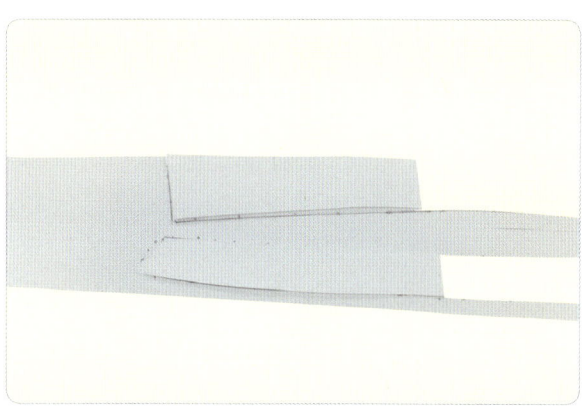

14 접어 자르는 모습이다. 다른 부분과 연결하려는 선을 맞추는 것이 중요하다.

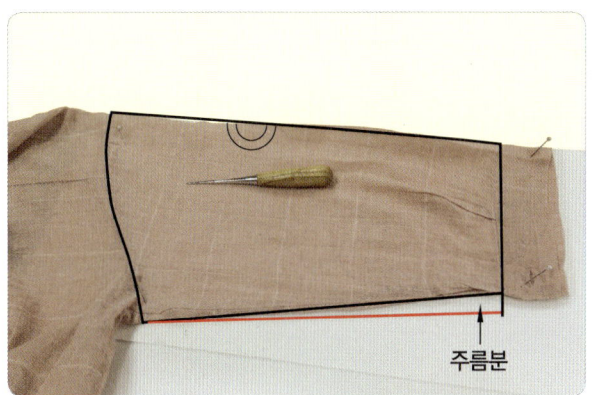

15 소매를 본뜨려고 바르게 편다(빨간색 주름 분).

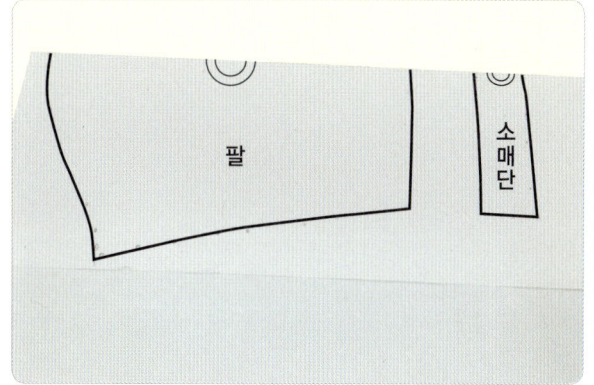

16 소매를 본뜰 때는 종이를 접어 골선을 사용한다.

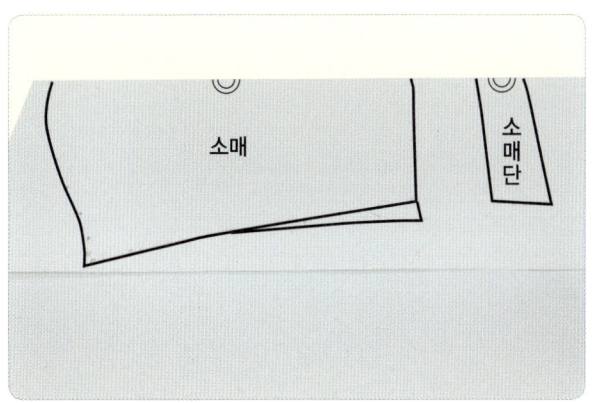

17 주름 어유분을 그린다. 어유분은 자유롭게 한다.

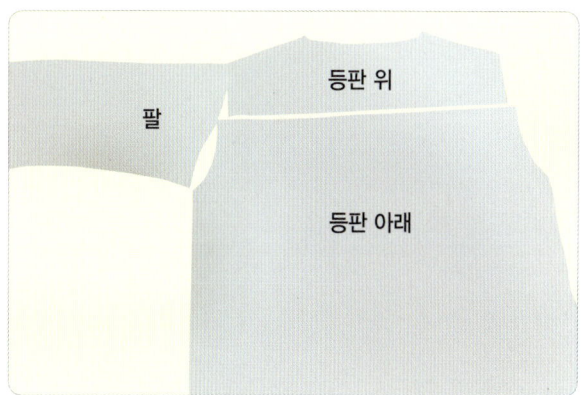

18 자른 패턴의 언걸 부위를 시로 맞추어본다. 맞지 않으면 이때 수정하면 된다.

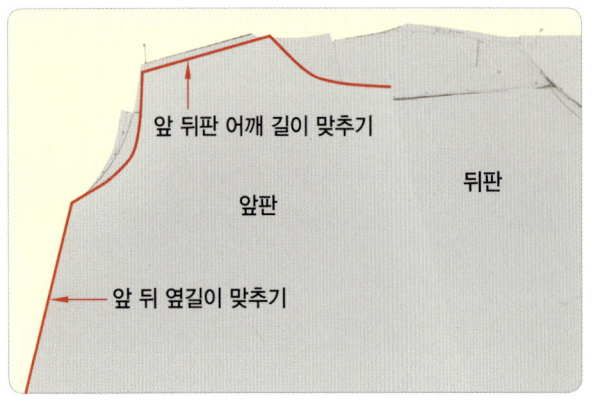

19 앞판과 뒤판도 어깨와 총길이를 맞추어본다.

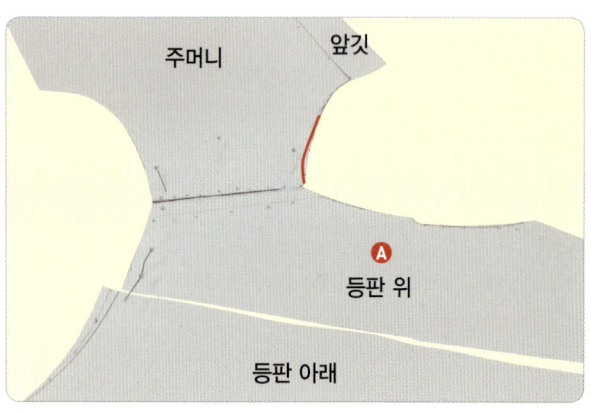

20 어깨를 맞추고 목 라인의 흐름도 확인한다. 흐름을 위해서 빨간색 선 부분을 줄여 줄 수도 있다.

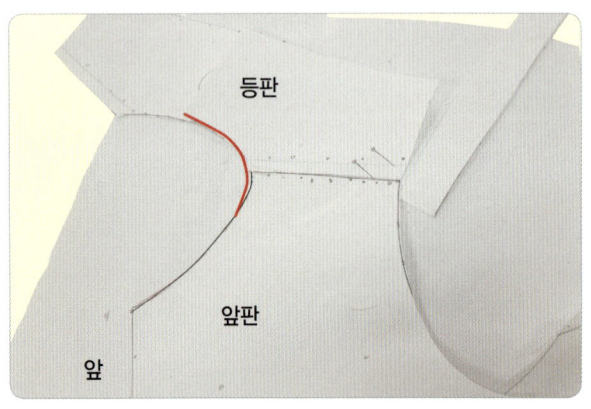

21 목 라인 흐름을 위해 빨간색 선과 같이 늘려 줄 수도 있다(어깨 넓이에 따라 조정).

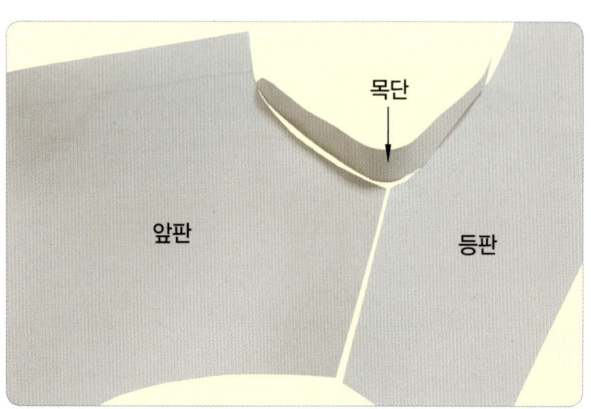

22 목단 칼라와 몸판 칼라를 맞추어보고 맞지 않으면 어깨 길이에서 조정한다.

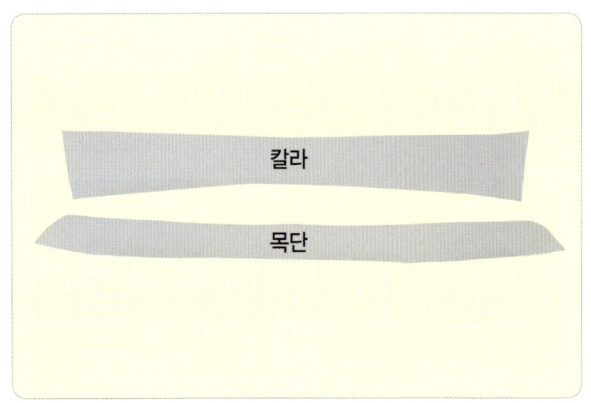

23 칼라와 목단도 길이를 맞추어본다.

본뜨기는 바르게 펴는 것이 가장 중요하고 하나하나 연결 부분을 맞추어보고 잘못된 부분을 수정하면 된다.

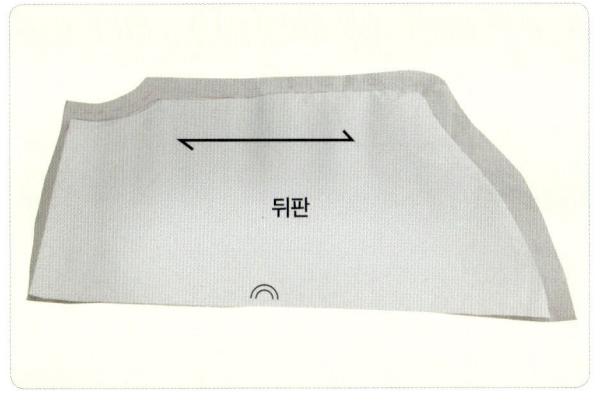

24 등판 사방 1cm 여유분을 넣고 식서 방향으로 골선 재단한다.

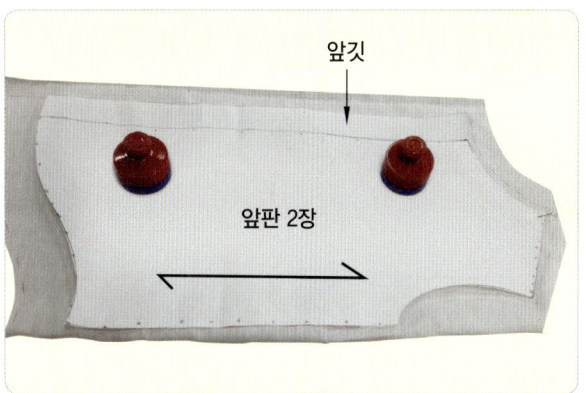

25 앞판 2장을 여유분 각각 1cm씩 넣고 식서 방향으로 각각 재단한다.

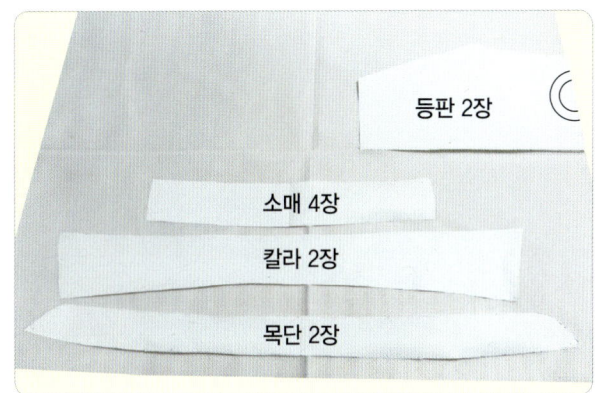

26 등판과 소매, 칼라, 목단도 여유분을 넣고 각각 재단한다.

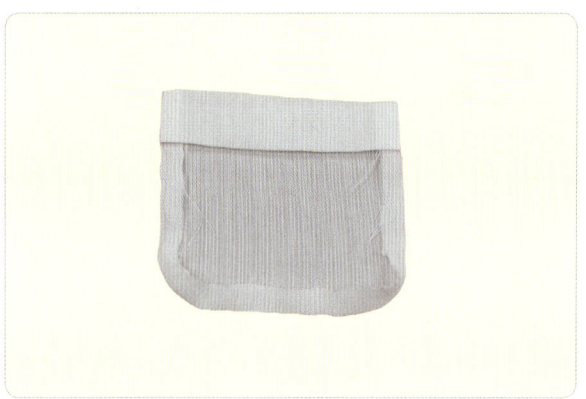

27 주머니 입구는 3cm 여유분을 넣고 나머지는 1cm 여유분을 넣어 재단해서 접어둔다.

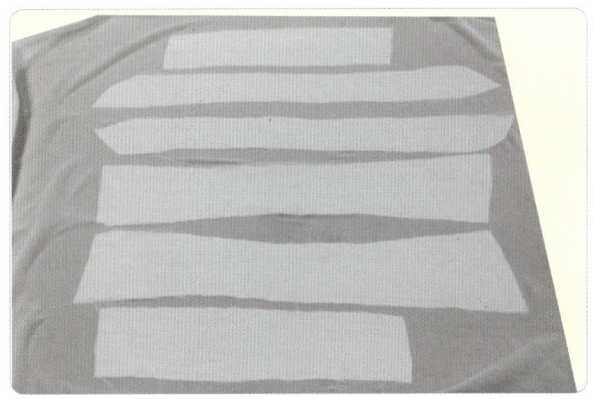

28 편하게 펴놓고 심지를 덮어 함께 심지를 붙인다.

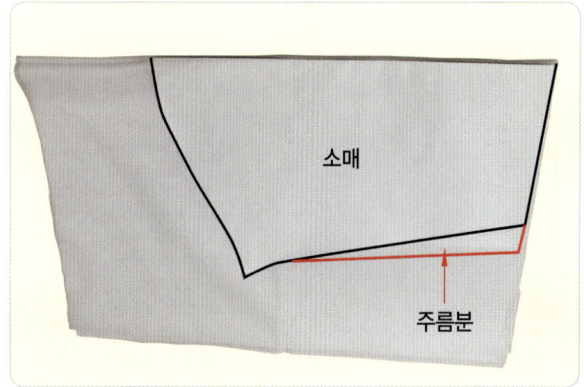

29 팔도 골선으로 사방 1cm 여유분을 남긴다. 주름 분을 계산하고 2장 재단한다.

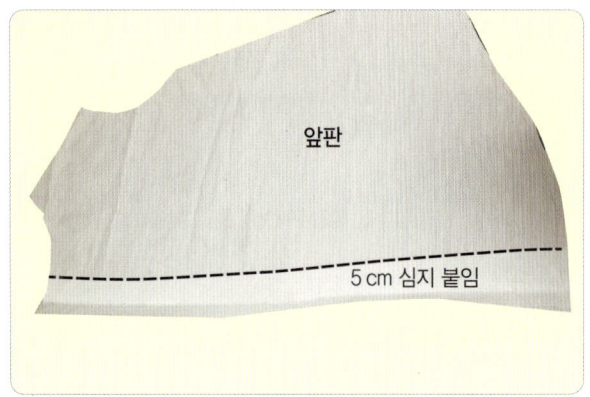

30 앞부분에 5 cm 심지를 붙인다.

31 2.5 cm씩 말아 접어 다림질한다.

32 말아 접은 것을 위에서 검은색 선을 따라서 박음질
한다.

33 주머니 위치를 정하고 핀이나 시침실로 고정하여 위
에서 눌러 박음질한다.

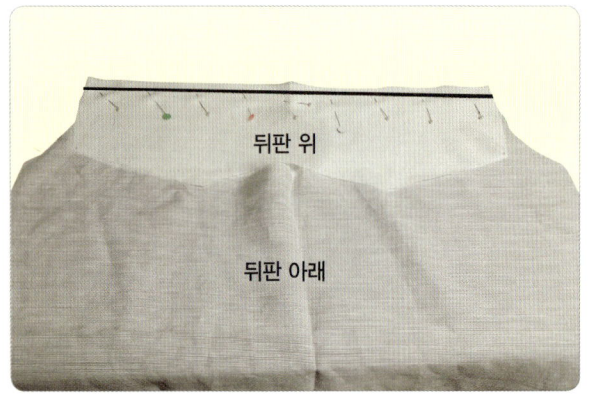

34 뒤 위판 2장 사이에 아래 뒤판을 끼워 넣고 검은색 선
을 따라서 박음질한다.

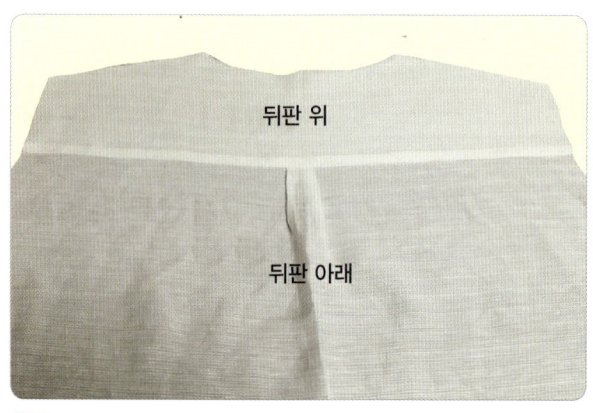

35 **34**의 박음질된 것을 위로 펴서 다림질된 모습이다.

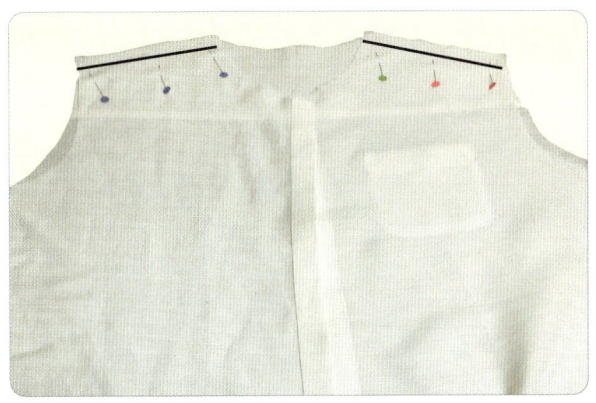

36 앞뒤판 어깨를 박음질하고 오버로크 처리한다.

37 목깃, 칼라, 소매단 재단 후 심지를 붙인 모습이다.

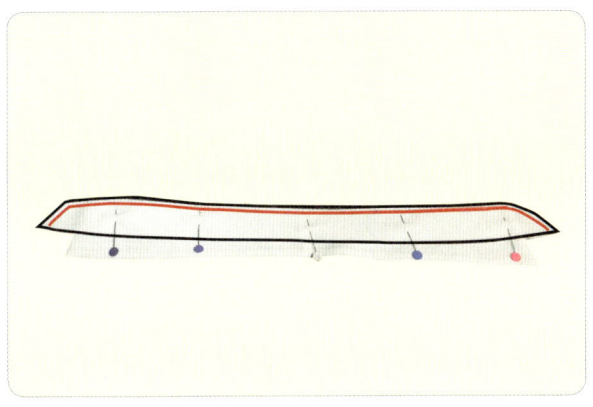

38 검은색 선은 목깃이다. 목깃 사이에 칼라를 넣고 0.5 cm 여유분으로 빨간색 선을 따라서 박음질한다.

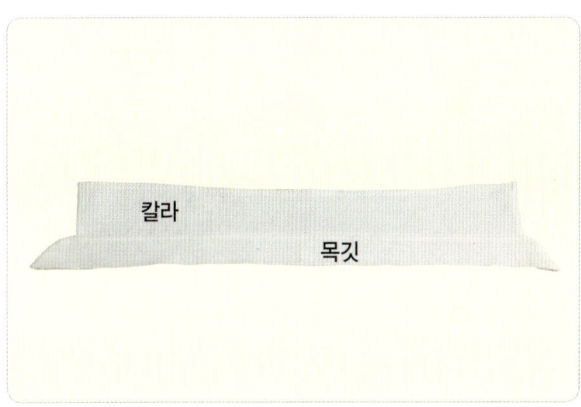

39 38의 박음질 후 뒤집으면 위와 같이 된다.

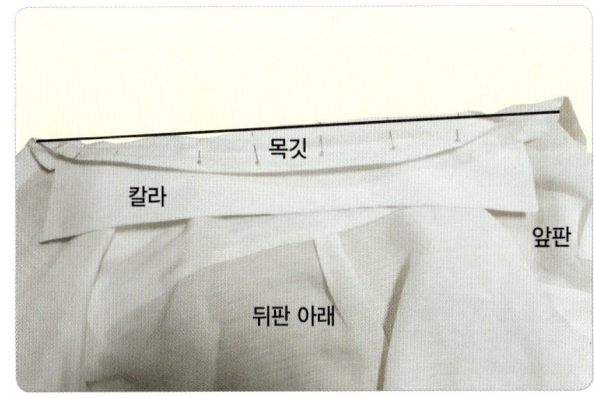

40 앞 목깃 한 장과 몸판을 검은색 선을 따라 박음질 한다.

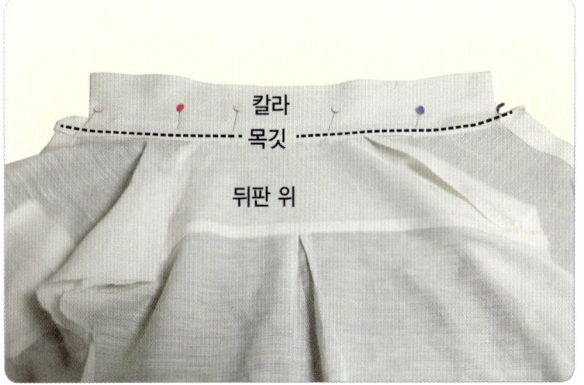

41 뒤판 목깃을 몸판에 맞추어 여유분을 접어 핀을 꽂고 위에서 눌러 박음질한다.

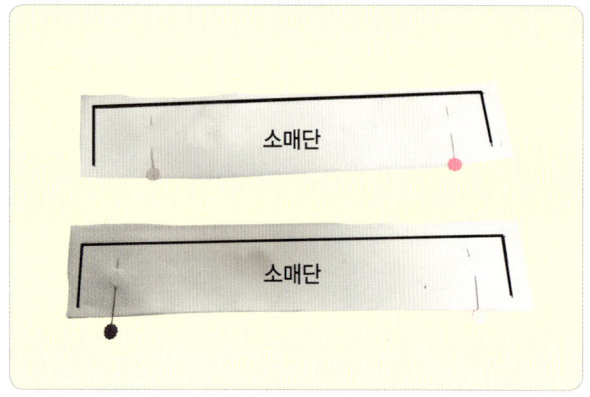

42 소매단을 1cm 여유분으로 박음질하되 밑 부분 1cm 는 박음질하지 않는 것이 팔을 부착할 때 유리하다.

43 소매 끝 여유분이 들뜨지 않도록 안쪽에서 여유분과 함께 눌러 박음질한다.

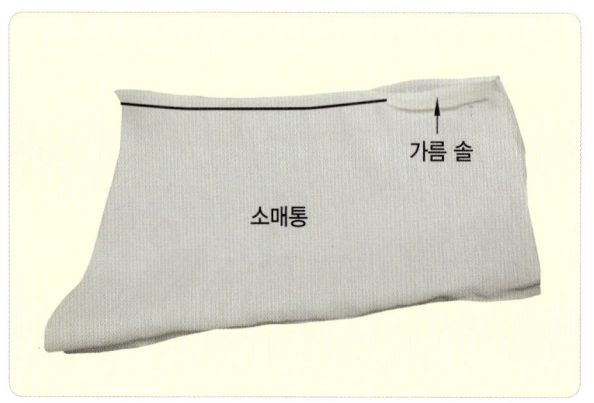

44 소매통을 박음질하고 오버로크 처리한다. 끝부분 약 10cm는 가름솔로 접어 박음질한다.

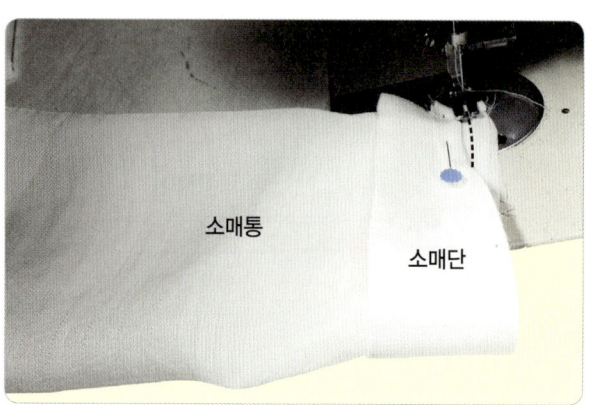

45 소매단과 팔을 겉감을 맞대고 한 장만 박음질한다.

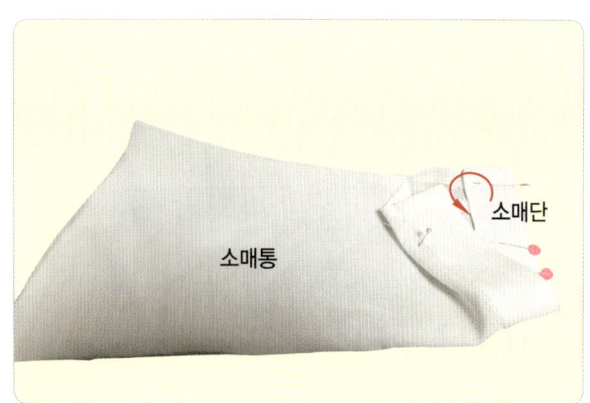

46 안쪽에 여유분을 접어 넣고 다림질을 한다.

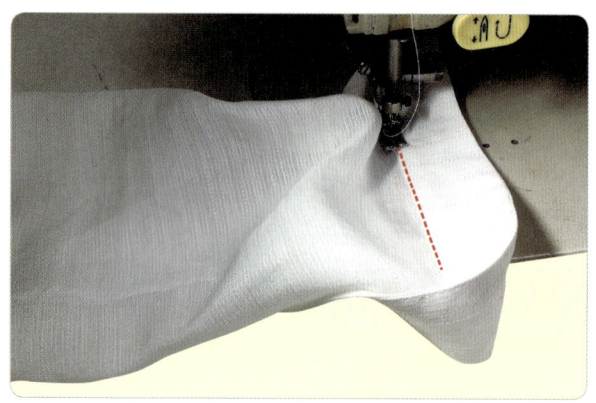

47 46을 아래 단이 박히도록 위에서 눌러 박음질한다.

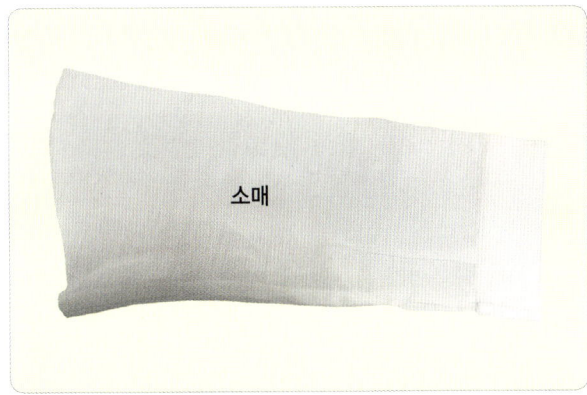

48 소매가 완성된 모습이다.

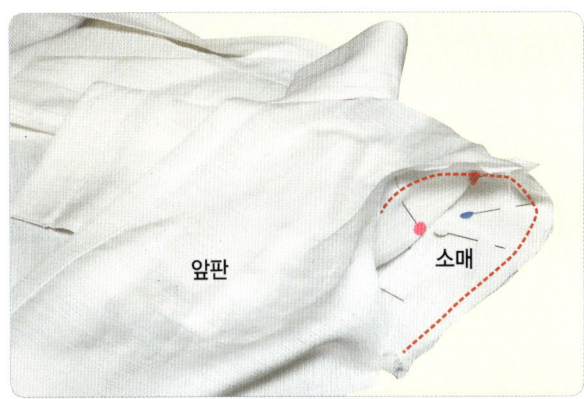

49 팔과 몸판을 맞추어 핀으로 고정하고 박음질한다. 이때 잘 맞지 않을 때가 있다. 이때는 원본의 크기에 따라 몸판에 맞추는 것이 유리하다.

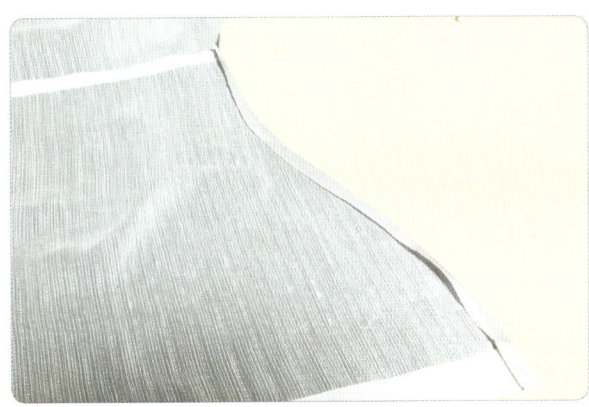

50 밑단 1cm를 접어 다림질한다.

51 밑단을 한 번 더 접어 박음질한다.

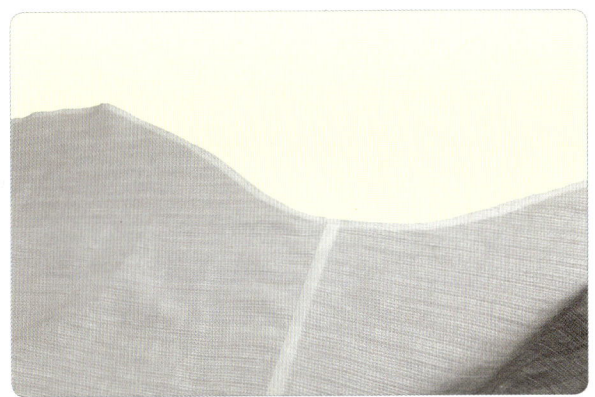

52 밑단이 완성된 모습이다.

53 남방이 완성된 모습이다.

남자 남방 만들기

█ 본뜨기 및 재단 █

1 본을 뜰 남방이다.

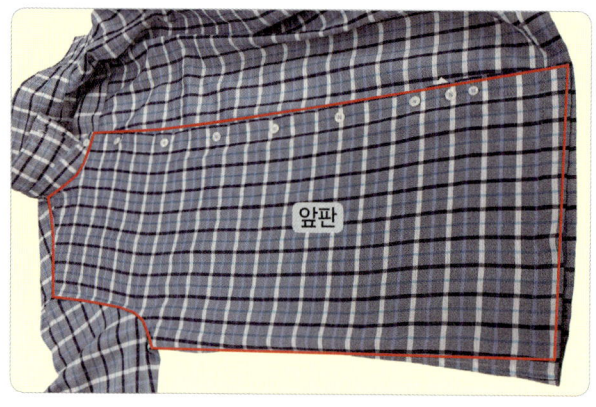

2 흰색 종이 아래 얇은 스펀지나 신문지 3장 이상을 놓고 봉제선을 따라 꾹 눌러 흔적을 낸다.

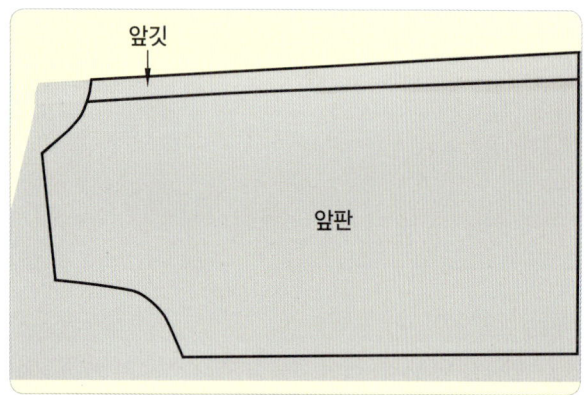

3 흔적을 따라 선을 그린다.

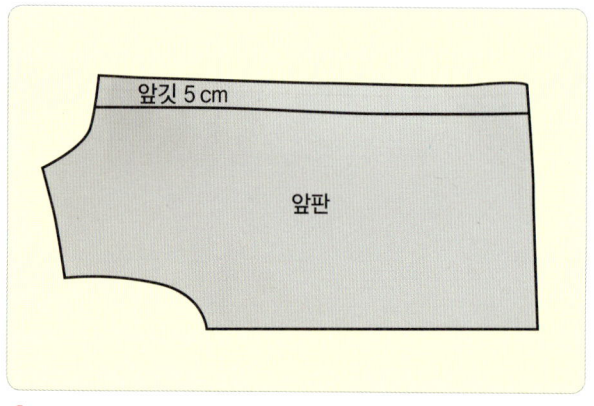

4 앞판의 앞깃은 5 cm 그린다. 2.5 cm 접어 박음질할 것이다.

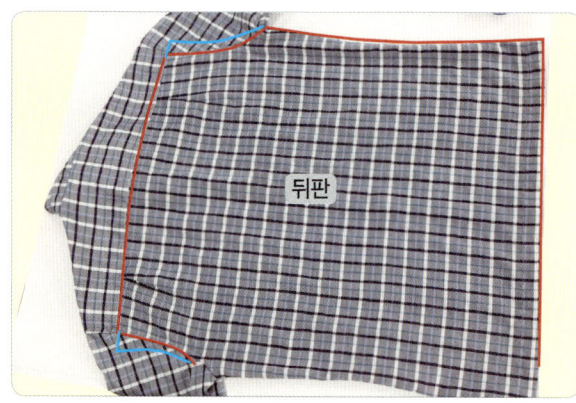

5 뒤판 아래 부분도 송곳으로 흔적을 내고 파란색 부분은 주름 분으로 늘려 그린다.

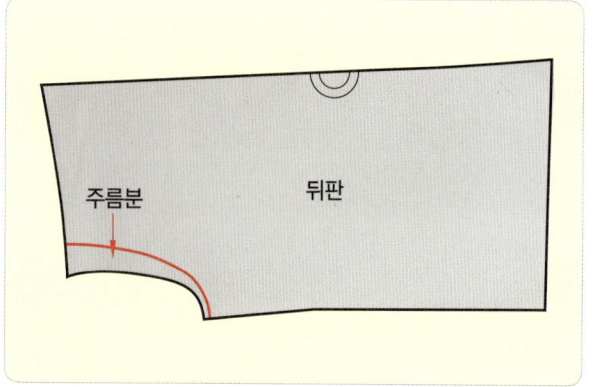

6 반을 접어서 재단된 것으로 빨간색 부분은 원래 선이며 검은색 부분은 주름 분을 포함한 것이다.

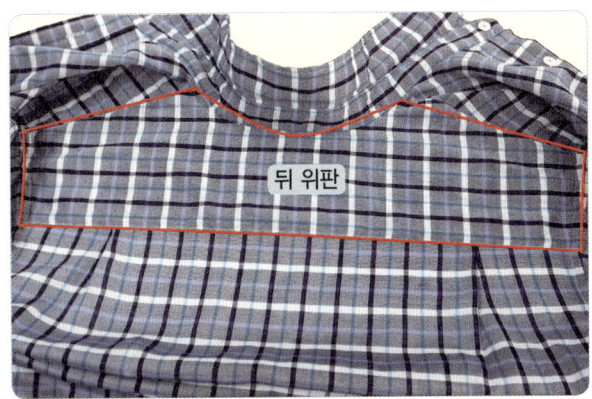

7 뒤 위판도 봉제선을 따라서 송곳으로 흔적을 낸다.

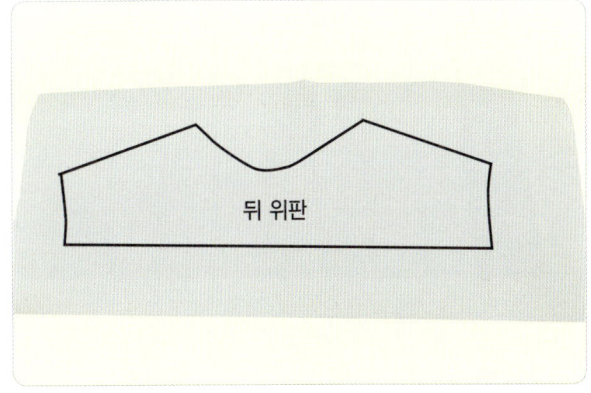

8 흔적을 따라서 선을 그린 모습이다. 재단 후 좌우가 같은지 접어 확인하고 다르면 다시 한다.

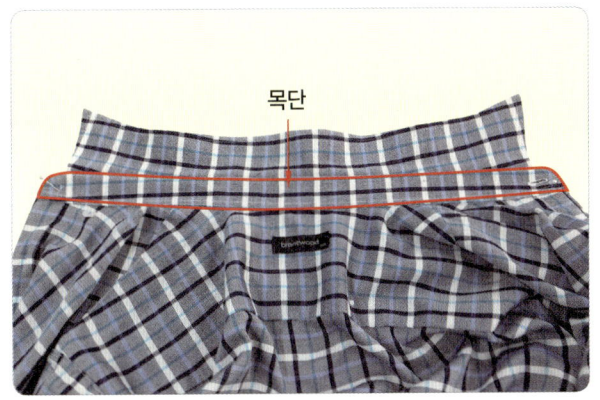

9 목단 부분도 봉제선을 따라서 송곳으로 흔적을 낸다.

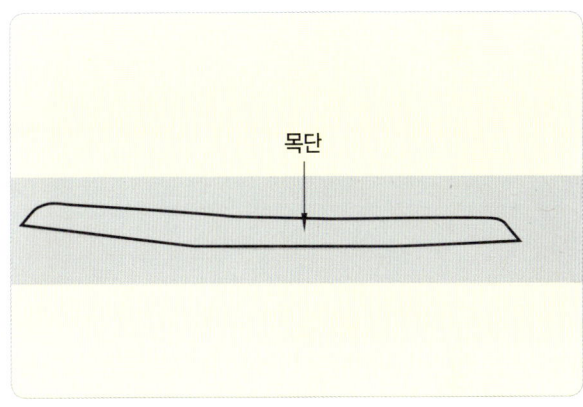

10 흔적을 따라서 선을 그린 모습이다. 재단 후 접어 좌우가 같은지 확인한다.

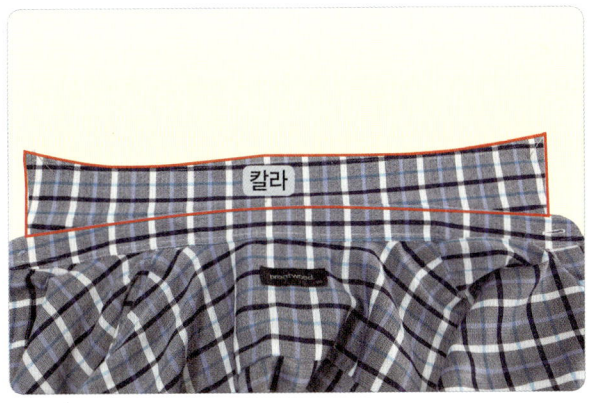

11 칼라 부분도 봉제선을 따라서 송곳으로 흔적을 낸다.

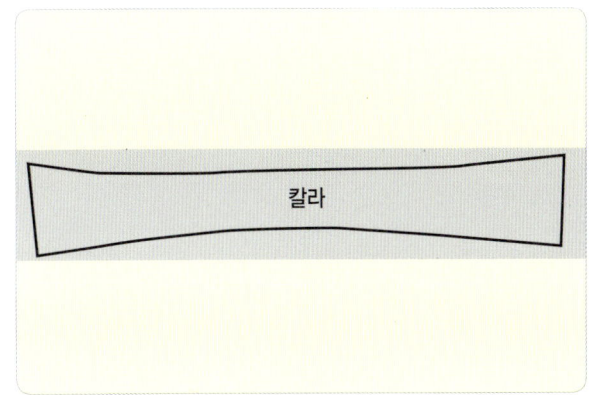

12 흔적을 따라서 선을 그린 모습이다. 재단 후 반을 접어 좌우가 같은지 확인한다.

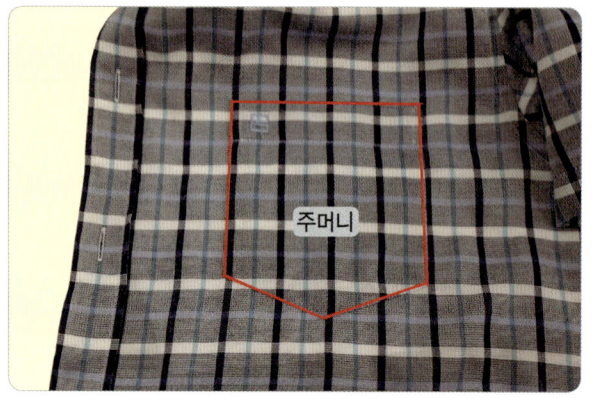

13 주머니 모양도 송곳으로 흔적을 낸다.

14 흔적을 따라서 그림을 그린다.

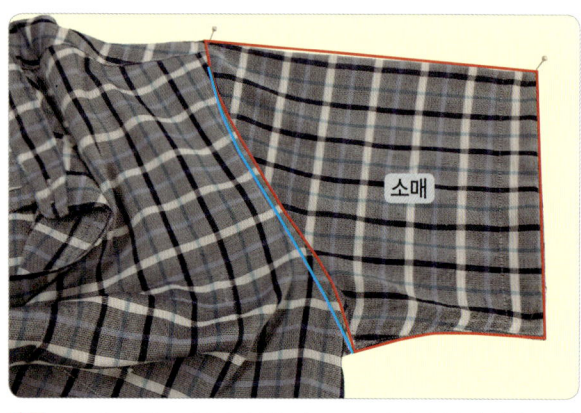

15 소매 모양도 앞뒤 선을 손으로 만지며 봉제선을 따라 흔적을 낸다.

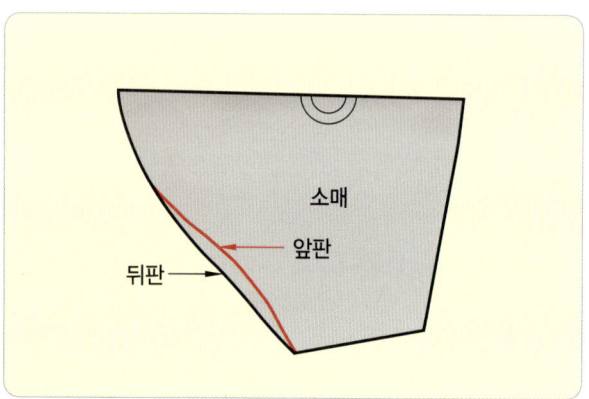

16 흔적을 따라 선을 긋는다(검은색 → 뒤, 빨간색 → 앞).

17 소매 앞판을 잘라 낸 모습이다.

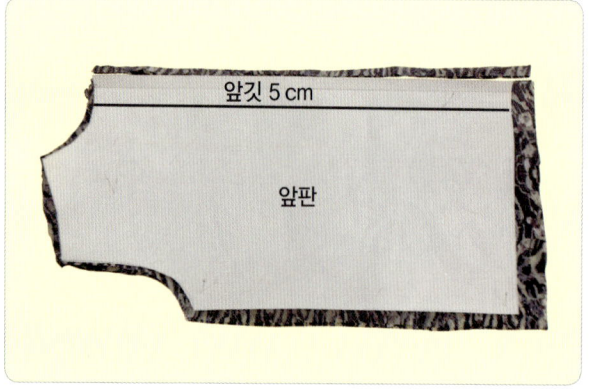

18 앞판 재단은 길이 4 cm, 나머지는 1 cm 남기고 잘라 낸다.

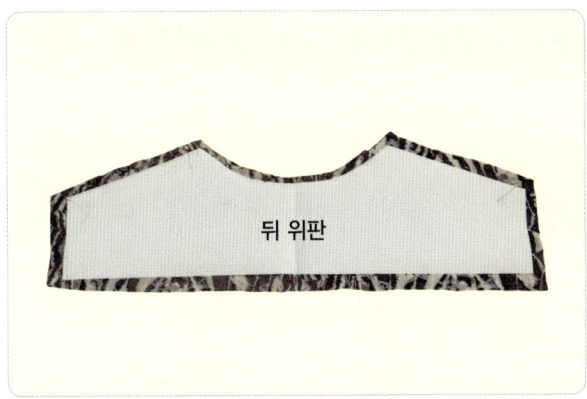

뒤 위판

19 뒤 위판은 모두 1 cm 남기고 잘라 낸다.

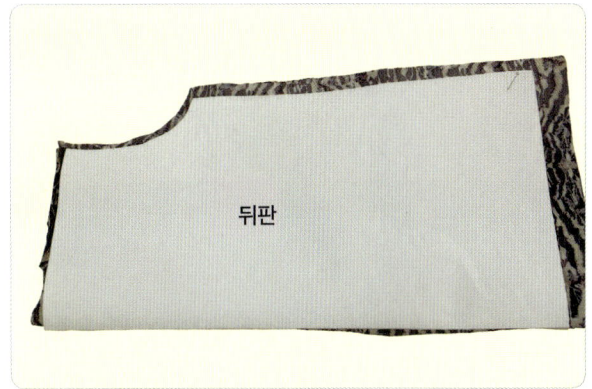

뒤판

20 뒤판도 길이 4 cm 남기고, 나머지는 모두 1 cm 남기고 잘라 낸다.

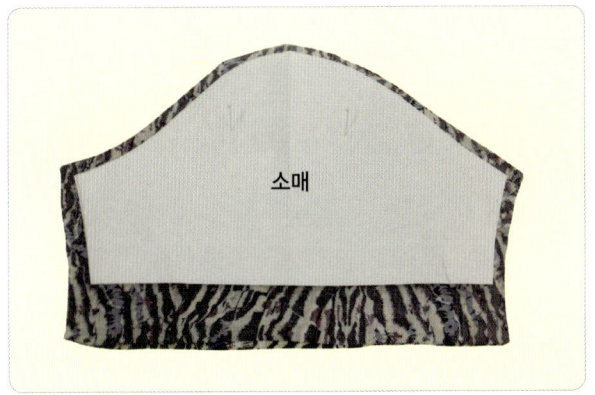

소매

21 소매도 길이 4 cm 남기고, 나머지는 모두 1 cm 남기고 잘라 낸다.

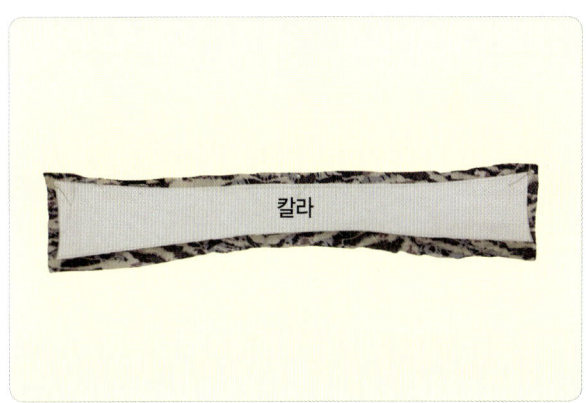

칼라

22 칼라는 모두 1 cm 남기고 잘라 낸다.

주머니

23 주머니 입구는 4 cm 남기고, 니미지는 모두 1 cm 남기고 잘라 낸다.

주머니

24 주머니는 패턴대로 다림질하고 입구 4 cm는 2번 접어준다.

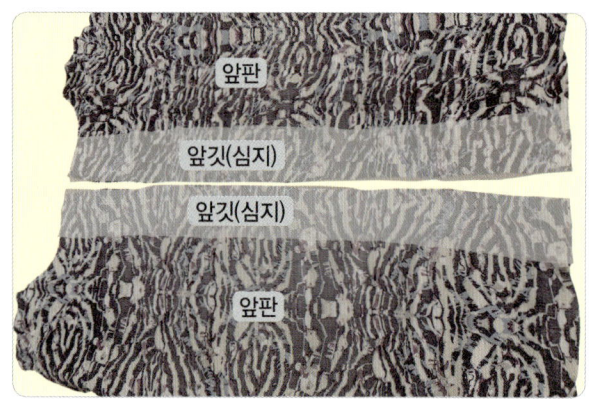

25 앞판에서 깃 부분에 원단이 얇으므로 실크 심지를 붙인다.

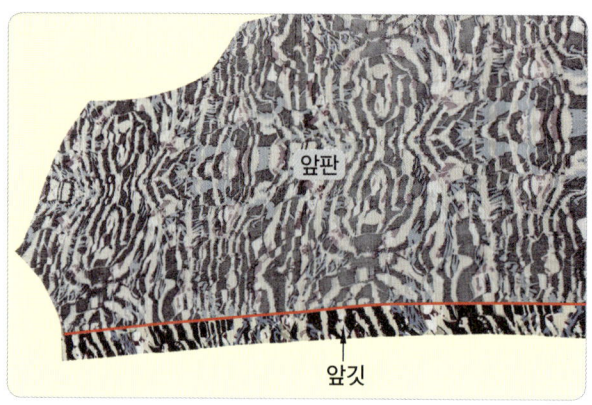

26 깃 부분을 2.5 cm씩 접어 다림질하고 끝부분을 박음질한다(빨간색 선).

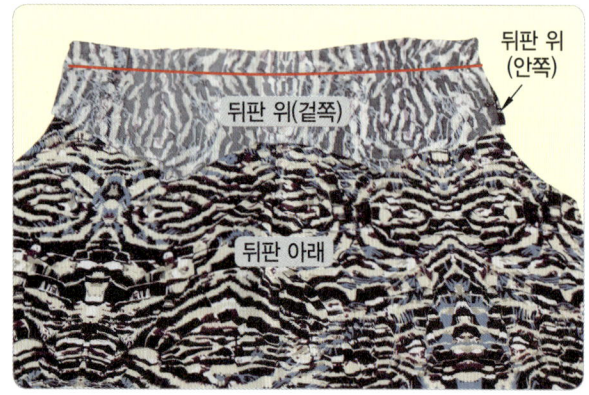

27 뒤판 위 2장을 서로 겉끼리 마주보게 하고, 사이에 뒤판 아래를 끼워 넣고 빨간색 선을 따라서 박음질한다.

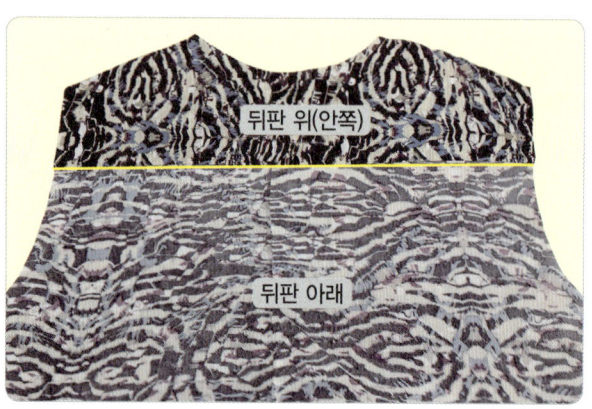

28 27을 박음질한 후 뒤판 위 2장을 펴서 다림질한 모습이며, 노란색 부분 안쪽에 박음질이 되었으며 겉 부분에서는 박음질이 보이지 않는다.

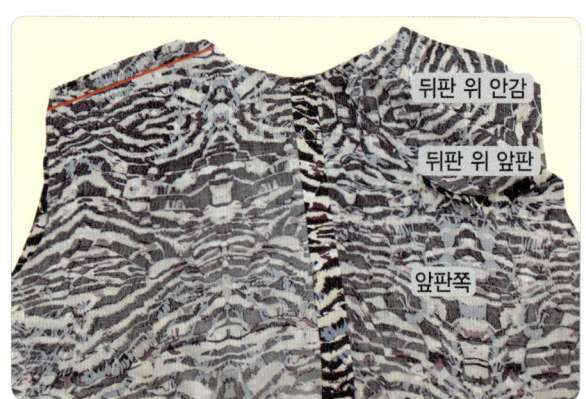

29 앞판과 뒤판을 겉면이 마주보게 포개고 뒤판 1장과 앞판의 어깨를 1 cm 여유분을 남기고 박음질한다.

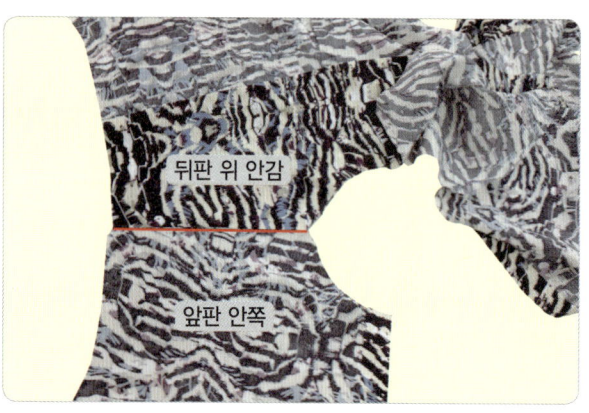

30 안쪽 모습이다. 뒤쪽의 한 장 남은 것을 어깨봉선에 맞추어 접어 위에서 눌러 박음질한다. 어깨와 등 부분은 여유분(시접)이 겉으로 보이지 않는다.

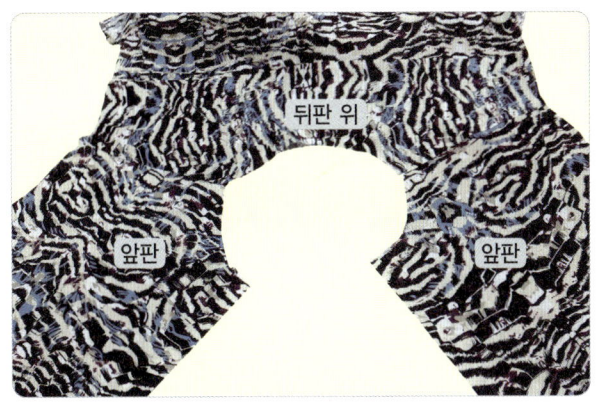

31 앞뒤판 어깨를 연결한 앞모습이다.

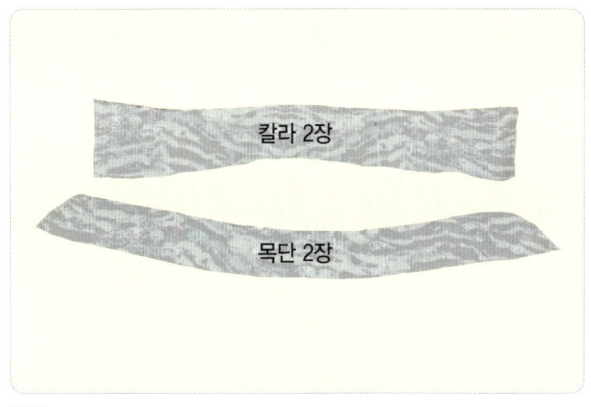

32 목단과 칼라에 실크 심지를 붙인다.

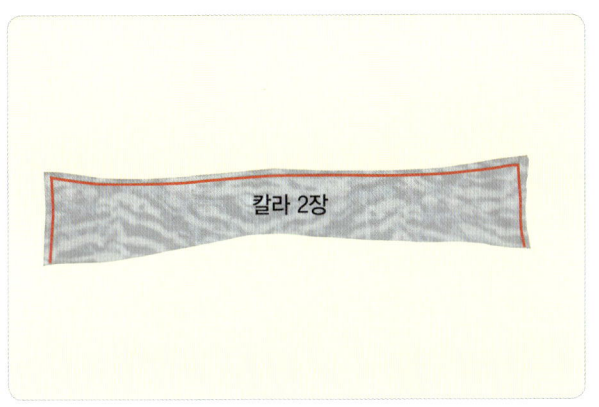

33 여유분을 남기고 선을 따라서 박음질하고 칼라를 뒤집는다.

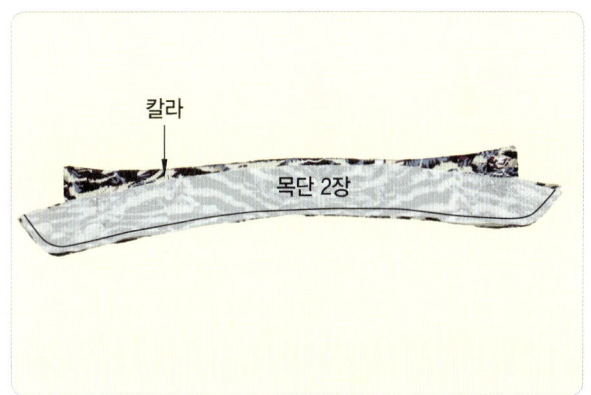

34 목단을 마주보도록 포개고 사이에 뒤집을 칼라를 넣고 0.6 cm 여유분으로 선을 따라 박음질한다.

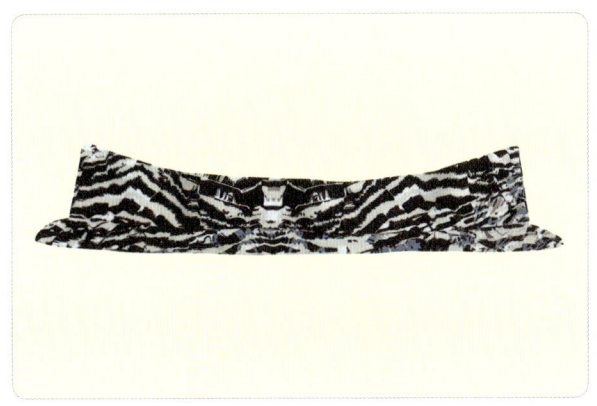

35 목단 박음질한 것을 펴면 완성된 모습이 보인다.

36 몸판의 겉면과 칼라 한 장을 박음질한다(빨간색 선).

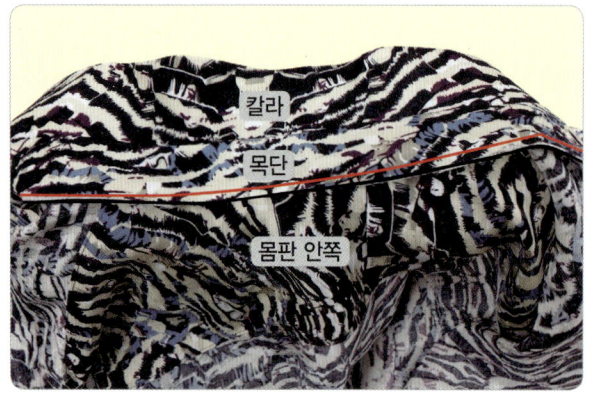

37 빨간색 선을 따라서 안쪽 목단을 봉제선에 접어 위에서 눌러 박음질한다.

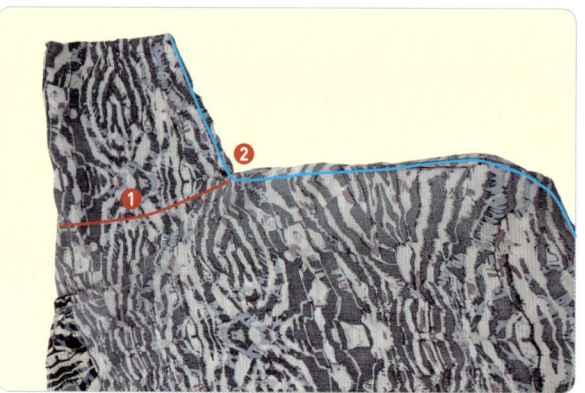

38 ❶ 어깨와 소매를 박음질한다. ❷ 소매 끝에서 몸판 쪽으로 포개어 바느질을 한다. 모두 오버로크 처리하거나 쌈솔로 박음질한다.

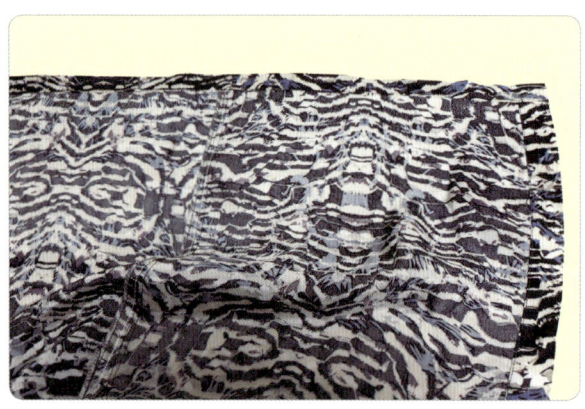

39 밑단을 3 cm 접어 다림질하고 끝 박음질한다.

40 소매단을 3 cm 접어 다림질하고 끝 박음질한다.

41 주머니 부착을 할 때는 녹는 심지(매직테이프)를 이용하여 다림질로 고정하고 박음질하는 것이 좋다.

42 완성 모습.

재킷용 카디건 만들기

┃ 본뜨기 및 재단 ┃

1 본을 뜰 옷이다.

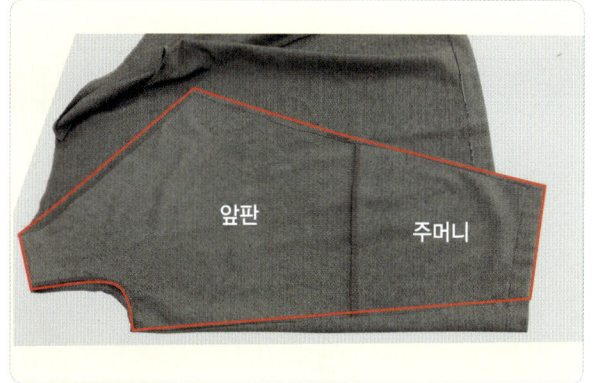

2 얇은 스펀지나 신문지 3장 이상을 깔고 굵은 시침핀으로 꾹 찔러서 흔적을 낸다.

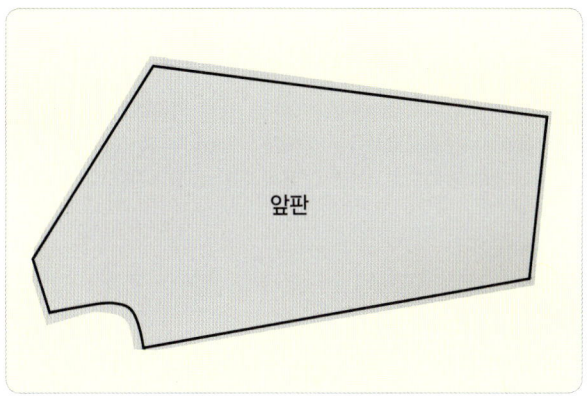

3 흔적 난 곳을 직선자와 암홀자를 이용하여 선을 긋는다.

4 뒤판도 굵은 시침핀으로 봉제선을 따라서 흔적을 내고 앞으로 넘어간 어깨 부위를 1.5 cm 크게 그린다.

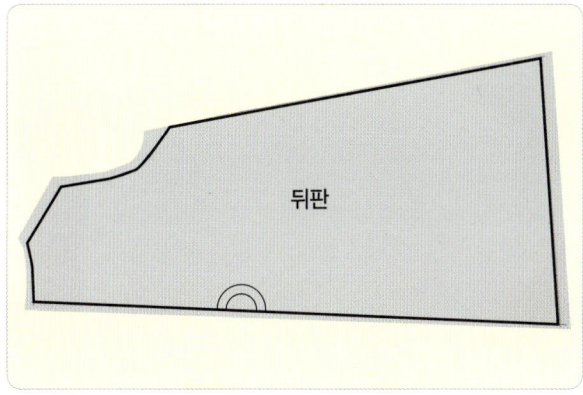

5 뒤판도 흔적을 따라서 신을 긋는다.

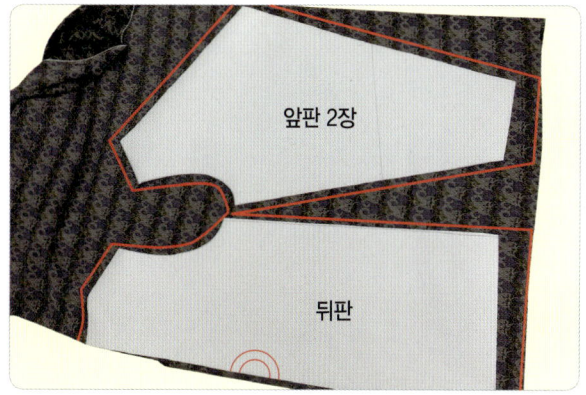

6 식서 방향으로 재단하고 길이는 4 cm, 나머지는 여유분을 1 cm 남기고 잘라 낸다.

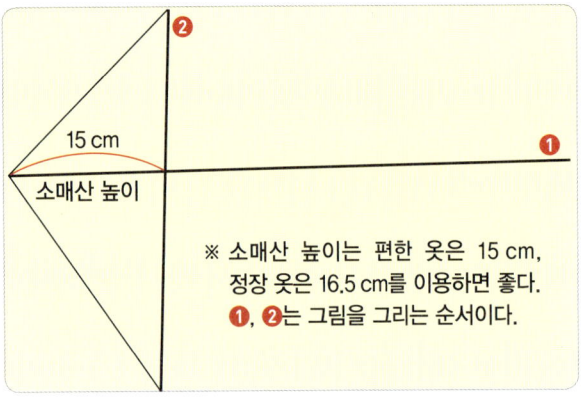

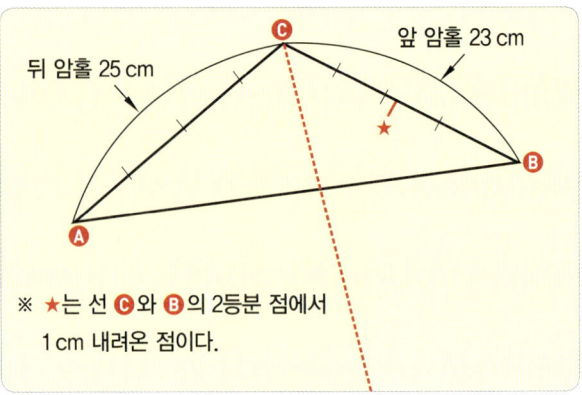

7 민소매에 긴소매를 만들려고 한다. 순서에 따라 그림을 그린다.

8 앞뒤 암홀을 재었더니 앞 암홀 23 cm, 뒤 암홀 25 cm이다. ⓒ〜ⓑ 23 cm, ⓒ〜ⓐ 25 cm가 만나는 선을 그린다.

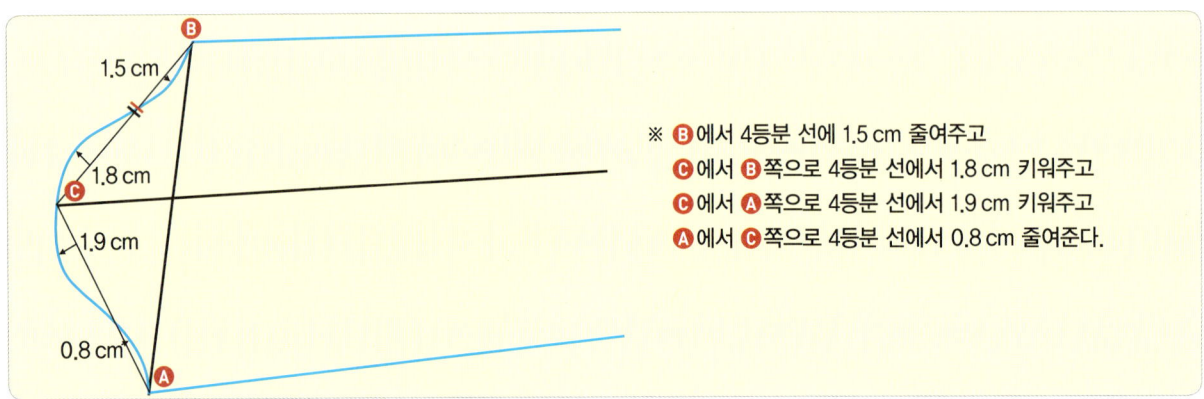

※ ⓑ에서 4등분 선에 1.5 cm 줄여주고
ⓒ에서 ⓑ쪽으로 4등분 선에서 1.8 cm 키워주고
ⓒ에서 ⓐ쪽으로 4등분 선에서 1.9 cm 키워주고
ⓐ에서 ⓒ쪽으로 4등분 선에서 0.8 cm 줄여준다.

9 ⓒ와 ⓑ의 2등분선에서 1 cm 내려간 선을 교차점으로 하여 1.8 cm 키운 점과 1.5 cm 줄인 선을 따라 곡선을 그리고 뒤쪽도 같은 방법으로 선을 그린다.

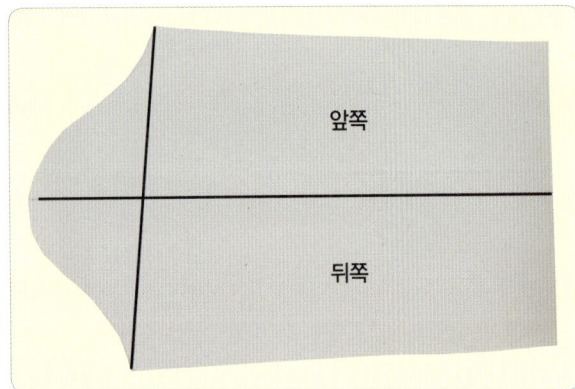

10 잘라 낸 모습이다.

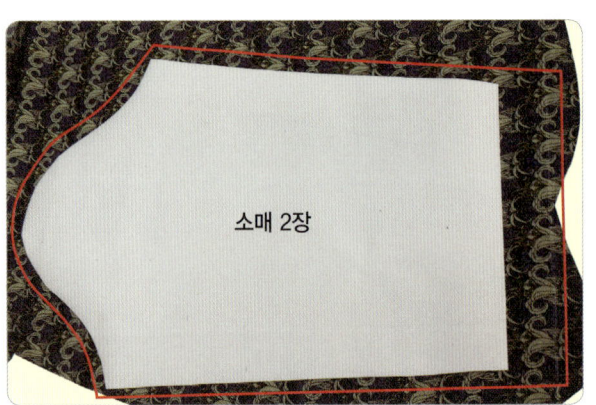

11 길이는 4 cm 여유분, 나머지는 1 cm 여유분을 주고 잘라 낸다.

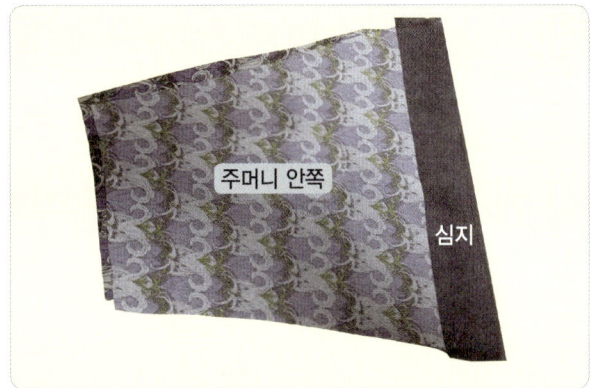

12 주머니 입구에 4 cm 심지를 다림질로 붙인다.

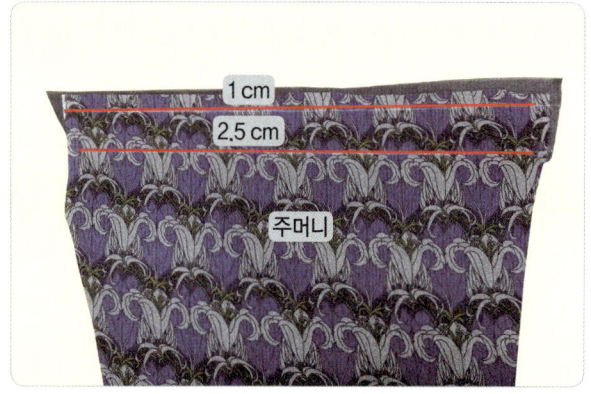

13 넓이 2.5 cm와 여유분 1 cm를 그린다.

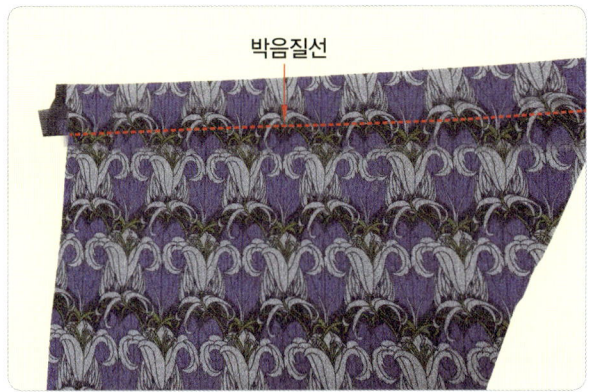

14 다림질하여 2.5 cm 선을 따라 박음질한다.

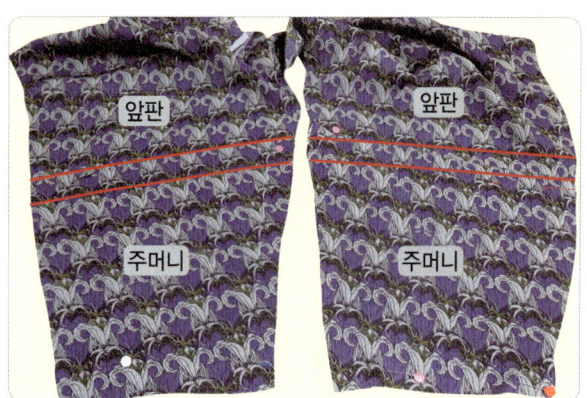

15 앞판에 주머니를 먼저 부착한다.

16 겉감 뒤판과 앞판을 합쳐 양쪽 품(흰색 선)을 박음질 한다.

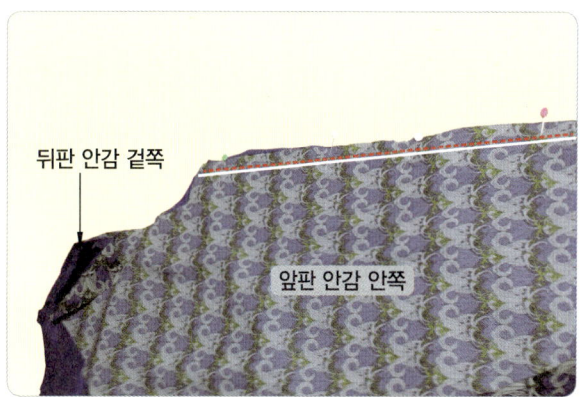

17 **16**의 박음질된 것(겉감)을 안감끼리 미주보고 박음질 한다(박음질이 보이지 않게 하기 위함). 빨간색 선은 **16** 에서 겉감에 박음질된 선이다.

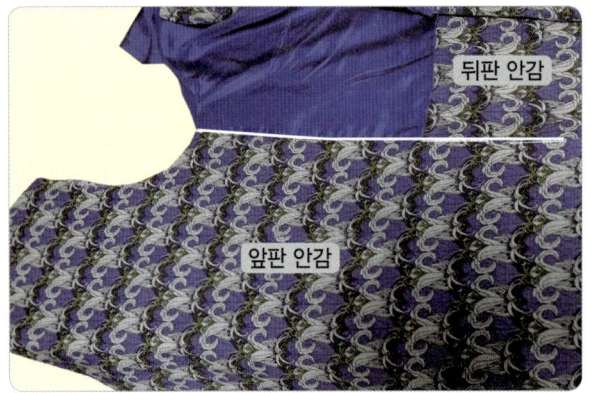

18 안감에서 펼쳐진 모습이며 흰색 선은 안쪽에서 박음질된 선이다. 안과 밖의 봉제선이 보이지 않는다.

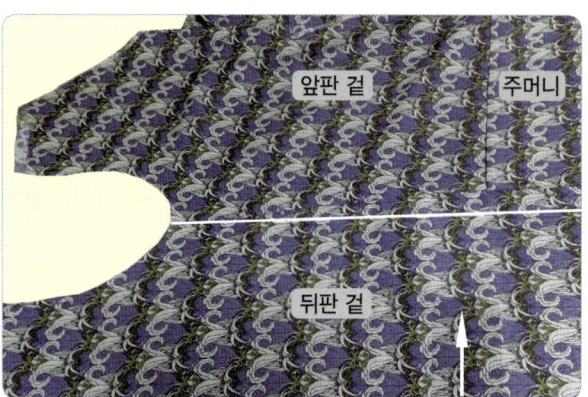

19 겉감 앞뒤판이 연결된 모습이다. 흰색 선은 안쪽에서 화살표 방향 안쪽에서 박음질된 것이다. 이렇게 하면 겉감과 안감이 모두 봉제선이 보이지 않는다.

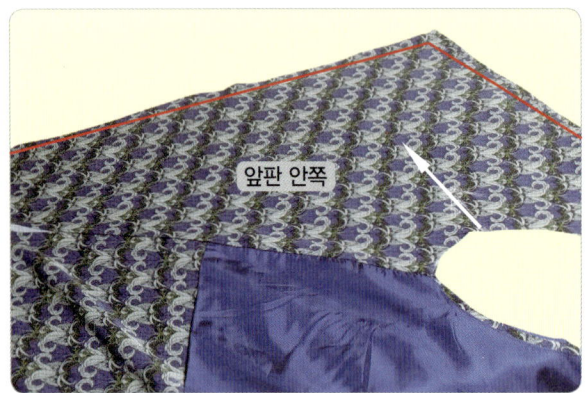

20 암홀 방향(화살표 방향)으로 들어가 안쪽에서 빨간색 선 부분을 박음질한다. 안쪽에서 박음질하지 않고 겉에서 접밴드테이프 처리해도 된다.

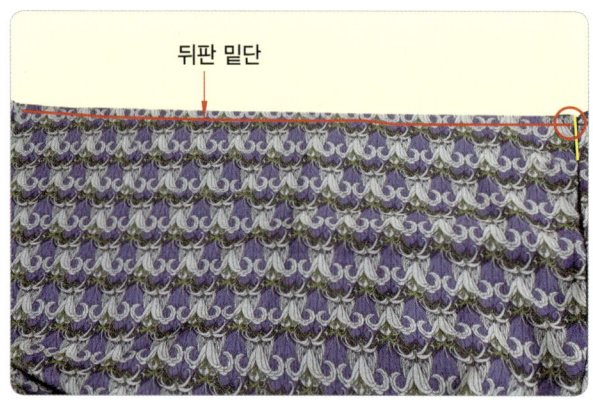

21 뒤판 밑단 부분을 암홀 방향으로 들어가 안쪽에서 빨간색 선을 따라서 박음질한다. 노란색 부분을 2~3 cm 분리해야 빨간색 선 전체를 박음질할 수 있다.

22 뒤판 밑단 여유분을 1 cm 남기고 박음질하는 모습이다.

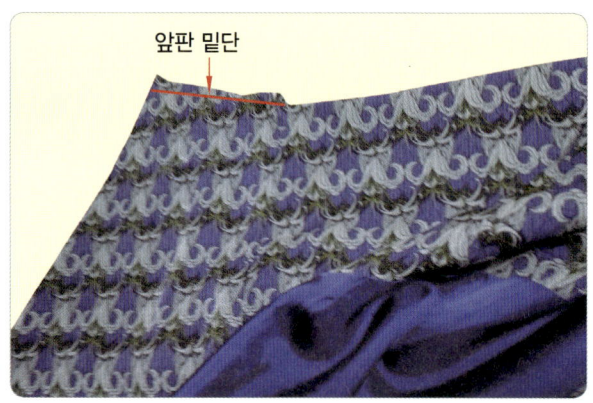

23 앞판 밑단도 암홀 부분으로 들어가서 박음질한다.

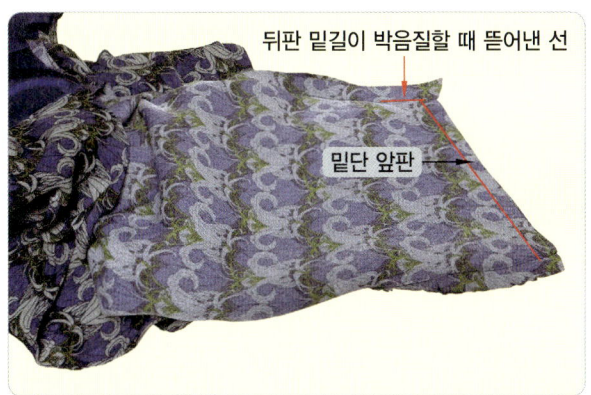

뒤판 밑길이 박음질할 때 뜯어낸 선

밑단 앞판

24 21에서 분리한 2∼3 cm와 함께 앞판을 박음질한다 (좌우).

25 뒷목 부분도 암홀 부분(화살표)으로 들어가서 뒷목 을 여유분 1 cm로 박음질하고 가위 찜을 넣어 준다.

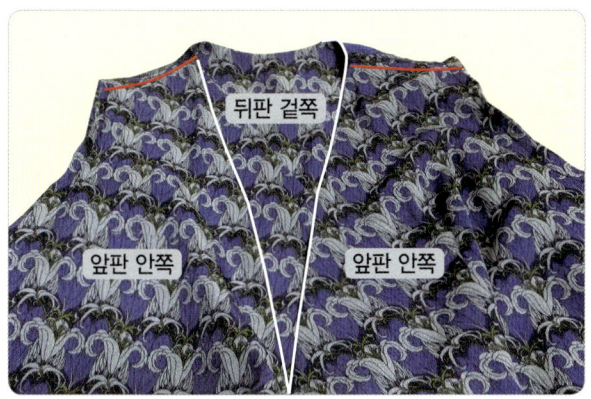

뒤판 겉쪽

앞판 안쪽　　　앞판 안쪽

26 어깨는 앞뒤판 서로 마주보고 여유분 1 cm를 놓고 박 음질하고 오버로크 처리한다.

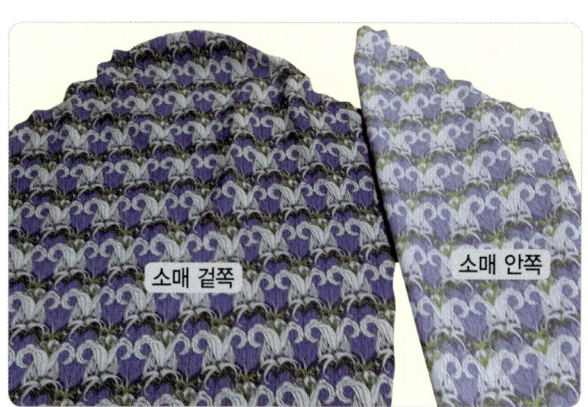

소매 겉쪽　　　소매 안쪽

27 어깨 부분은 1 cm 여유분으로 박음질하여 셔링을 주 고 통을 박음질한다.

뒤판 안쪽

소매

앞판 안쪽

28 몸판 암홀과 소매 암홀을 맞추어 핀으로 고정하고 1 cm 여유분으로 박음질한다.

29 완성 모습. 어깨와 암홀을 이용하여 전체를 안쪽에서 박음질하고 맨 나중에 어깨와 암홀을 박음질하여 어 깨와 암홀만 겉에서 봉제선이 보인다.

기본형 카디건 만들기

1 본을 뜰 카디건이다.

2 앞판을 바르게 펴고 흰색 종이 아래 얇은 스펀지나 신문지 3장 이상을 깔고 송곳이나 굵은 핀침으로 꾹 눌러 흔적을 낸다.

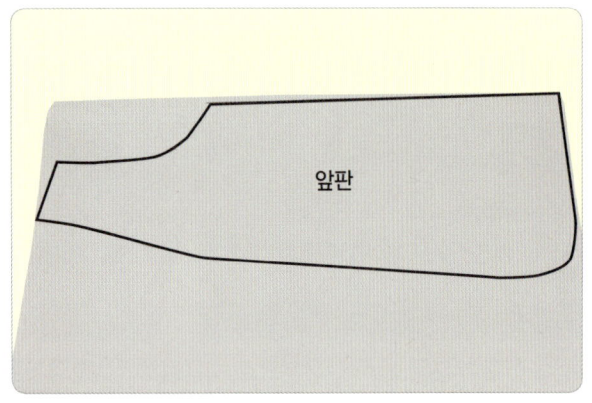

3 흔적을 따라서 선을 긋는다.

4 뒤판도 앞판과 같은 방법으로 흔적을 내고, 어깨는 1.5 cm 크게 한다.

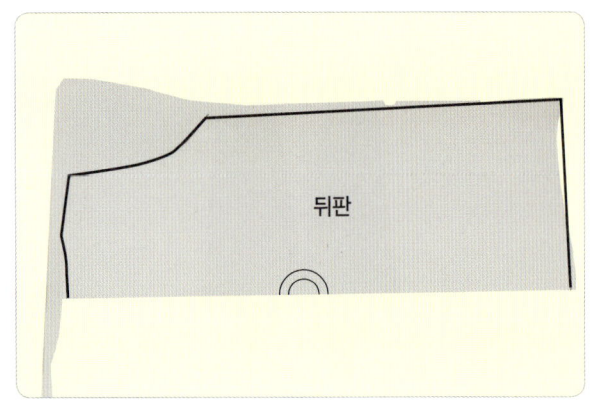

5 뒤판도 흔적을 따라 선을 긋고 반으로 접어 잘라 낸다.

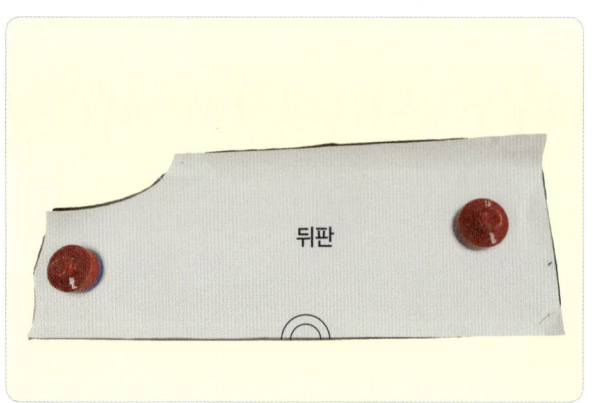

6 끝부분은 테이프 처리할 예정이므로 여유분은 모두 0.5 cm를 주고 잘라 낸다.

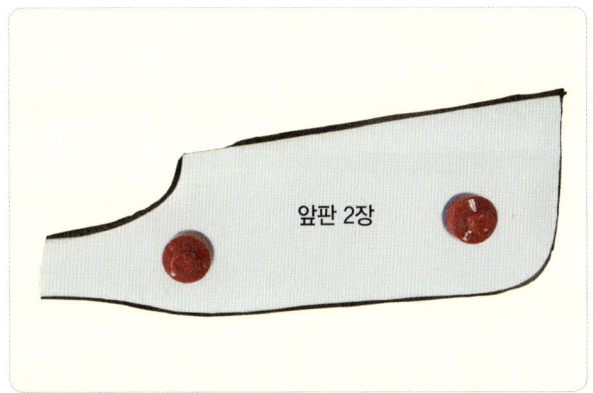

7 앞판도 사방 여유분 0.5 cm를 남기고 잘라 낸다.

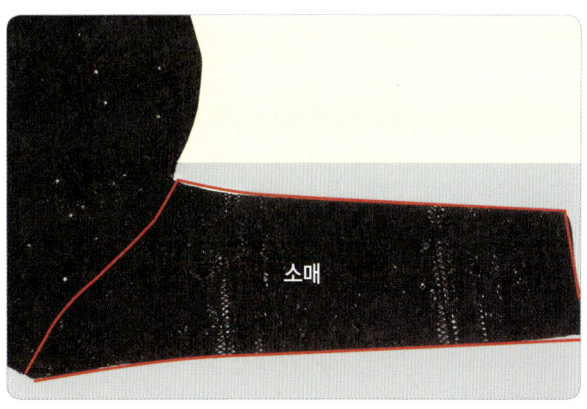

8 소매는 얇아서 앞뒤 구분이 가능하므로 앞뒤를 잘 만져 가며 앞뒤 봉제선을 따라 송곳이나 굵은 핀침으로 꾹 찔러 흔적을 낸다.

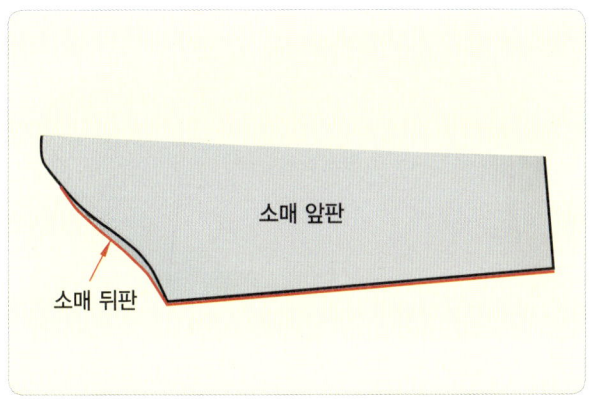

9 흔적을 따라서 선을 그려 잘라 낸 모습이다. 소매는 항 상 뒤판에서 2장을 잘라 낸 다음, 앞판 한 장을 잘라 낸다.

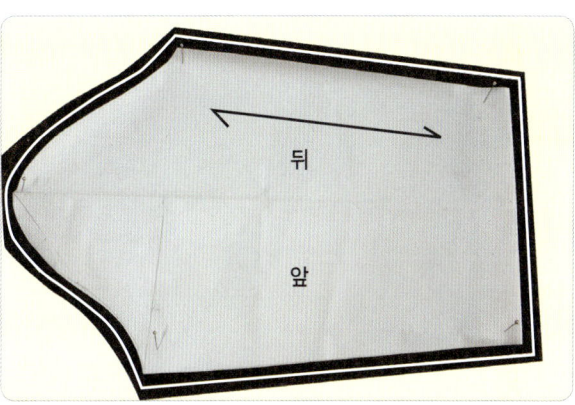

10 소매도 사방 여유분 1 cm를 남기고 잘라 낸다.

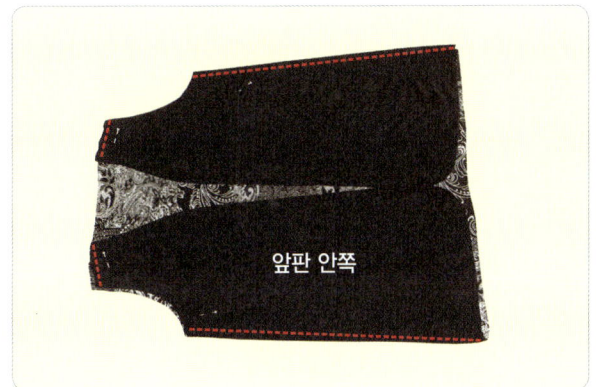

11 앞뒤판 겉면을 서로 포개고 어깨와 양옆을 박음질한 다.

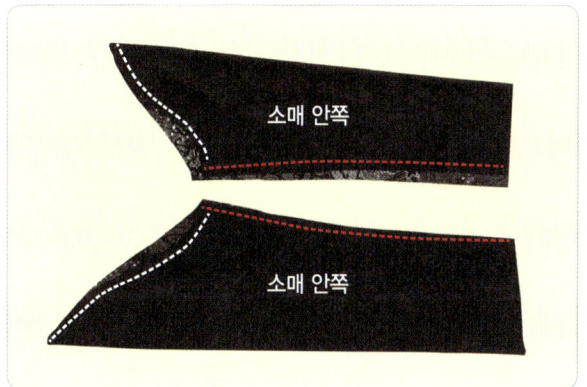

12 암홀 부분은 1차 박음질(흰색)하여 셔링을 잡아주고 소매통을 박음질한다.

13 만들어진 소매와 몸통 암홀을 합쳐 핀으로 고정하고 박음질한다. 모든 봉제 부분은 오버로크 처리하는 것이 좋다.

14 접밴드이다. 얇은 고무줄테이프를 접어서 쓸 수 있도록 중앙에 길게 흔적이 있다.

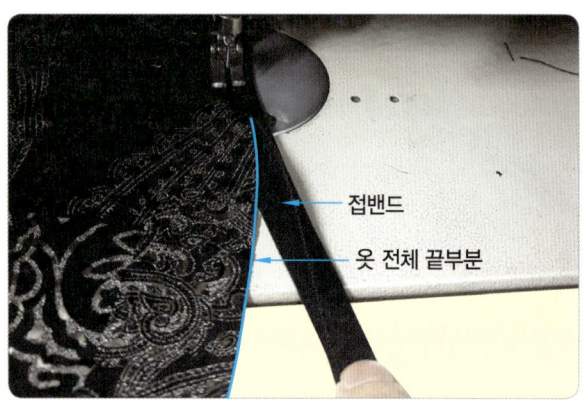

15 옷 전체 가장자리 파란색을 접밴드 중앙에 맞추어 넣고 밴드를 접어 끝부분을 접어 박음질한다.

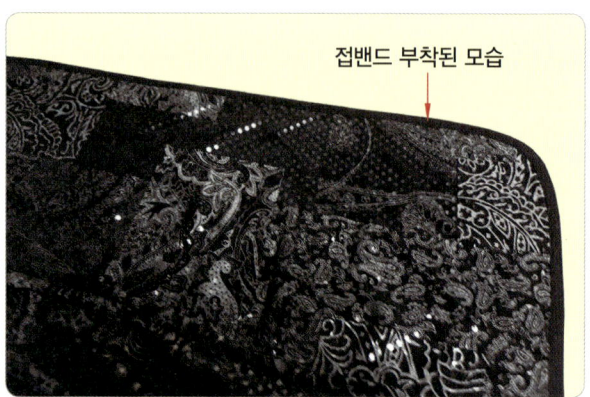

16 가장자리 전체가 접밴드로 박음질된 모습이다.

17 소매부리 접밴드 처리된 모습이다.

18 완성 모습. 마무리 부분을 접밴드를 이용하면 깔끔하고 마무리가 쉽다.

정장 상의 만들기

- 간단한 원피스(임산복) 만들기
- 앞주름 원피스 만들기
- 플레어원피스 만들기
- 차이나 칼라 재킷 랜턴 소매 만들기
- 차이나 칼라 코트 만들기
- 테일러 재킷 만들기

간편한 원피스(임산복)-본뜨기 및 재단

1 본을 뜰 원피스이다.

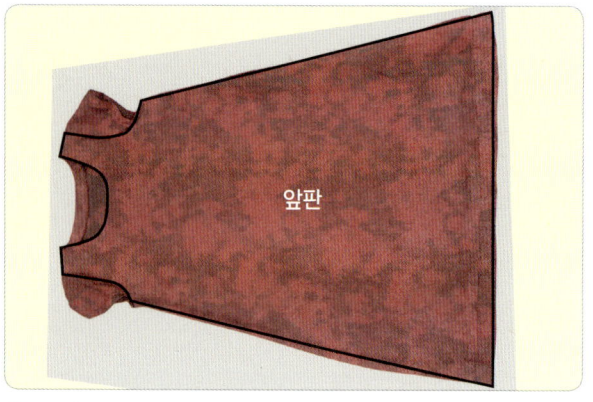

2 얇은 스펀지나 신문지 3장 이상을 깐다. 그 위에 흰색 종이를 놓고 원피스를 바르게 펴서 봉제선을 따라서 송곳이나 굵은 시침핀으로 꾹 눌러서 흔적을 낸다.

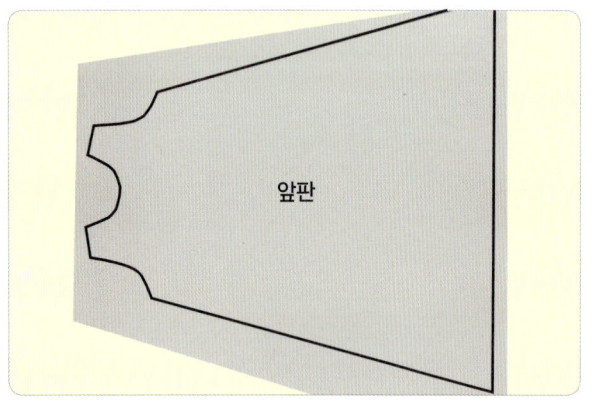

3 흔적을 따라서 선을 그은 모습이다.

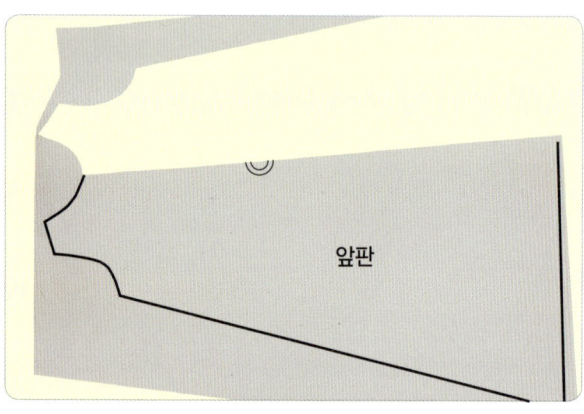

4 흔적을 따라서 자를 때는 접어서 좌우가 잘 맞는지 확인하고 절반을 잘라서 골선으로 사용하기도 한다.

5 뒤판도 바르게 펴서 봉제선을 따라서 흔적을 남긴다.

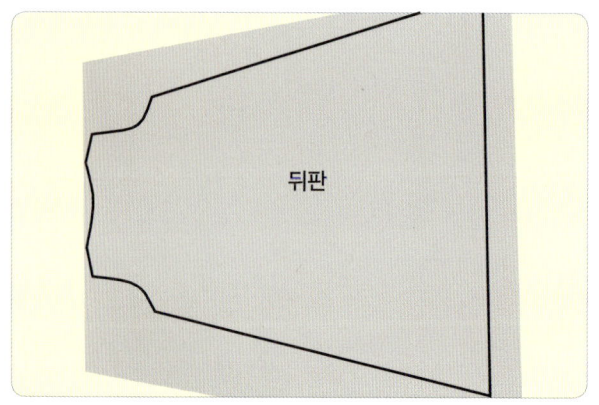

6 뒤판도 흔적을 따라서 선을 긋는다.

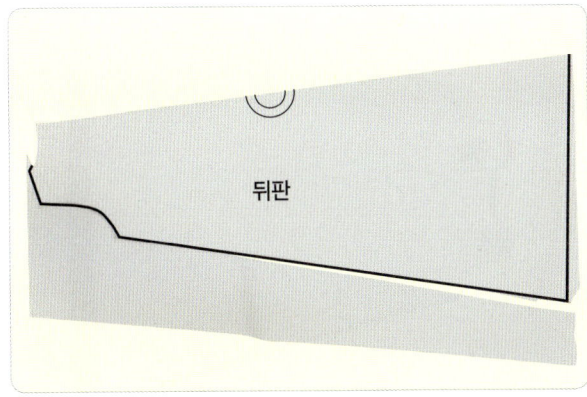

7 좌우가 맞는지 확인하고 절반을 접어서 잘라 반으로 사용하기도 한다.

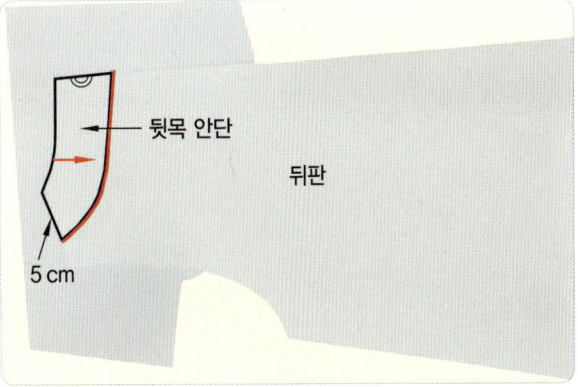

8 뒷목 안단 검은색 선은 모양을 따라서 그리고, 빨간색 선은 화살표 방향으로 5 cm씩 송곳으로 꾹 찔러 흔적을 낸다.

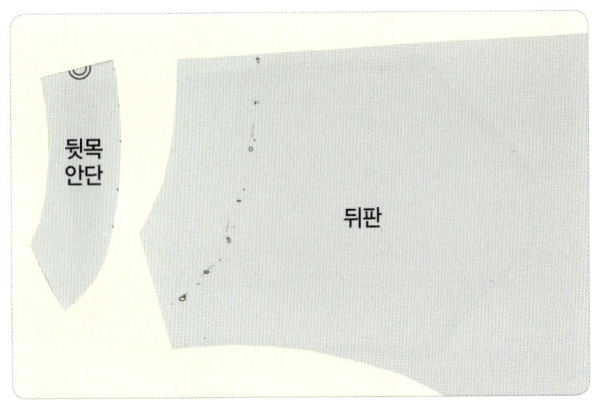

9 모양을 따라 뒷목 안단을 만들어 낸 모습이다.

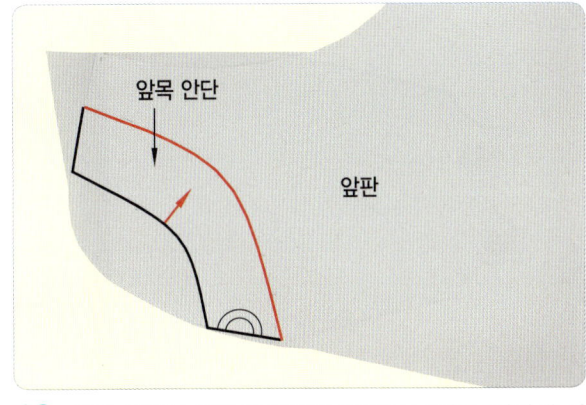

10 앞목 안단도 검은색 모양을 따라서 그리고, 빨간색 선은 화살표 방향으로 5 cm씩 송곳으로 꾹 눌러 흔적을 낸다.

11 앞목 안단을 만들어 낸 모습이다.

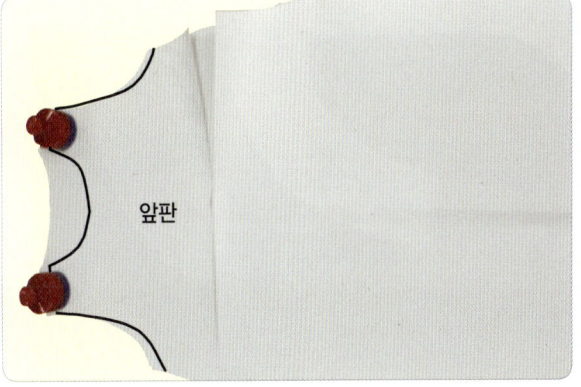

12 패턴을 앞판과 뒤판을 포개 붙여서 앞판은 짧게, 뒤판은 원판을 사용하면 좋다.

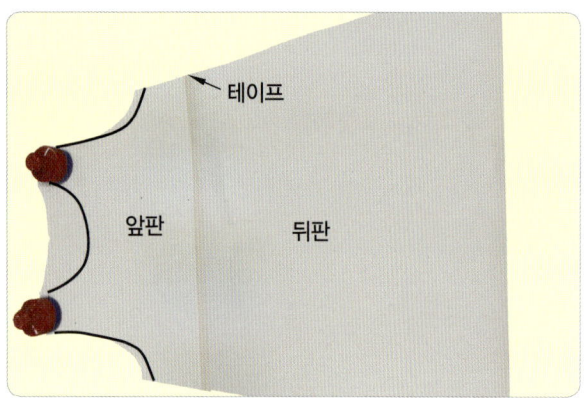

13 앞판을 잘라 내고 그림과 같이 테이프를 붙여서 사용
하면 좋다.

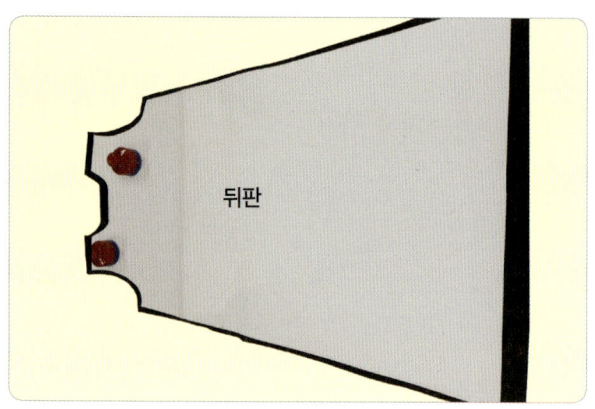

14 뒤판 길이는 4 cm, 나머지는 1 cm 여유분을 주고 잘
라 낸다.

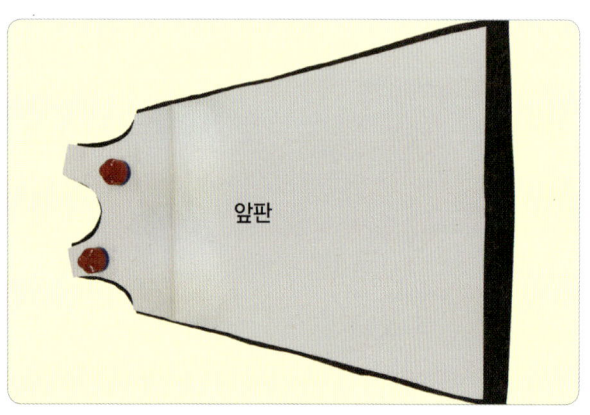

15 앞판 길이는 4 cm, 나머지는 1 cm 여유분을 주고 잘
라 낸다.

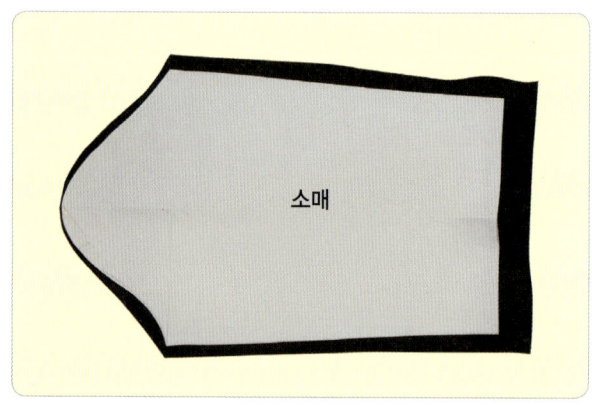

16 소매 길이는 4 cm, 나머지는 1 cm 여유분을 주고 잘
라 낸다. (소매 만드는 법은 플레어원피스에서 참고)

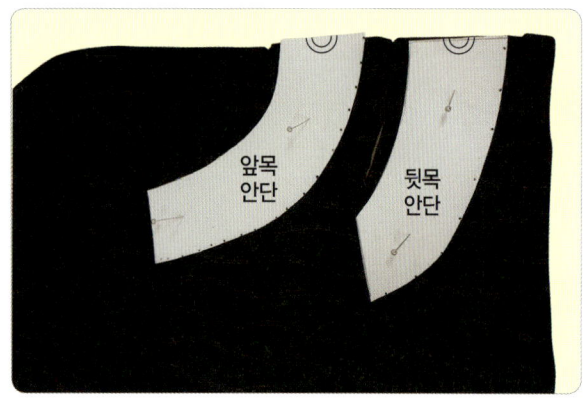

17 앞목 뒷목 안단 재단하는 모습이다.

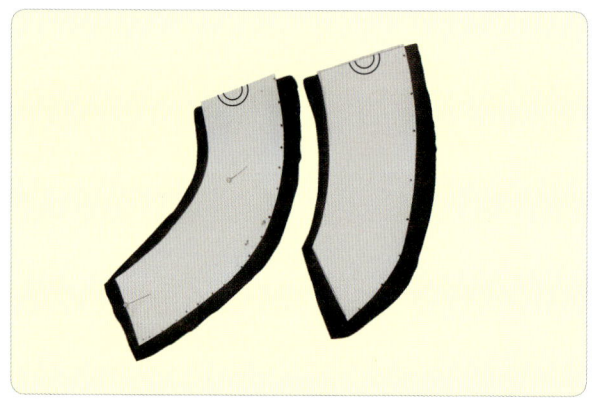

18 1 cm 여유분으로 잘라 낸다.

간편한 원피스(임산복) – 만들기

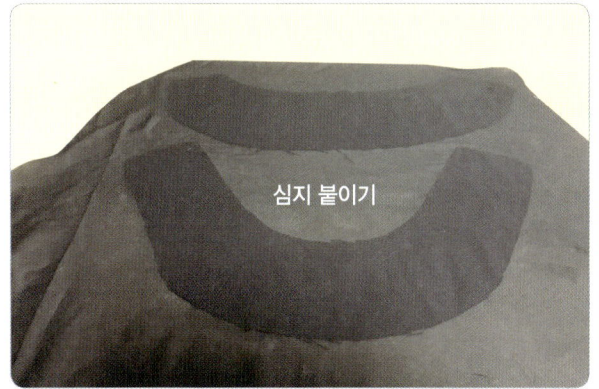

1 앞뒤 목 안단에 심지를 붙인다.

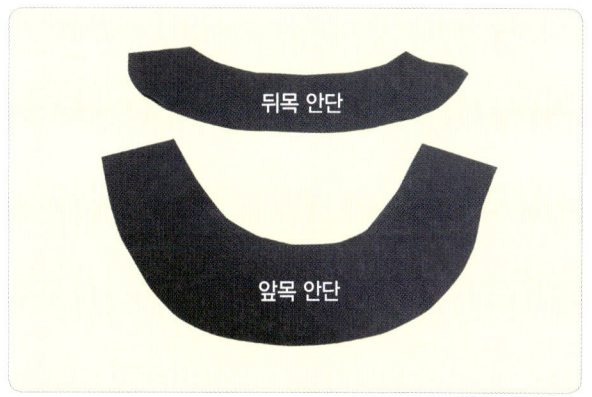

2 심지를 붙이고 잘라 낸 앞뒤 목 안단이다.

3 뒤판과 안단을 빨간색 선을 따라서 1cm 여유분으로 박음질한다.

4 **3**의 박음질된 것을 겉면에서 뒷목 안단 쪽을 눌러 박음질한다.

5 앞판과 안단을 빨간색 선을 따라서 박음질한다.

6 **5**의 박음질된 것을 겉면에서 앞판 안단 쪽으로 눌러 박음질한다.

7 앞판 다림질된 모습이다. 겉면에서는 **6**번의 박음질이 보여서는 안 된다.

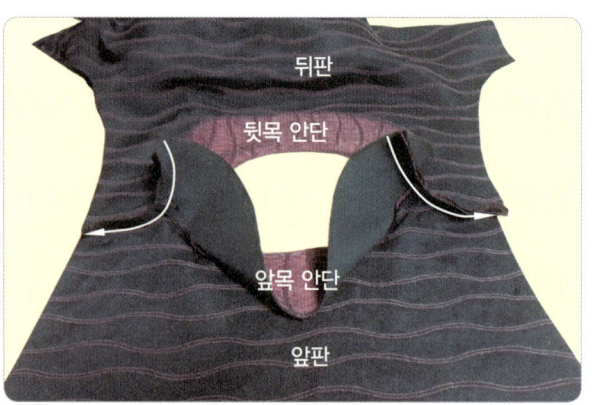

8 앞판과 뒤판을 포개서 박음질할 때 흰색 선을 따라서 박음질한다.

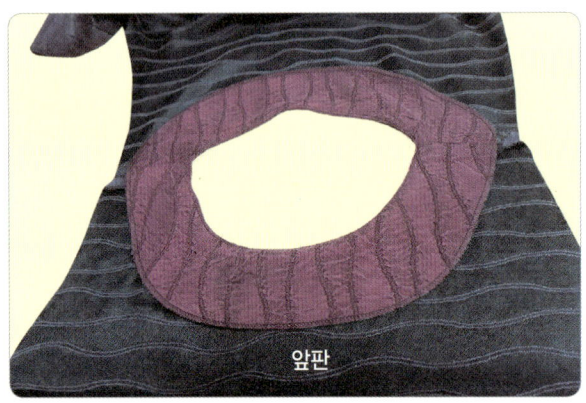

9 **8**의 박음질 후 접어 다림질된 모습이다.

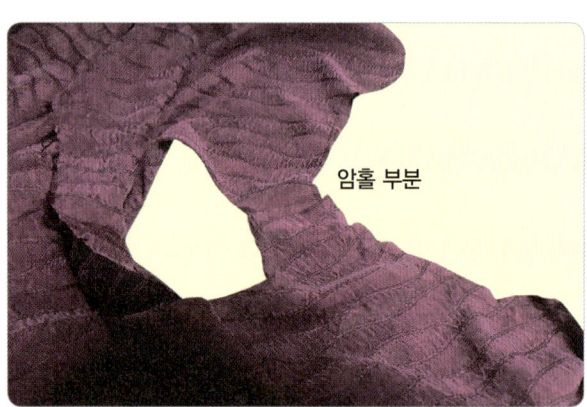

10 겨드랑이(암홀) 부분은 늘어지는 경우가 많으므로 기본 땀으로 박음질하여 살살 잡아당겨 늘어지지 않게 하는 것이 좋다.

11 몸판 부분을 좌우 1 cm씩 여분을 남기고 박음질하고 오버로크 처리한다.

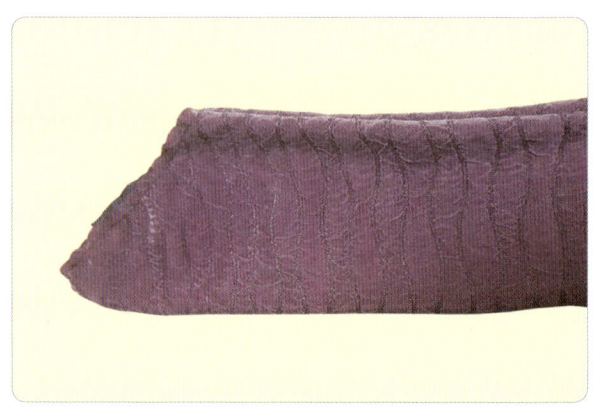

12 소매 암홀 부분은 기본 박음질하여 살살 잡아당겨 볼륨 처리하고 소매통을 박음질한다.

13 소매와 몸통 부착은 핀으로 고정하고 박음질하는 것이 좋다.

14 밑단은 4 cm 접어 다림질하여 오버로크 처리하고 손바느질로 마무리한다.

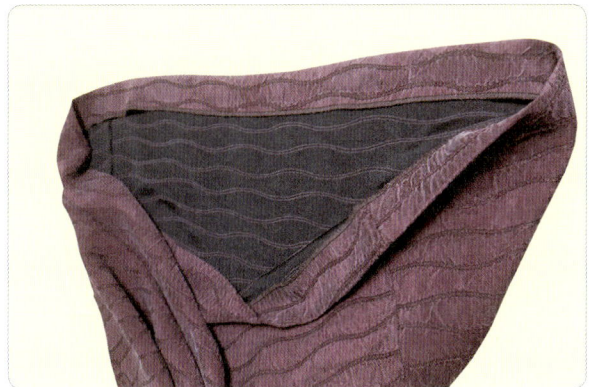

15 밑단도 4 cm 접어 다림질하여 오버로크 처리하고 손바느질로 마무리한다.

16 완성 모습.

앞주름 원피스-본뜨기

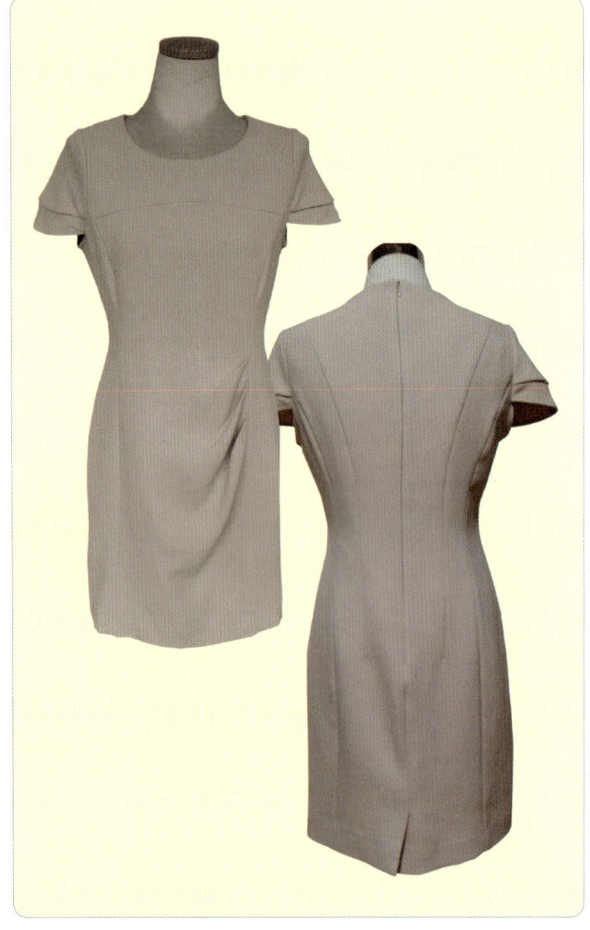

1 본뜨기 할 원피스이다.

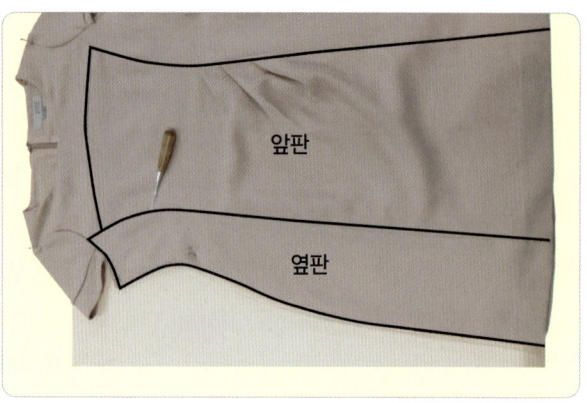

2 다림질하여 바르게 펴고 움직이지 않도록 시침핀을 꽂고 봉제선을 따라 송곳으로 꾹 찍어 흔적을 낸다.

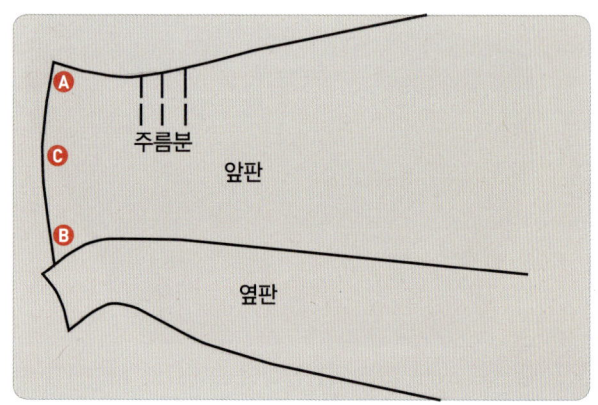

3 흔적 낸 곳을 직선과 곡선 암홀자를 사용하여 선을 그린다.

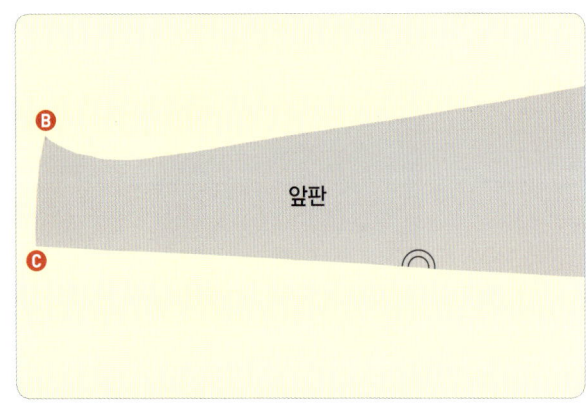

4 앞 중심은 Ⓐ와 Ⓑ를 맞추어 반으로 접어 자른다.

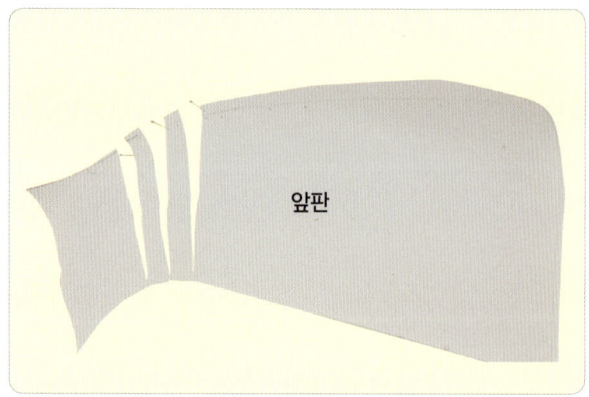

5 표시된 주름 부분을 1 cm 정도 남기고 잘라 벌려준다 (주름 넓이만큼).

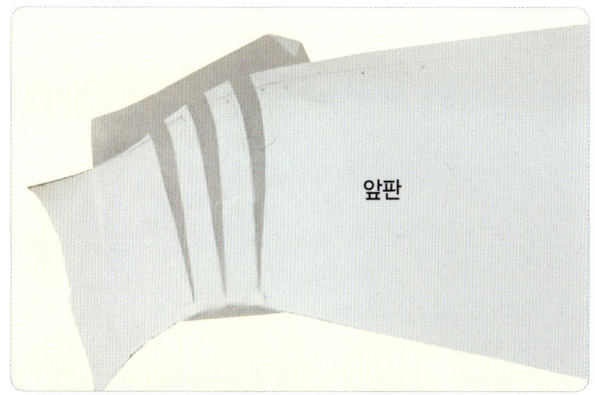

6 주름 넓이만큼 벌려 움직이지 않도록 습자지처럼 얇은 종이를 바른다.

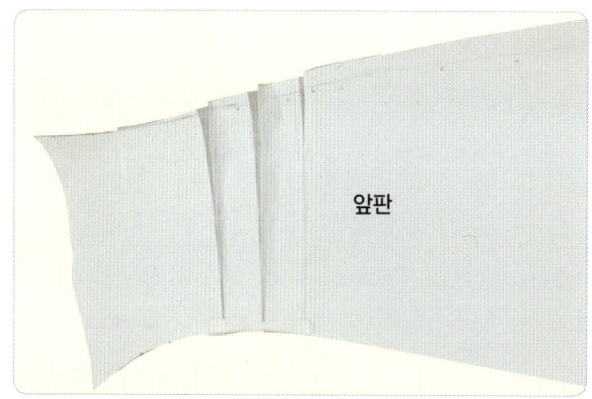

7 주름분을 접은 모양이다. 박음질할 때는 접어서 박음질하면 된다.

앞판 위

8 앞판 위를 잘 펴고 찍어서 흔적을 낸다.

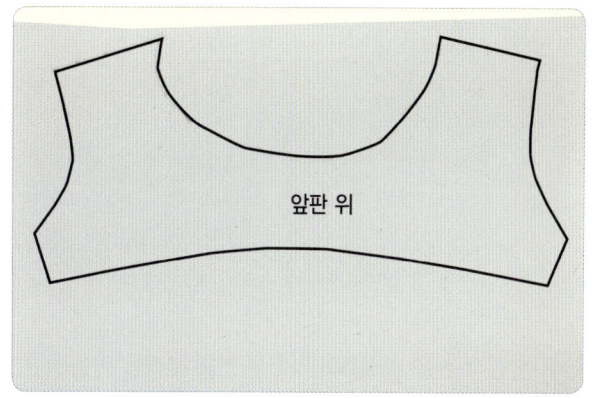

앞판 위

9 흔적 낸 부위를 선으로 연결한다.

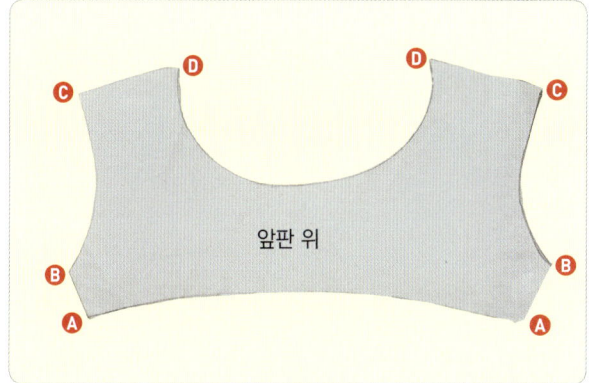

앞판 위

10 반으로 접었을 때 Ⓐ~Ⓓ까지 서로 맞아야 한다. 어깨선, 겨드랑이선, 가슴선이 각각 다른 곳과 연결 부위이므로 꼭 맞춰야 하며 맞지 않으면 다시 떠야 한다.

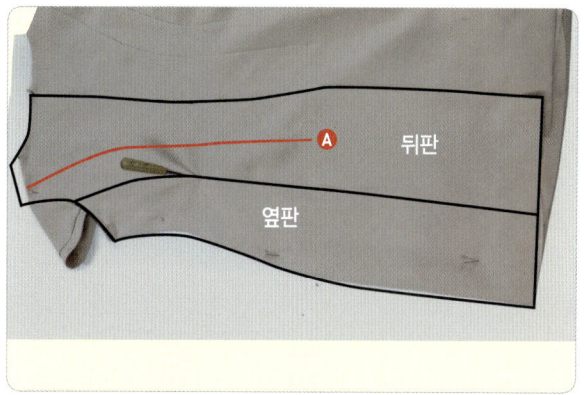

뒤판

옆판

11 뒤판의 본을 뜰 때는 보이지 않는 어깨 부분을 1.5 cm 올리고 봉제선을 따라 송곳으로 흔적을 내고 빨간색 선은 완전 절개가 아니므로 따로 표시한다.

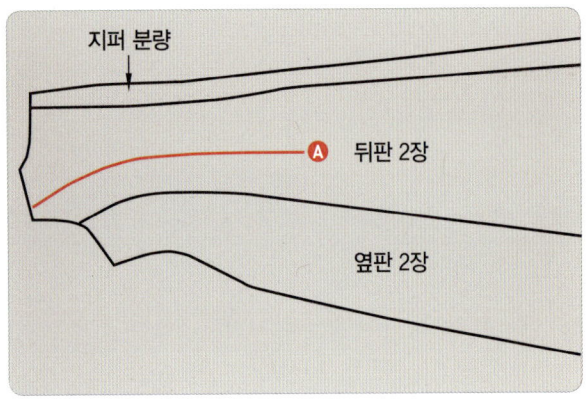

12 지퍼 여유분 2.5cm를 그리고, 빨간색 부분은 따로 표기한다.

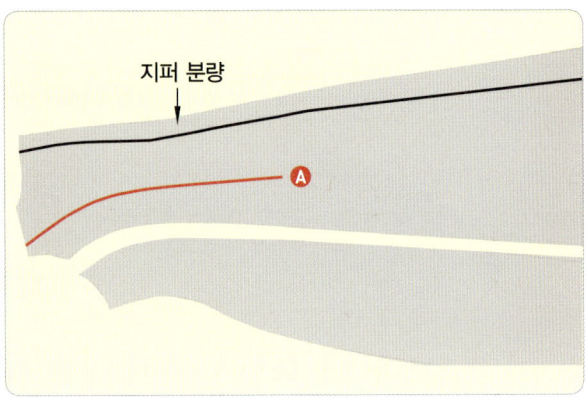

13 앞판과 옆판은 분리해서 자르고, 빨간색 선은 Ⓐ 표시 된 부분까지 자른다.

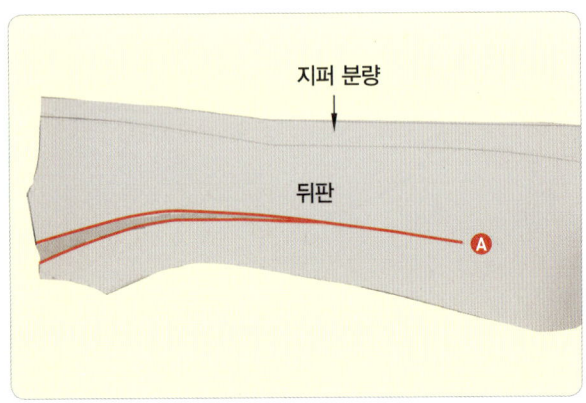

14 빨간색 선을 벌려주어 다트를 잡을 분량을 만들어 얇 은 종이로 붙여준다.

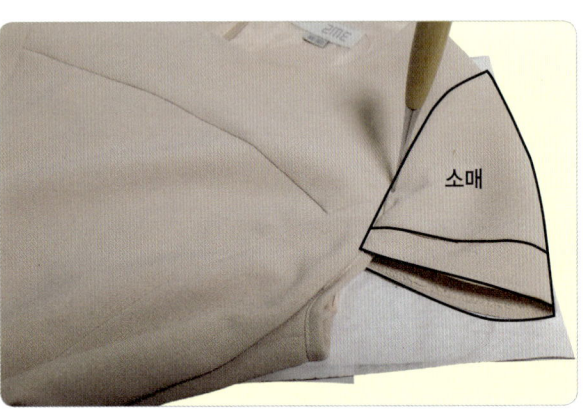

15 소매를 잘 펴서 본뜨기 한다.

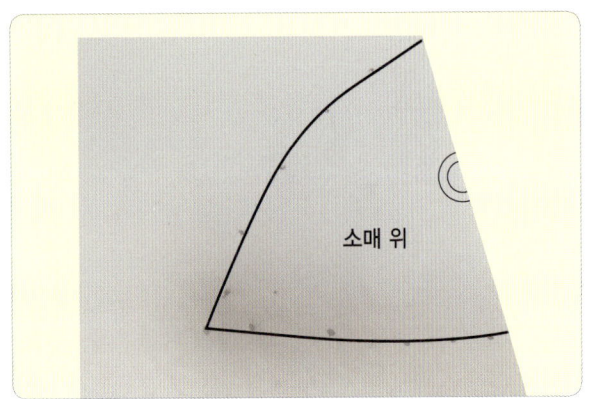

16 송곳으로 흔적을 낸 위 소매이다.

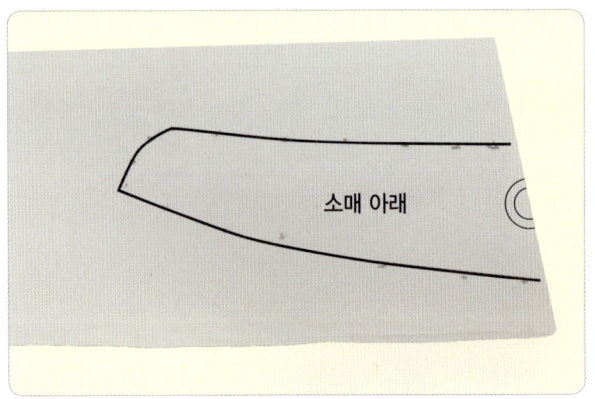

17 송곳으로 흔적을 낸 아래 소매이다.

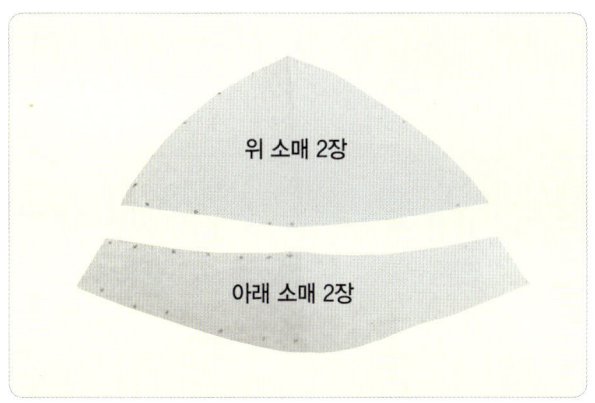

18 소매 위아래 본뜬 것을 자른 모습이다. 반팔은 그대로 만들면 된다.

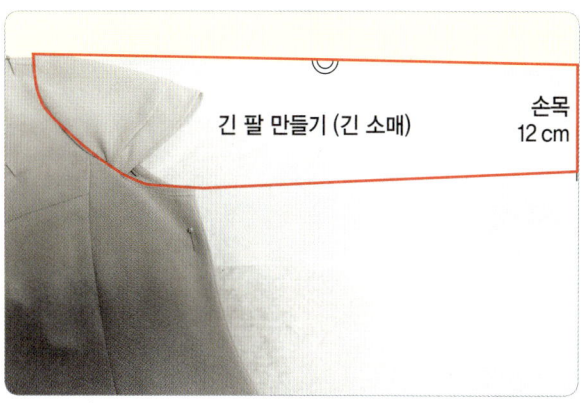

긴 팔 만들기 (긴 소매)

손목
12 cm

19 이번 옷은 긴 팔로 만들기를 하려고 한다. (플레어원피스 189쪽 참고)

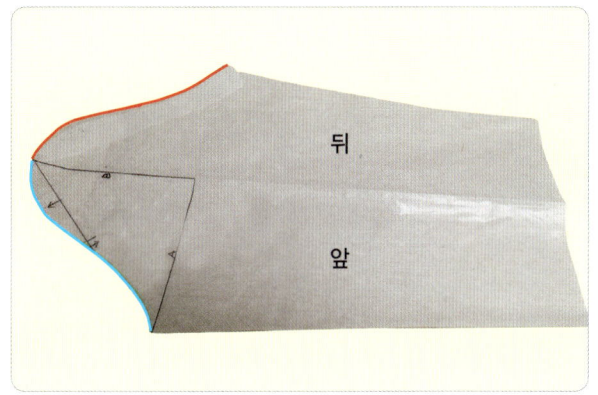

뒤

앞

20 소매가 펼쳐진 모습이다. 짧은 캡 소매는 부착하기가 쉬우므로 완성된 옷은 긴 팔로 만들었다.

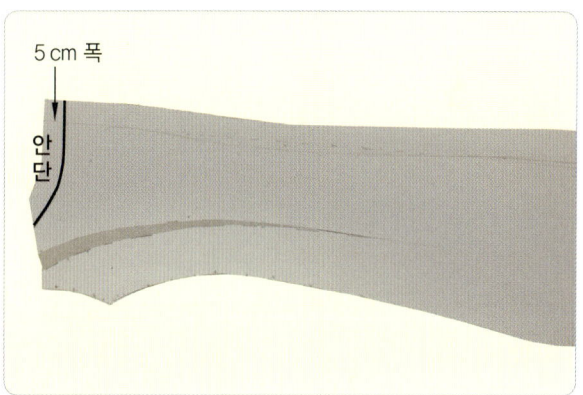

5 cm 폭

안
단

21 뒷목 안단은 5 cm 폭으로 다른 종이에 그린다.

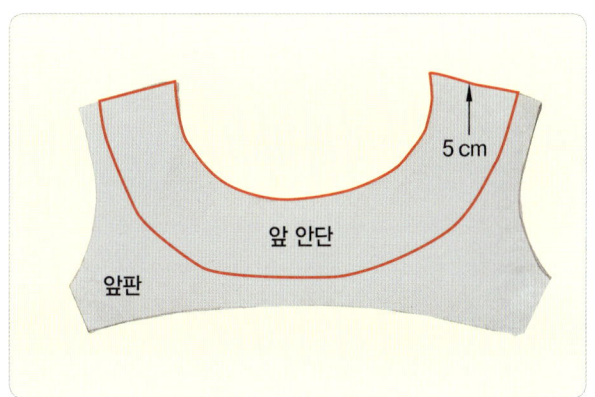

앞 안단

5 cm

앞판

22 앞목 안단도 뒷목처럼 5 cm 폭으로 한다 (빨간색).

앞주름 원피스 – 재단

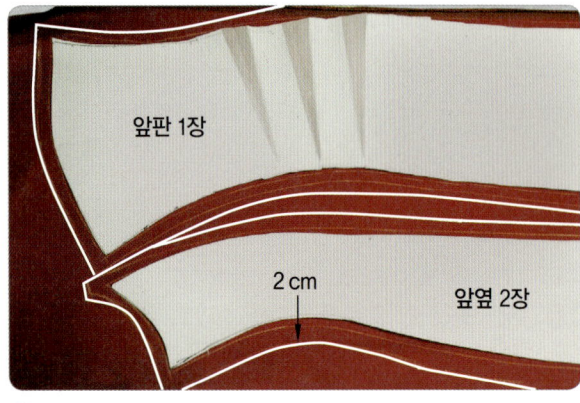

1 옆 부분은 사이즈를 크게 할 수 있으므로 여유분을 2 cm로 할 수도 있다. 나머지는 1 cm, 길이는 4 cm로 한다.

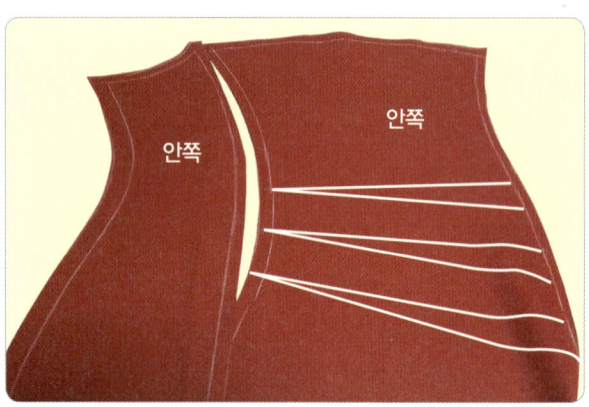

2 재단된 모습이다. 주름 여유분을 확실하게 표시한다.

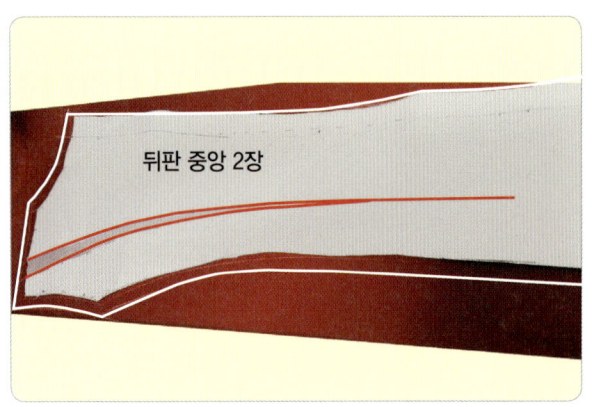

3 뒤판 재단할 때도 여유분은 1 cm, 길이는 4 cm로 한다.

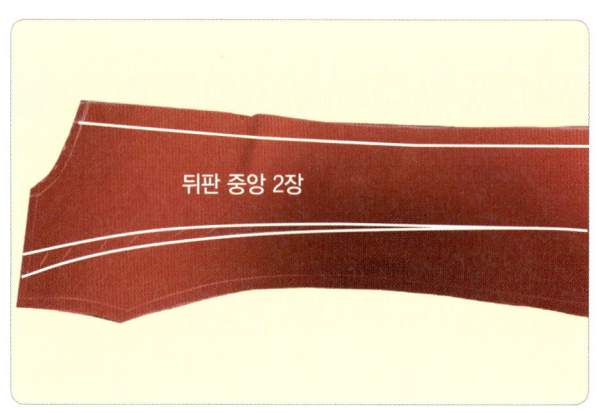

4 다트 부분을 그린다.

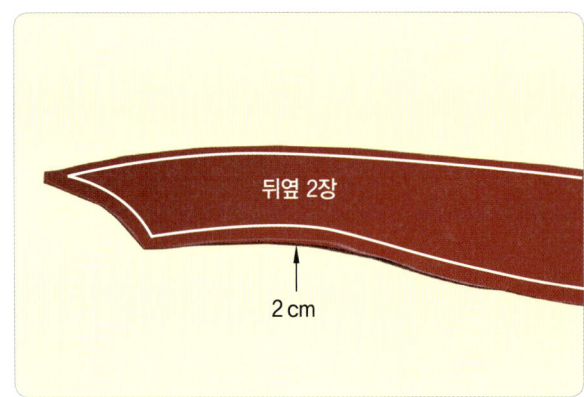

5 뒤 옆판도 옆 부분은 2 cm, 나머지는 1 cm, 길이는 4 cm 여유분으로 한다.

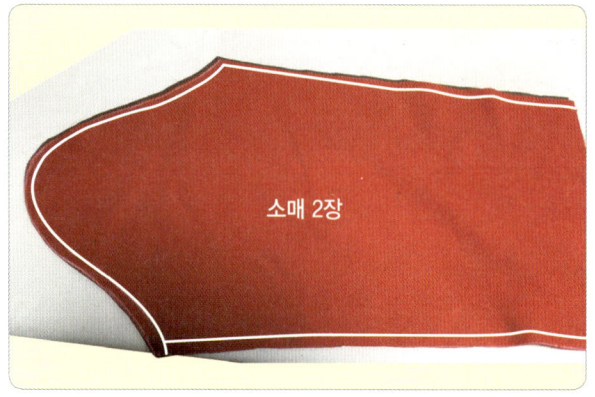

6 소매는 펴서 재단하고 소매길이는 4 cm, 나머지는 1 cm 여유분으로 한다.

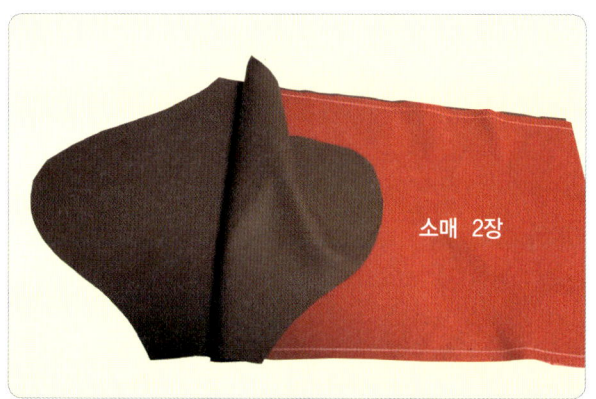

소매 2장

7 이번 원단은 앞뒤가 다른 원단이므로 완성된 옷은 밤색이다.

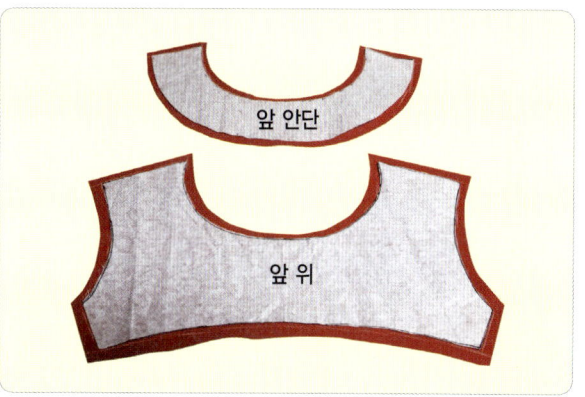

앞 안단

앞 위

8 앞판과 앞 안단은 여유분을 모두 1 cm로 한다.

앞 안단

뒤 안단

9 앞 안단과 뒷목 안단은 심지를 붙일 때 각각 재단해서 붙여도 되지만 바르게 펴고 위에서 심지로 전체 덮어 다림질하고 잘라 낸다.

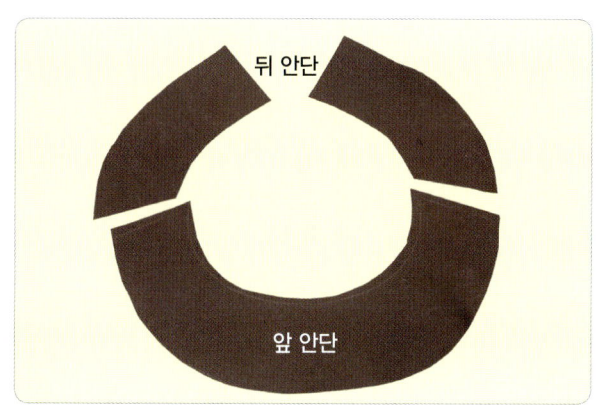

뒤 안단

앞 안단

10 잘라서 뒤집어 맞춰 본 모습이디.

11 위 원피스는 앞판 주름을 넣지 않고 만들었다.

원피스는 심지를 앞목과 뒷목 안단에만 사용해도 되며, 11번 원피스를 만들 때는 주름분은 신경 쓰지 말고 앞판 좌우 길이만 맞추이 재단히면 된디.

앞주름 원피스-만들기

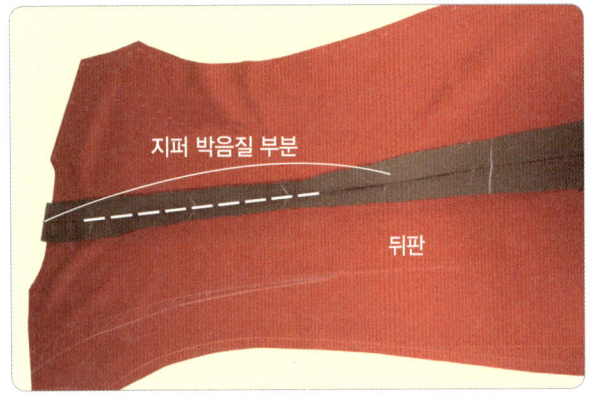

1 지퍼를 박을 분량은 2~3 cm씩 5 cm 간격으로 시침박음질하고, 나머지는 모두 박음질하고 가름솔 다림질 후 지퍼를 박을 부분을 뜯어낸다.

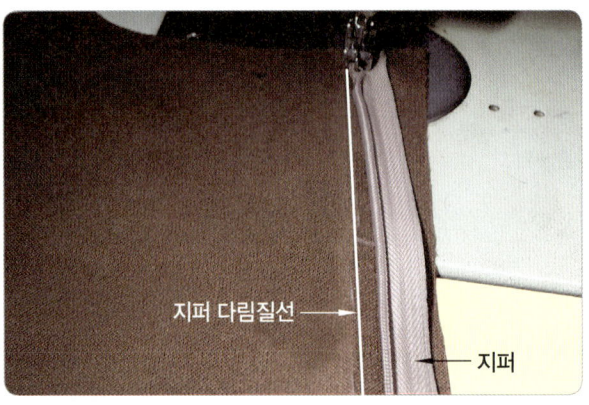

2 다림질된 초크 부분이 지퍼 플라스틱 부분에 닿도록 하고 혼실 지퍼 전용 노루발을 사용하여 박음질한다 (겉면).

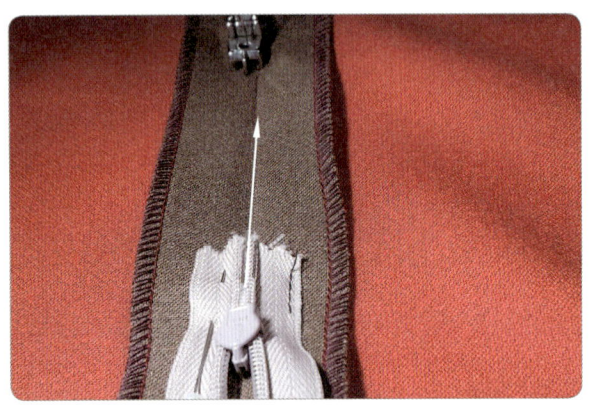

3 왼쪽을 먼저 박음질하고 오른쪽 박음질할 때는 흰색 초크 부분의 봉제선에 지퍼 갈라진 부분이 직선으로 연결되도록 핀으로 고정하고 박음질한다.

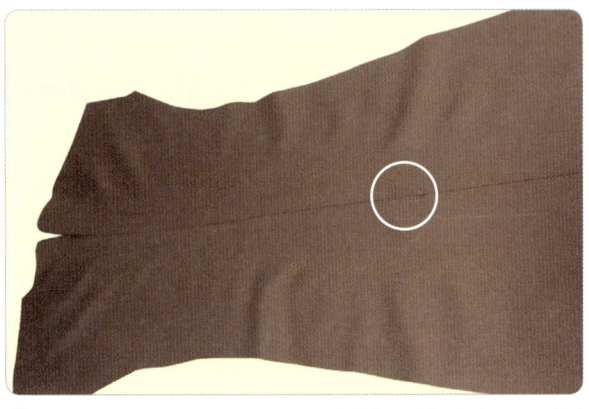

4 지퍼 완성된 모습이다. 3의 방법을 사용하면 동그라미 부분이 접히지 않고 깔끔하게 된다.

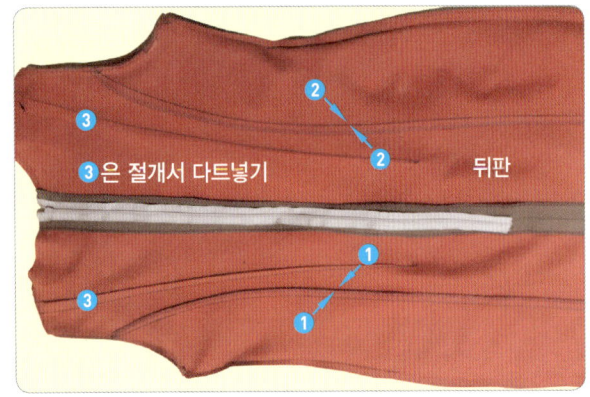

5 뒤판 부분 옆선 ❶, ❷는 같은 번호끼리 합하여 박음질하고 ❸을 박음질한다.

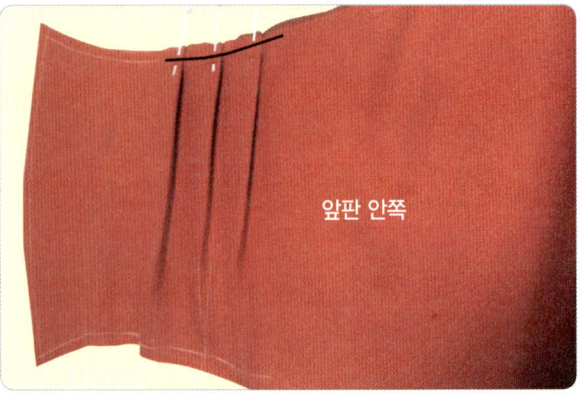

6 옆선 주름분을 먼저 박음질한다.

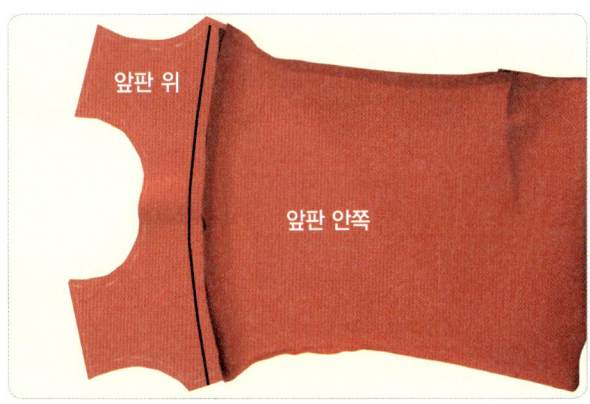

7 앞판 아래와 앞판 위를 박음질한다.

8 앞판 완성된 모습이다.

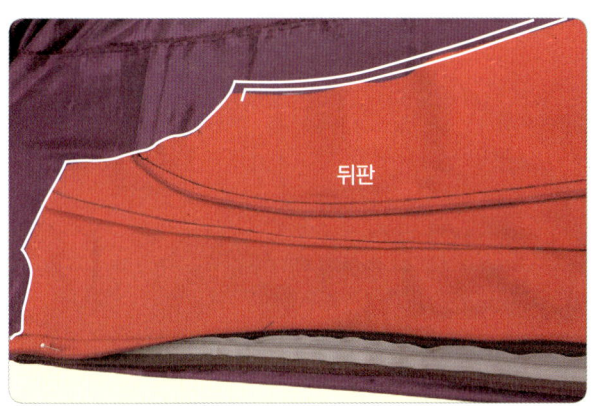

9 뒤판 만들어진 옷으로 안감 재단은 통으로 하며 품은 1 cm, 지퍼분량 2.5 cm 정도 여유를 준다.

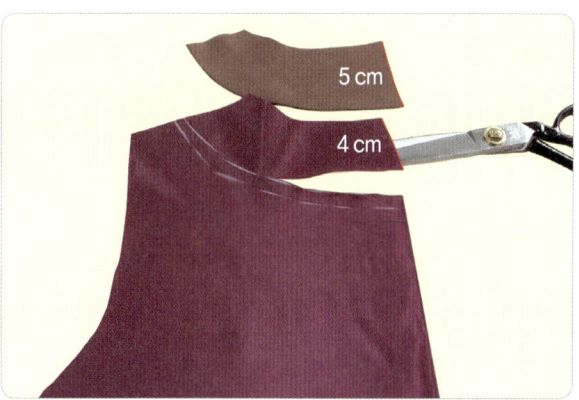

10 뒷목 안단을 5 cm로 했으므로 안감은 4 cm를 잘라 내고 안단 여유분에 1 cm 크게 한다.

11 안감에 안단을 붙인 모습이며, 우측은 뒷면에 심지를 붙인 모습이다.

12 앞핀 안감에 안단을 붙인 모습이다.

13 어깨를(❶) 먼저 박음질하고 암홀을(❷) 말아 박음질한 후 품을(❸) 합쳐 박음질한다. 팔은 안감을 넣지 않았다.

14 안감 박음질된 앞모습이다.

15 안감 박음질된 뒷모습이다.

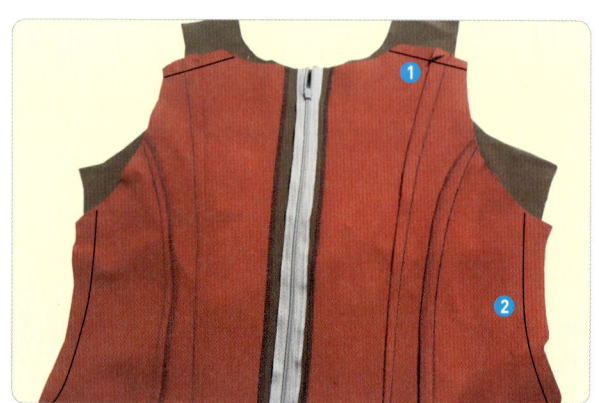

16 앞뒤판을 맞추어 순서에 따라 박음질한다.

17 안감과 겉감의 목 부분을 합쳐 박음질하되 지퍼쪽을 좌우 5 cm 띄우고 박음질한다.

18 지퍼 부분 겉감과 안감을 연결할 때 Ⓐ부분에서 5 cm 남겨 두었던 부분은 겉감은 5 cm이나 안감은 4 cm로 하여 겉감에 1 cm 여유분을 주고 접어 박음질한다.

19 18에서 1 cm 여유분을 주었던 부분을 사진과 같이 접어 지퍼가 채워지도록 끝을 당겨 박음질한다.

20 18, 19 작업 후 뒤집어 안단을 눌러 박음질한 모습이다. Ⓐ부분이 19 작업으로 생긴 여유분 1 cm가 지퍼로 채워진 모습이다.

21 몸판 겉감과 안감을 합체한 모습이다.

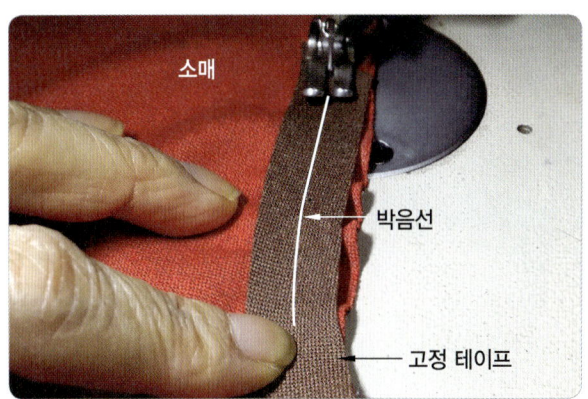

22 소매 만들기 할 때 암홀 모양을 따라 1 cm를 박음질하고 실을 잡아당겨 셔링을 만들기도 하지만 1.5 cm 원단을 당겨 아래 소매에 셔링을 만들기도 한다.

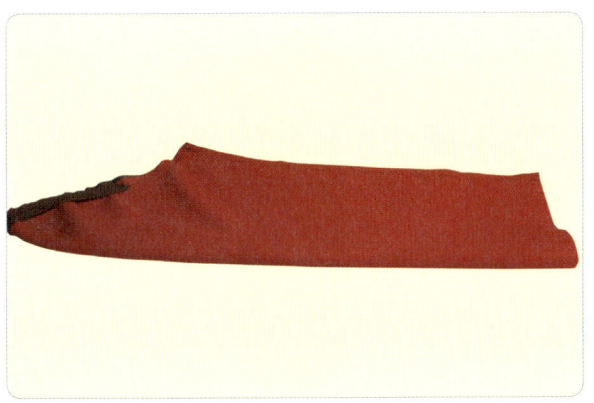

23 소매가 민들어진 모습이다.

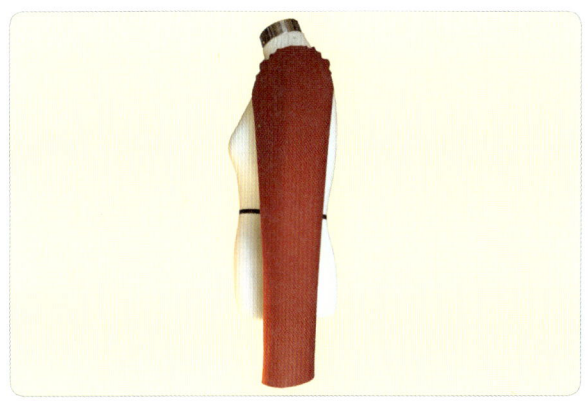

24 모양이 잘 되었는지 마네킹에 부착하고 소매 중심선을 확인하는 것도 중요하다.

25 만들어진 소매를 몸판 중심선과 소매 중심선을 맞추어 핀으로 고정한다.

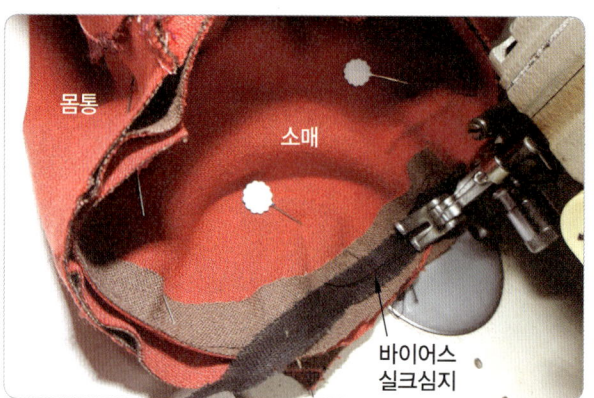

26 박음질할 때 늘어나는 원단은 1cm 바이어스 실크심지를 부착하여 늘어짐을 방지하는 것도 좋다.

27 밑단은 오버로크 처리하여 손바느질하면 된다.

28 완성된 앞모습이다. 주름과 가슴 부분이 중심 포인트이다.

29 완성된 옆모습이다. 주름 부분이 중심 포인트이다.

30 완성된 뒷모습이다.

플레어원피스-본뜨기 및 재단

1 본을 뜰 원피스이다.

2 앞판을 바르게 펴고 신문지 3장 위에 흰색 종이를 놓고 봉제선을 따라서 송곳으로 흔적을 낸다.

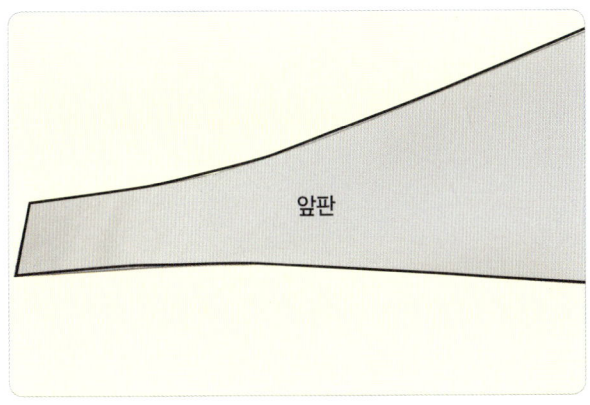

3 흔적을 따라서 직선자와 곡선자를 이용하여 선을 긋는다.

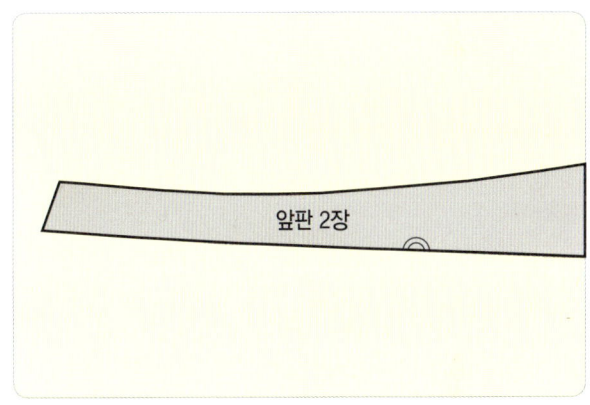

4 자를 때는 접어서 잘라 낸다(앞판 중앙 2장).

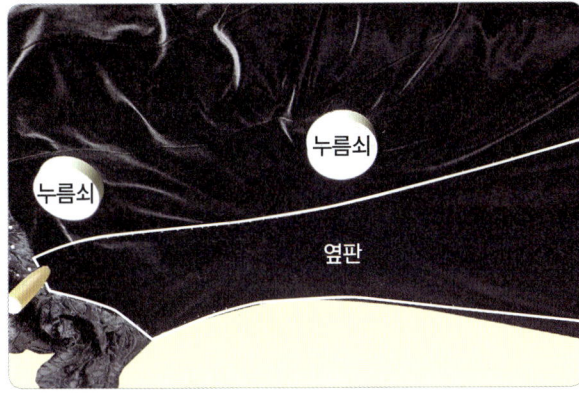

5 옆판도 누름쇠 또는 핀으로 잘 고정하고 봉제선을 따라서 송곳으로 흔적을 낸다.

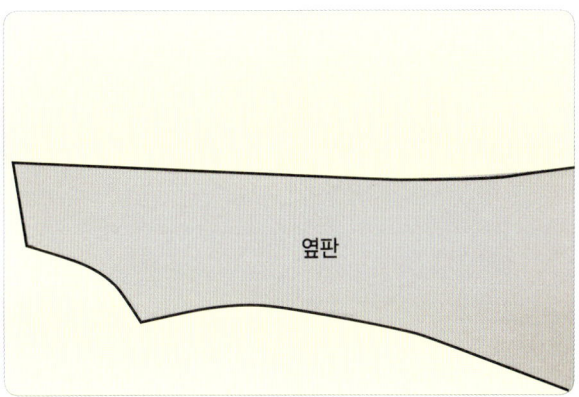

6 흔적 낸 부분을 직선자와 곡선자, 암홀자를 사용하여 그린다.

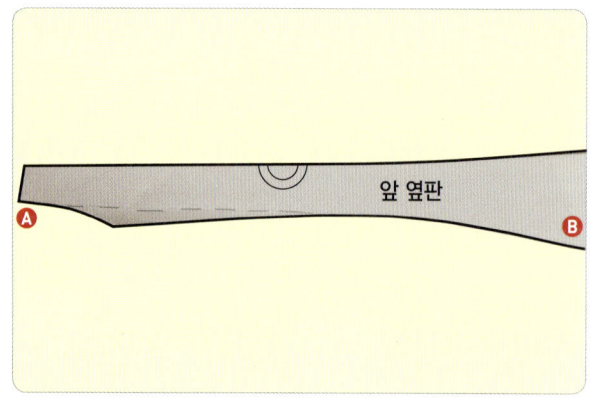

7 반으로 접어 자를 때는 Ⓐ와 Ⓑ의 반대편을 맞추어 잘 라야 한다.

8 앞판도 봉제선을 따라서 송곳으로 흔적을 낸다.

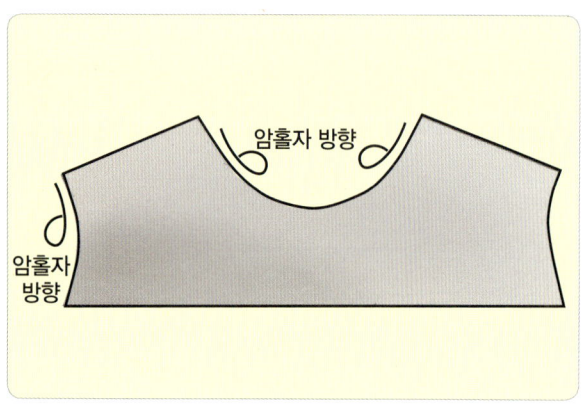

9 점선을 따라서 암홀자를 사용하여 그린다.

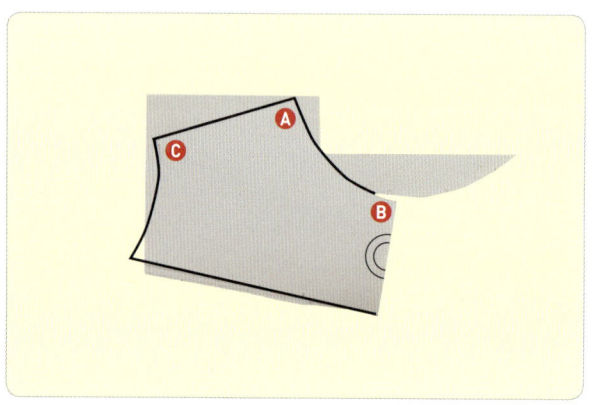

10 반을 접을 때 Ⓐ와 Ⓑ의 반대편이 서로 맞아야 한다. 맞지 않으면 다시 뜨는 것이 좋다.

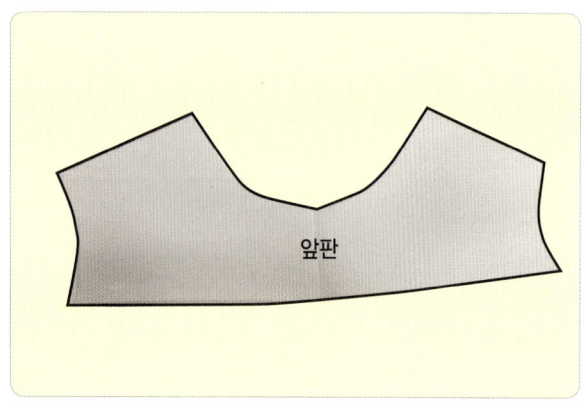

11 앞판을 잘라 낸 모습이다.

12 앞판과 뒤판은 같으므로 뒤판도 같은 방법으로 본을 뜨고 지퍼 여유분을 2 cm 크게 한다.

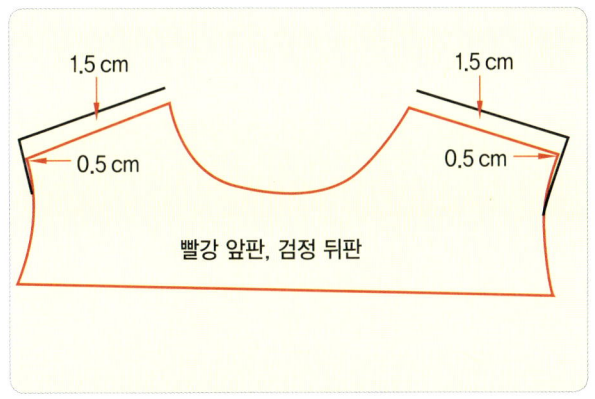

13 앞판을 가지고 뒤판을 만들 때 위는 1.5~2 cm, 옆은 0.5 cm(등판 여유분)를 키운다.

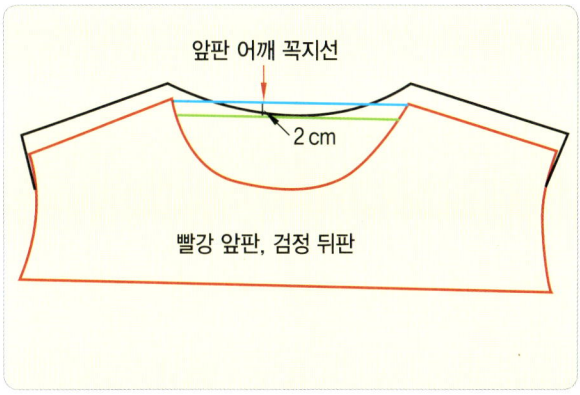

14 앞판 어깨 꼭지선에서 직선을 긋고 2 cm 내려 암홀자를 이용하여 선을 그린다(뒤판 만들기).

15 소매 모양도 본을 뜨기 위하여 종이를 접어 골선을 만든다.

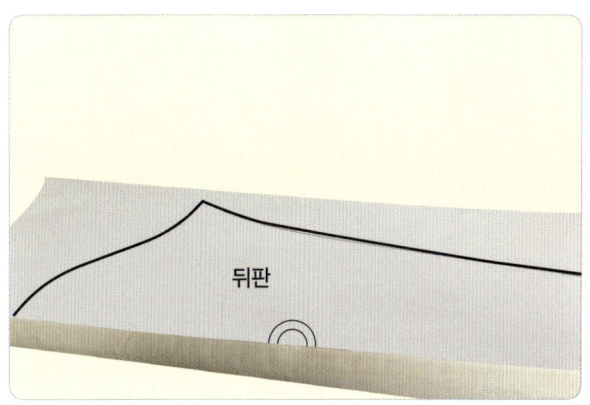

16 흔적이 난 모습이다. 원피스나 티셔츠는 재킷과 달라서 본을 수정하지 않고 그대로 사용해도 된다.

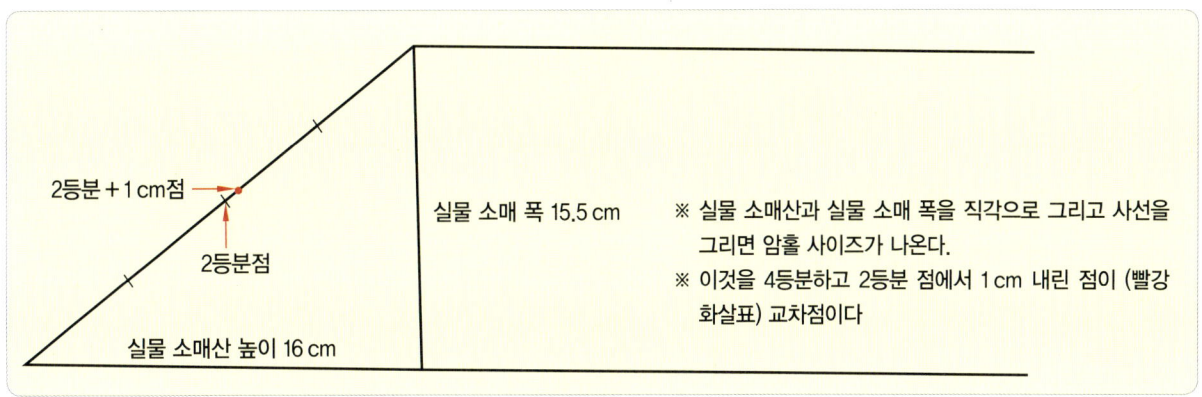

17 위와 같이 소매산 높이와 소매 폭을 재서 패턴을 그릴 수도 있다.

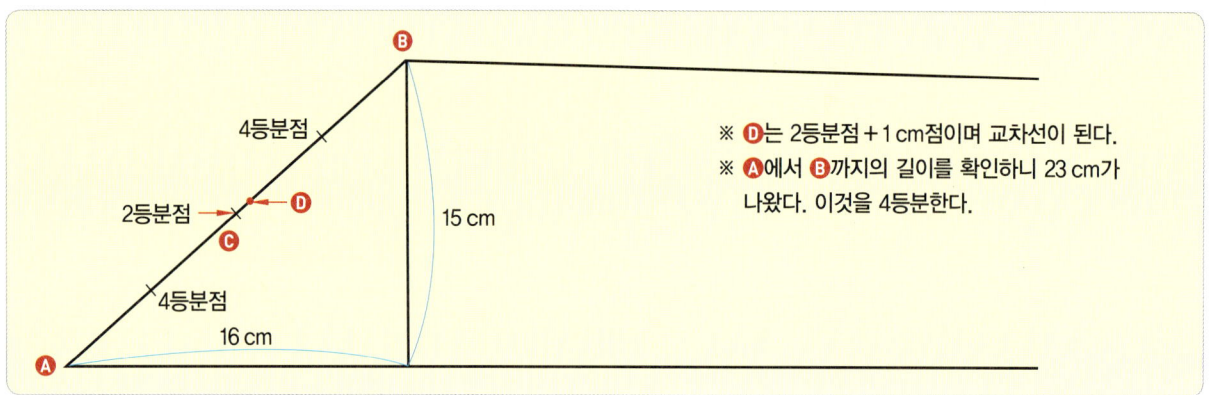

18 Ⓐ와 Ⓑ의 길이는 23 cm이다. 이것을 2등분하여 중심선 Ⓒ에서 1 cm 내린 선 Ⓓ가 곡선의 교차점이다.

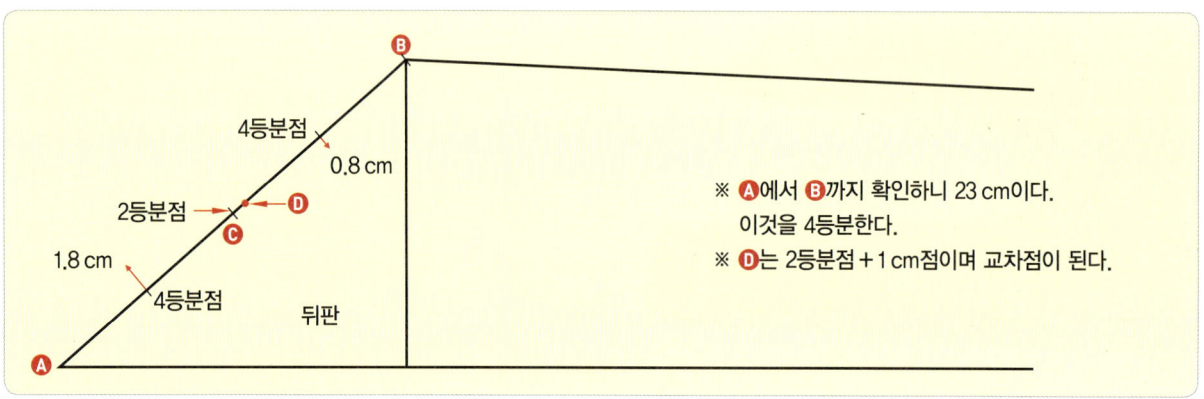

19 4등분점에서 소매산 위쪽은 1.8 cm를 키우고, 겨드랑이 아래쪽은 0.8 cm 줄여 곡선을 표시한다.

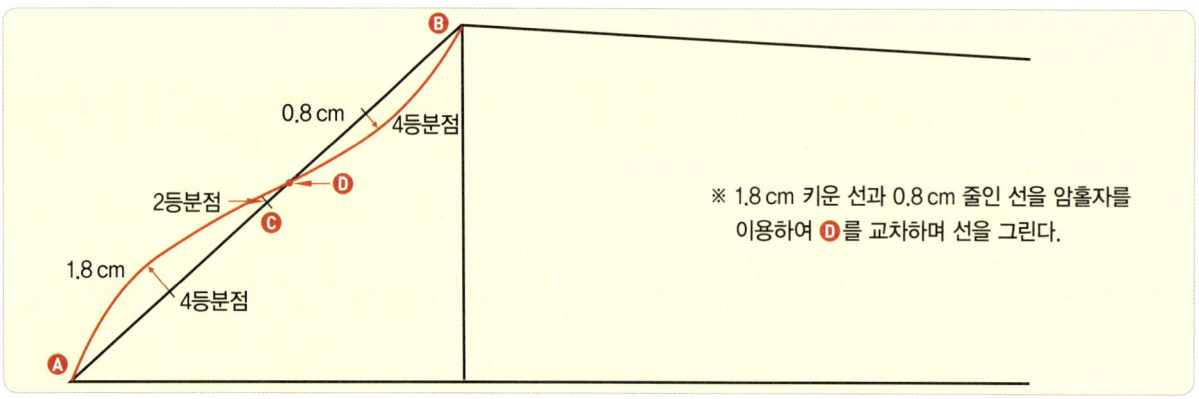

20 암홀자를 이용하여 Ⓓ교차점을 통과하며 빨간색 곡선을 그린다.

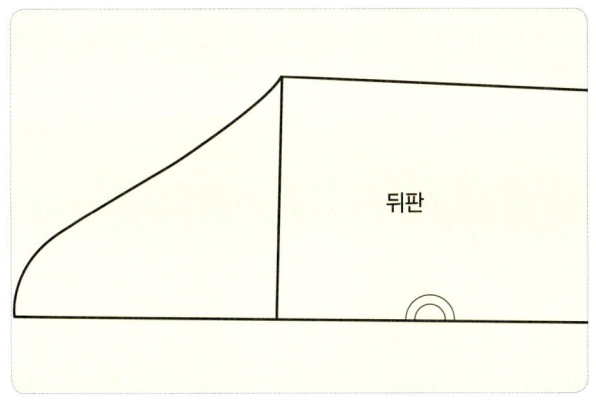

21 잘라 낸 모습이다. 자를 때는 뒤판을 자르고 앞판은 따로 잘라낸다(**23**).

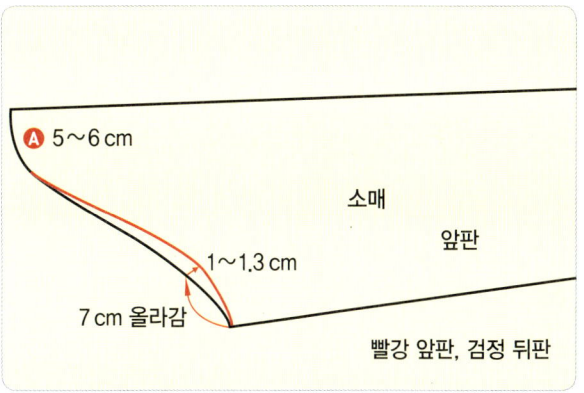

22 앞판은 암홀 끝에서 7cm 올라가서 1~1.3cm 줄여 자연스럽게 연결한다. 검은색 선 **A** 는 5~6cm이며 앞뒤 길이가 같아야 한다.

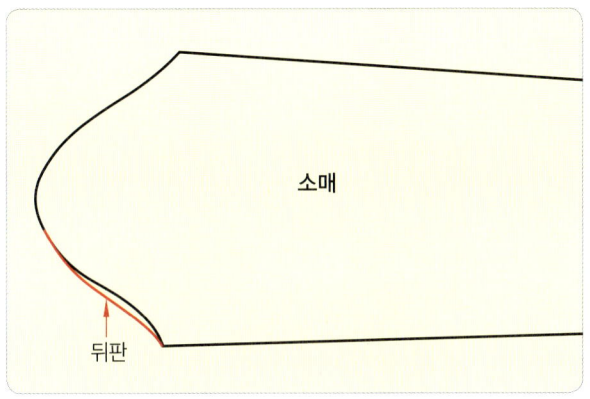

23 펴보면 빨간색 부분은 뒤판에서 잘라 낸 부분이 된다.

이 옷은 앞뒤가 같은 옷이며 뒷부분 지퍼분량만 크게 했다. 본뜨기는 바르게 펴서 핀이나 송곳 등으로 봉제선을 찍어 흔적은 겉면에서 해야 하고 원피스나 티셔츠 소매는 본뜬 것을 그대로 사용하되 앞부분은 7cm 올라가 1.3cm 정도만 들어가 선을 그리면 좋다.

플레어원피스-만들기

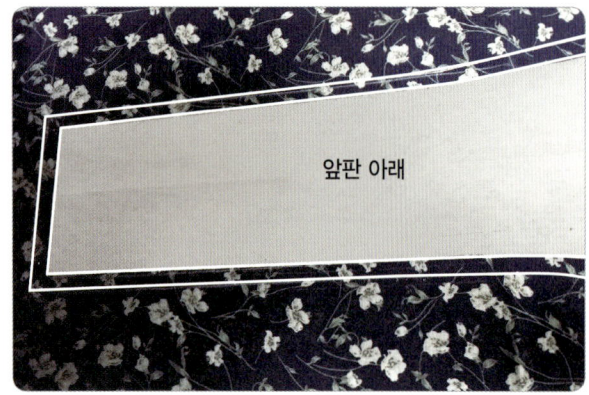

1 앞판 아래 2장은 품 1 cm, 길이 4 cm, 뒤판 아래 2장은 품 2.5 cm(지퍼분량), 길이 4 cm의 여유분을 주고 잘라 낸다.

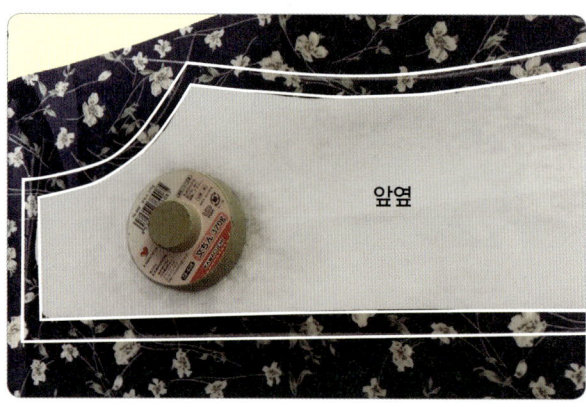

2 옆선은 앞뒤 좌우 4장을 길이는 여유분 4 cm, 나머지는 1 cm 여유분을 준 후 잘라 낸다.

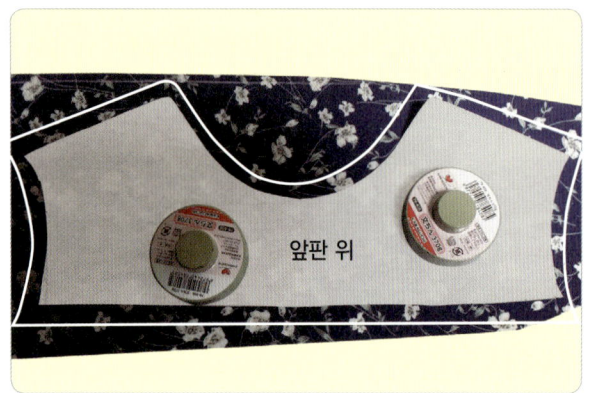

3 앞판 윗부분도 사방 여유분 1 cm를 주고 잘라 낸다.

4 뒤판도 지퍼분량 2.5 cm를 포함하여 여유분 1 cm를 주고 잘라 낸다(2장).

5 뒤판과 안단 모습이다. 안단은 5cm 폭으로 하는 것이 좋다.

6 앞판과 안단 모습이다. 안단은 5 cm 폭으로 하는 것이 좋다.

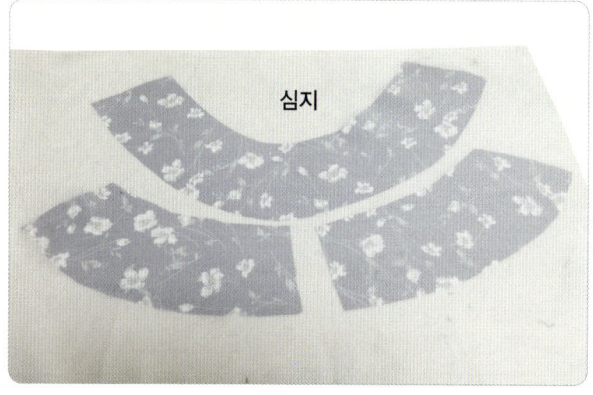

7 앞뒤 안단을 바르게 펴고 위에 심지를 각각 자르지 않고 덮어서 붙이는 방법도 좋다.

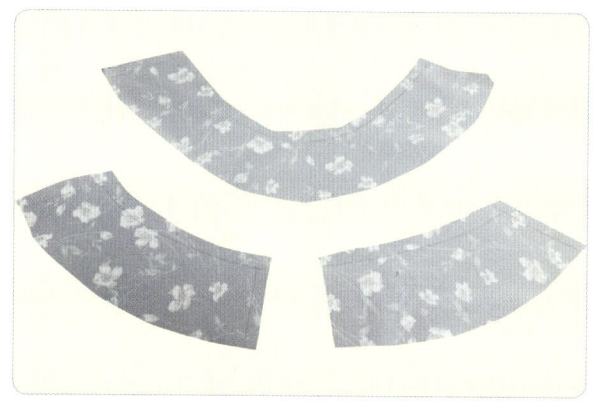

8 앞뒤 안단 심지붙인 것을 잘라 낸 모습이다.

9 앞판 순서에 따라 이어 붙이기를 하고 오버로크 처리한다.

10 뒤판 아래 순서를 따라 박음질하되 지퍼 부분(❸)은 모두 박음질하고 가름솔 다림질 후 지퍼분량 만큼 뜯어내고 지퍼를 부착하면 깔끔하다.

11 뒤판 아래와 위를 연결한 모습이다.

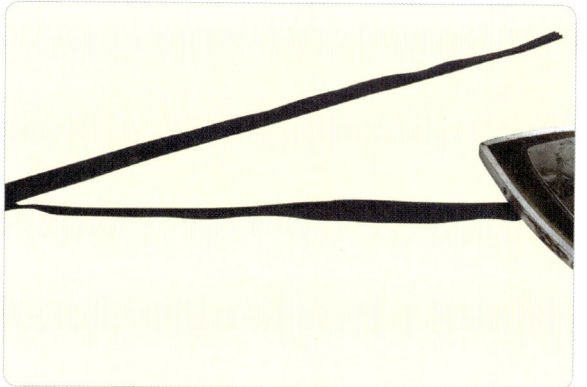

12 혼실 지퍼를 부착힐 때 집혀있는 지퍼 플라스틱 부분을 편편하게 펴지도록 다림질 해준다.

13 왼쪽 지퍼를 먼저 부착하며 혼실 지퍼 전용 노루발을 사용하고 다림질선에 지퍼 플라스틱을 맞추어 박음질한다.

14 왼쪽을 완성하고 오른쪽을 부착할 때 봉제선 부분과 지퍼 중앙이(빨간색 선) 꼭 맞도록 고정하고 부착해야 겉에서 접혀지거나 울지 않는다.

15 겉감 만들어진 부분에 안단을 부착하려고 한다.

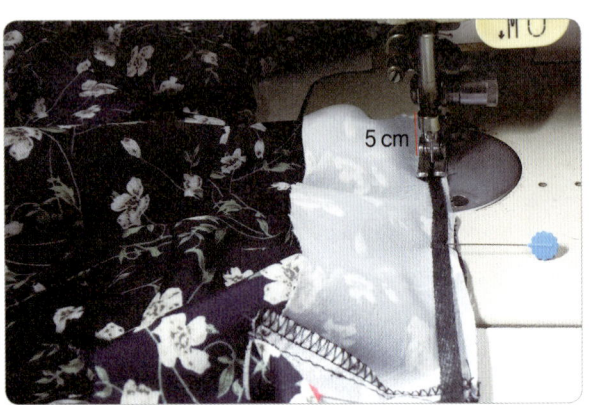

16 목 라인을 박음질할 때 지퍼쪽에서 5 cm를 띄우고 박음질을 시작하며 늘어나지 않도록 0.5 cm 심지를 약간씩 잡아당기며 박음질하면 좋다.

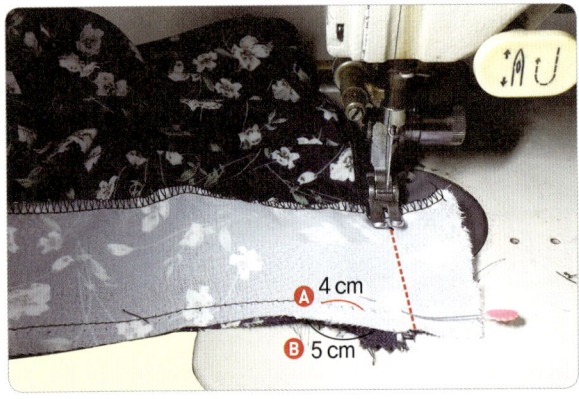

17 목 안단과 지퍼의 박음질할 때 안단 Ⓐ는 4 cm, 겉감 Ⓑ는 5 cm로 계산하고 점선 부분의 지퍼를 박음질한다.

18 지퍼 부분을 안단 쪽으로 향하여 접고, 지퍼 끝부분을 잡아당겨 17에서 남겨두었던 빨간색 선 Ⓐ와 Ⓑ를 박음질한다.

19 이렇게 박음질하면 안단의 1cm 모자란 것이 지퍼로 채워져 지퍼가 얇고 깔끔하게 된다.

20 지퍼가 완성된 모습이며 끝부분이 울거나 접히지 않았다.

21 몸판 완성된 모습이다.

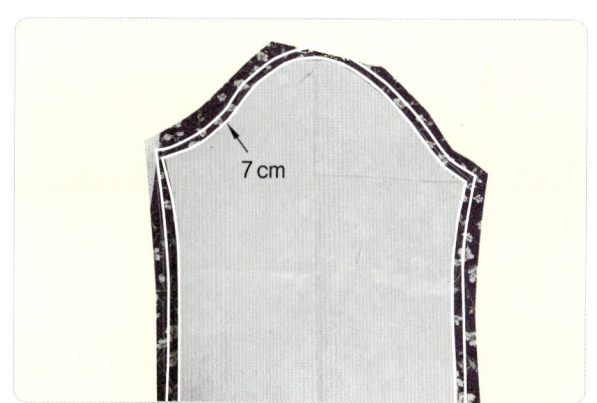

22 소매 여유분 1cm를 주고 잘라 낸다.

23 1cm 어유분을 신을 따라 박음질 후 실을 당거 가벼운 셔링을 만든다.

24 팔통을 박음질한 인과 겉의 모습이다.

25 소매 끝에 바이어스 처리하기 위하여 3 cm 바이어스 천을 반으로 접어 사용하면 완성선이 깨끗하다.

사선 위로 덮어준다

사선으로 꺾어준다

26 소매에 바이어스를 붙일 때 처음 시작은 빨간색 선처럼 바이어스를 사선으로 꺾어주고 위에서 덮어 박음질하면 좋다.

27 26에서 박음질된 바이어스로 여유분 시접을 감싸 위에서 한 번 더 눌러 박음질한다.

28 소매와 몸판을 암홀에 맞추어 핀으로 고정하고 둥글게 박음질하고 오버로크 처리한다.

29 원피스가 완성된 모습이다. 본뜨기를 한 패턴은 서로의 연결 부위를 꼭 확인하고 재단하는 것이 중요하다.

차이나 칼라 재킷 랜턴 소매 – 본뜨기

1 차이나 랜턴 소매이다.

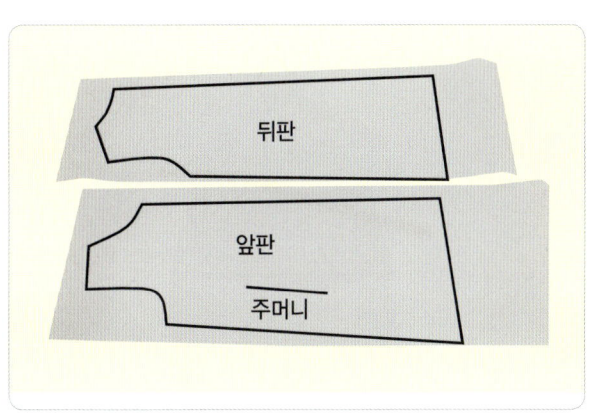

4 앞뒤판 흔적 위에 선을 연결한 모습이나.

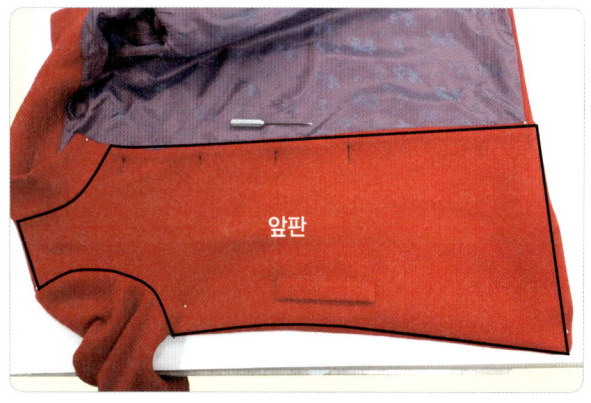

2 바닥에 얇은 스펀지나 신문지 3장 이상을 깔고 봉제선을 따라 앞판 모양을 송곳으로 꾹 찔러 종이에 흔적을 낸다.

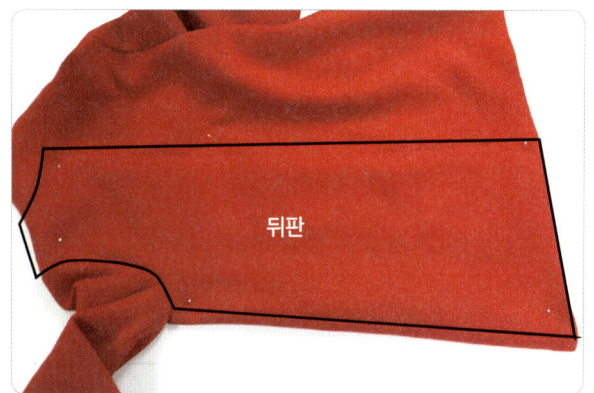

3 뒤판도 바르게 펴고 앞으로 넘어간 뒤판의 길이를 2 cm 추가하고 봉제선을 따라 송곳으로 꾹 눌러 흔적을 남긴다.

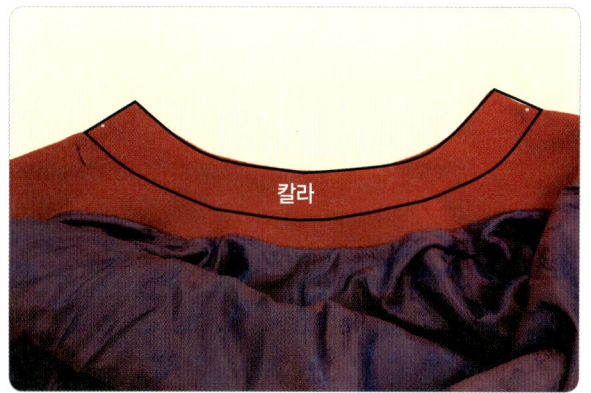

5 칼라 부분도 봉제선을 따라 송곳으로 흔적을 낸다.

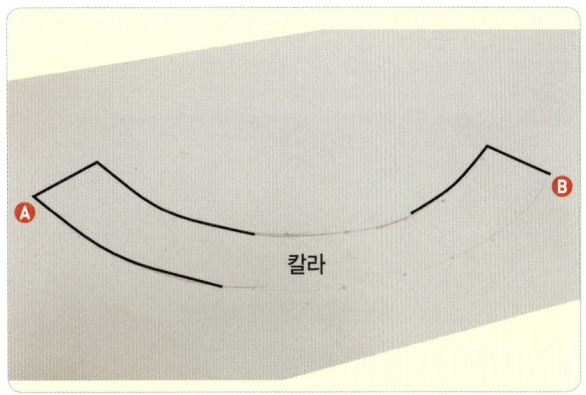

6 흔적이 바르지 않을 경우 몸판과 연결되는 Ⓐ와 Ⓑ부분이 맞도록 반을 접어 자르면 되지만 다시 뜨는 것이 좋다.

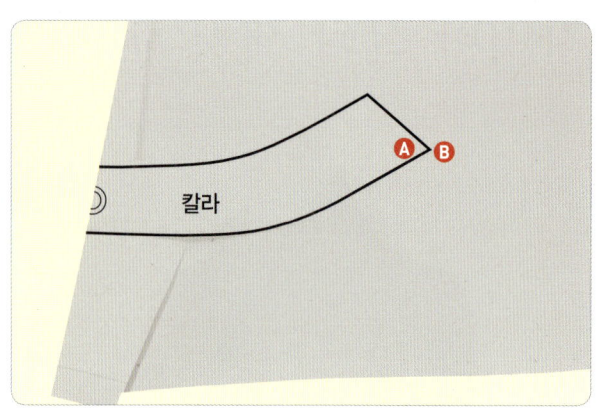

7 연결되는 부위를 반으로 접어 자르는 모습이다.

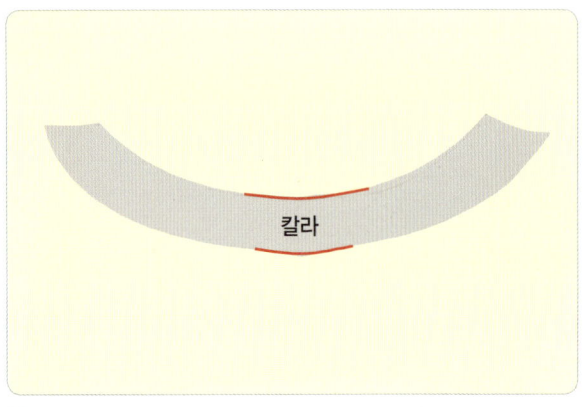

8 잘라 낸 다음 각이 생기면 빨간색 선을 그어 자연스러운 곡선을 만들어 낸다.

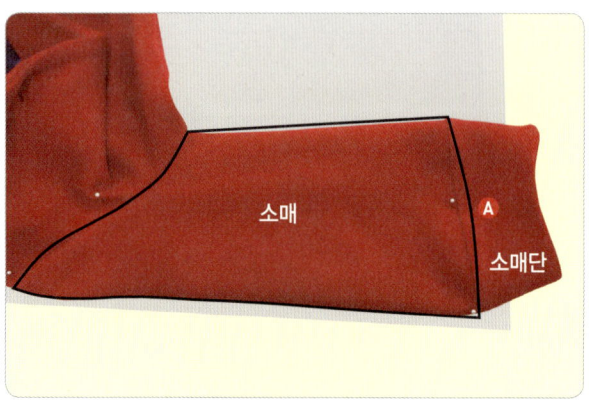

9 소매 부분도 봉제선을 따라 흔적을 낼 때 Ⓐ부분은 약간의 곡선을 만들어 주며, 통을 넓히고 싶으면 소매부리와 소매단을 좀 더 벌리면 된다.

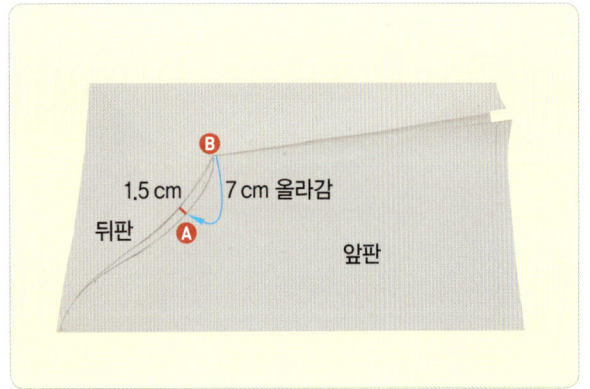

10 흔적을 따라 선을 긋고 Ⓑ에서 7 cm 올라가 Ⓐ부분에서 1.5 cm 늘리고 자연스럽게 그리면 뒤판이 된다.

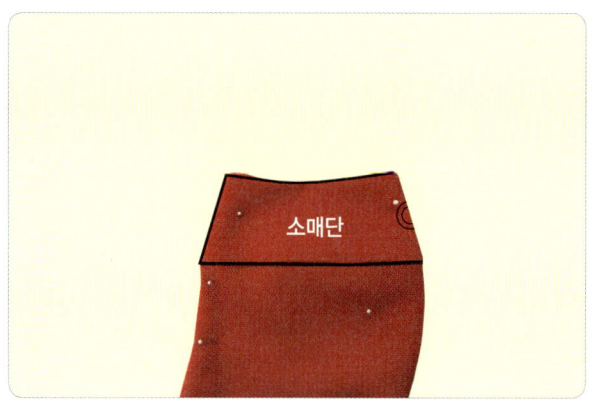

11 소매단도 잘 펴서 봉제선을 따라 골선으로 흔적을 낸다.

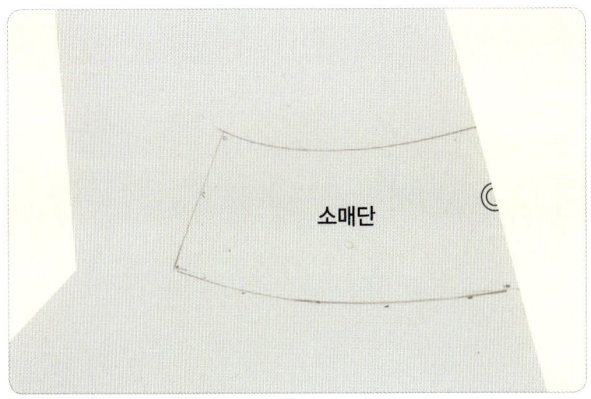

12 흔적을 따라 선을 긋고 골선을 표시한다.

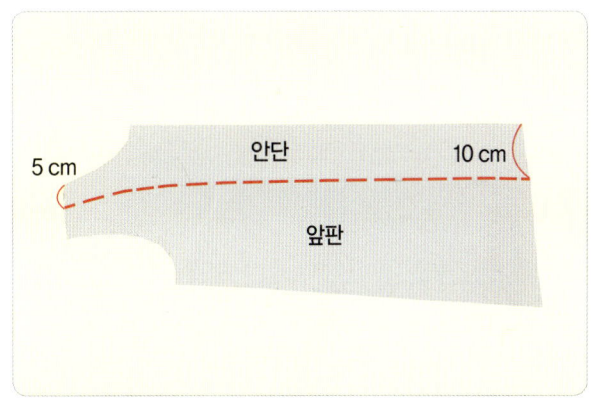

13 앞판을 가지고 어깨 부분은 5 cm, 밑단 부분은 10 cm 를 그려서 안단으로 표기하고 중간 중간 구멍을 뚫어 서 안단 본으로 사용한다.

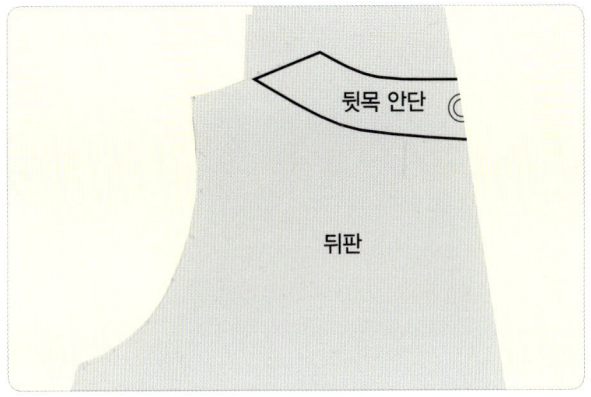

14 뒷목 안단을 뒤판을 이용하여 5 cm 폭으로 골선으 로 본을 뜬다.

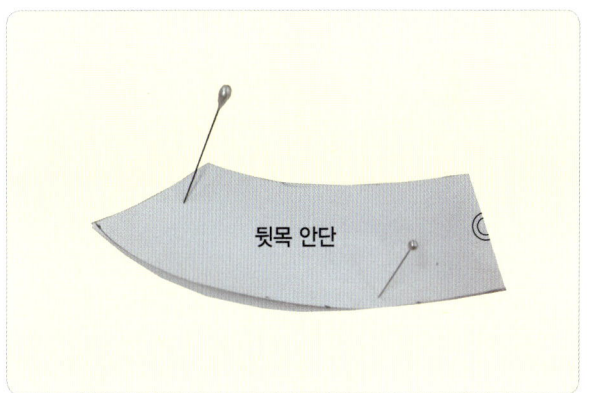

15 뒷목 안단을 잘라 낸 모습이다.

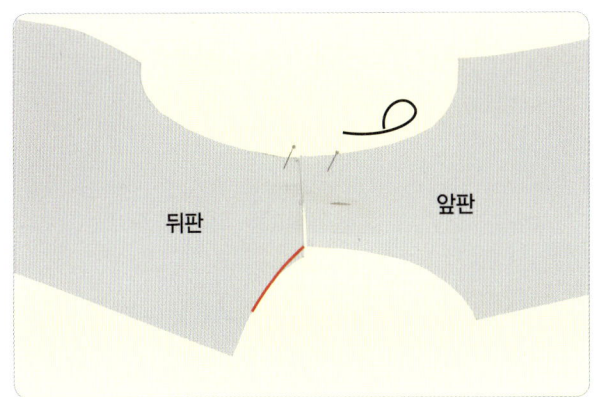

16 앞뒤판 어깨 부분이 맞는지 맞춰보니 앞판이 적다. 이 때 실물이 적은 쪽이 맞으면 큰 쪽을 빨간색과 같이 잘라 낸다.

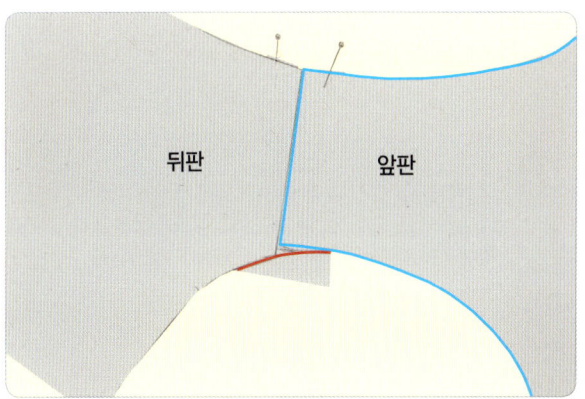

17 실물이 큰 쪽이 맞으면 아래에 종이를 풀로 붙여 이와 같이 빨간색 부분을 채워준다.

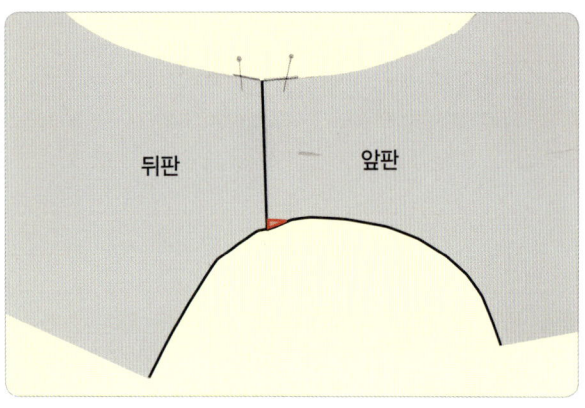

18 부족한 부분이 채워진 모습이다(빨간색). 어깨나 목쪽 모두 자연스러운 원형이 유지되어야 한다.

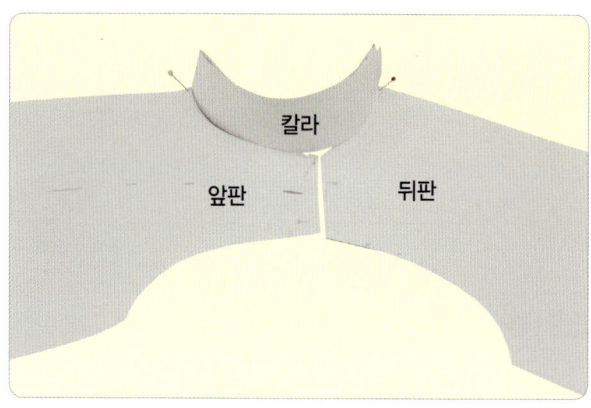

19 앞판과 뒤판을 붙이고 칼라와 사이즈가 맞는지 확인한다. 맞지 않으면 칼라를 수정한다.

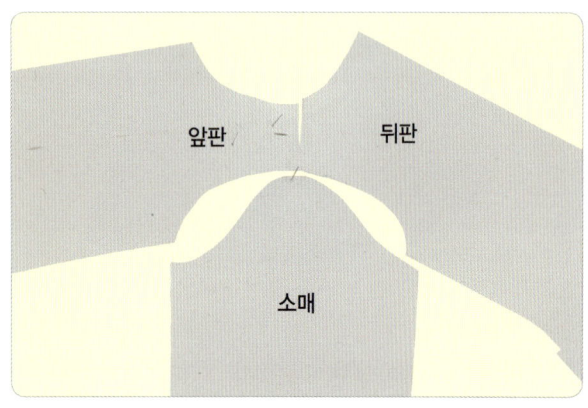

20 앞뒤판을 붙여서 암홀의 사이즈가 맞는지 확인한다.

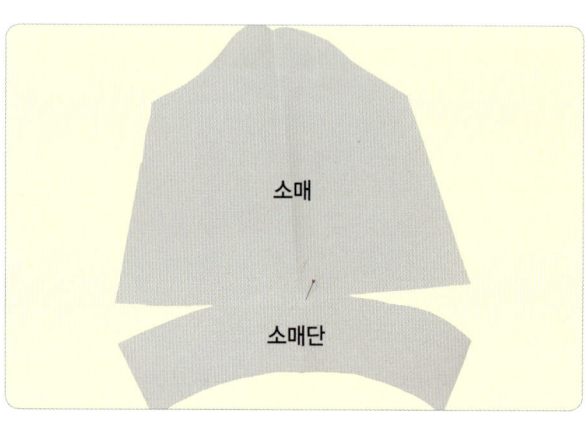

21 소매통과 소매단의 길이가 같은지 확인한다.

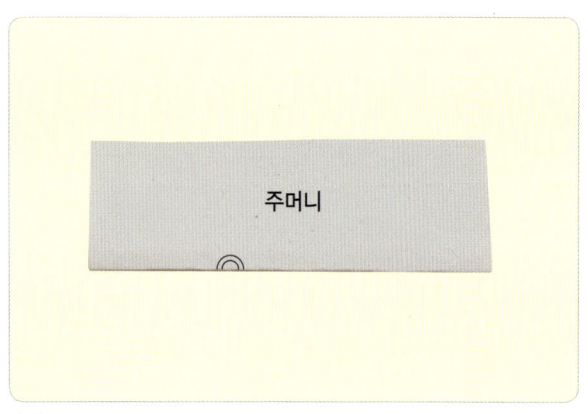

22 주머니뚜껑의 사이즈를 그려 준비한다.

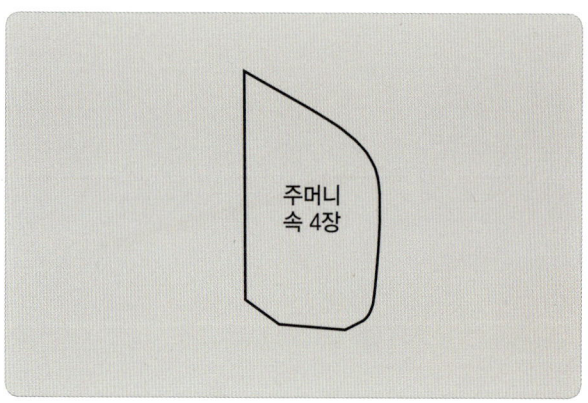

23 속주머니도 본을 떠서 4장을 만든다.

차이나 칼라 재킷 랜턴 소매 — 재단

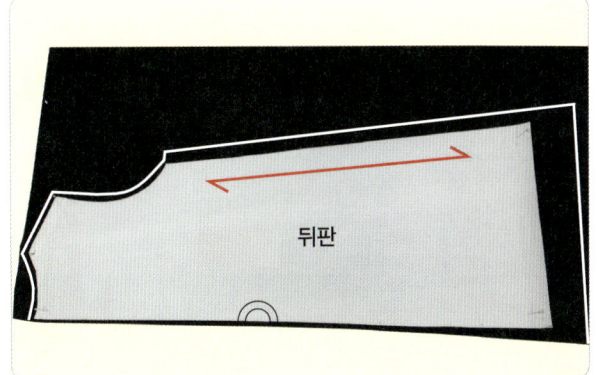

1 뒤판 골선으로 길이 여유분 4 cm, 옆 품 2 cm, 나머지 1 cm 남기고 자른다.

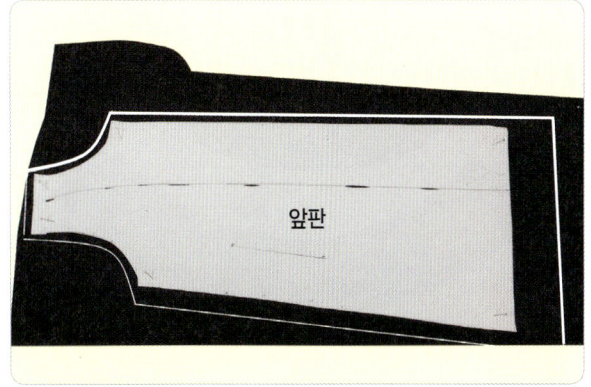

2 앞판 2장 길이 여유분 4 cm, 옆 품 2 cm, 나머지 1 cm 남기고 자른다.

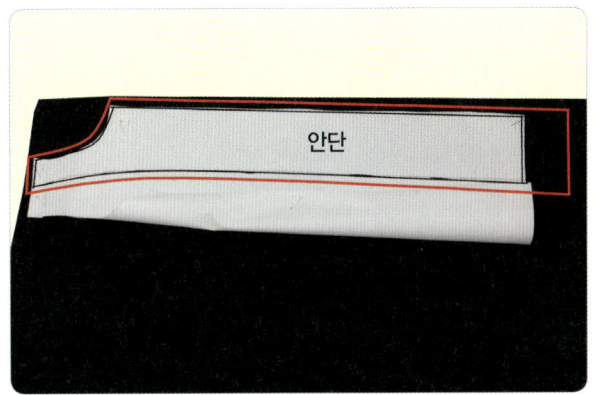

3 안단 길이 4 cm 여유분을 남기고, 나머지 1 cm 남기고 자른다.

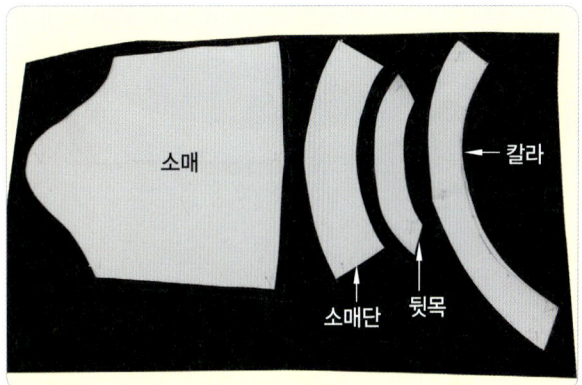

4 각각 여유분 1 cm 남기고 자른다.

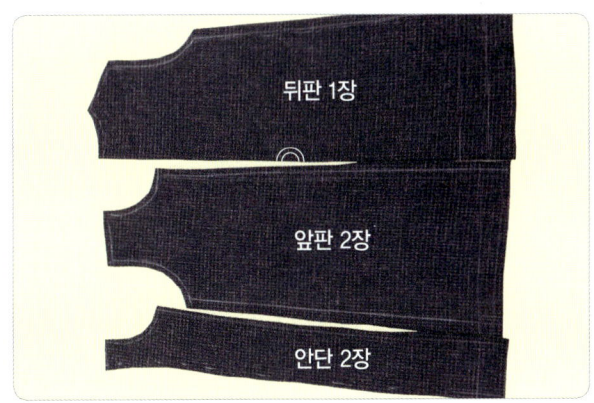

5 몸판 재단된 모습이다.

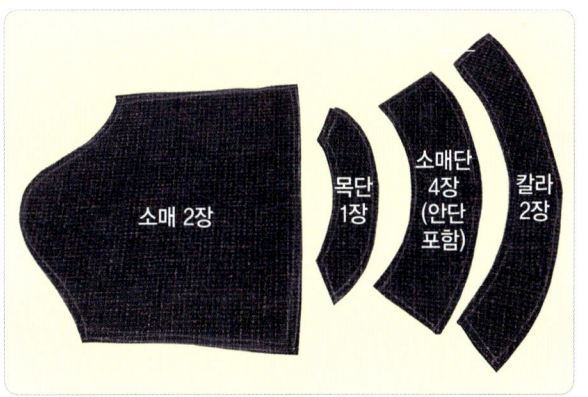

6 소매와 목단, 소매단, 칼라를 재단한 모습이다.

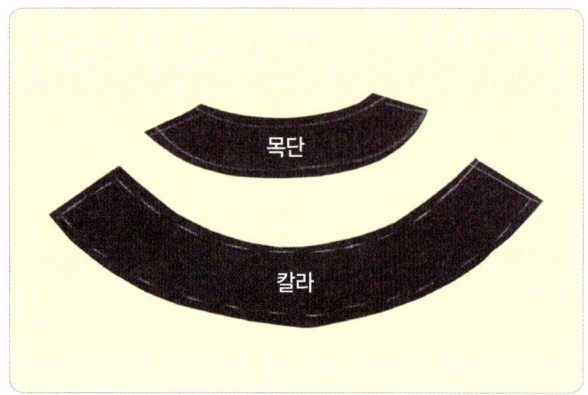

7 뒷목단과 칼라는 심지를 붙인 모습이다.

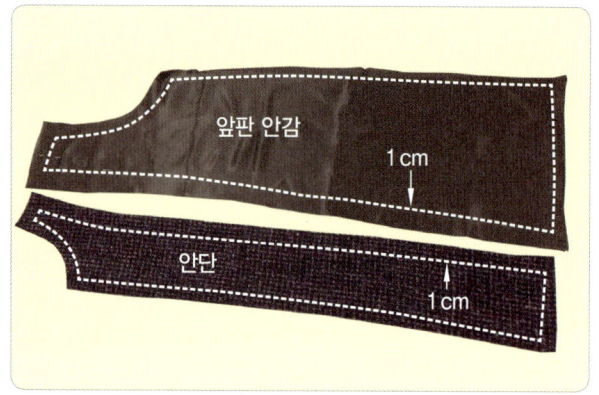

8 안단과 안감 각각 여유분 1 cm를 주고 잘라 낸다.

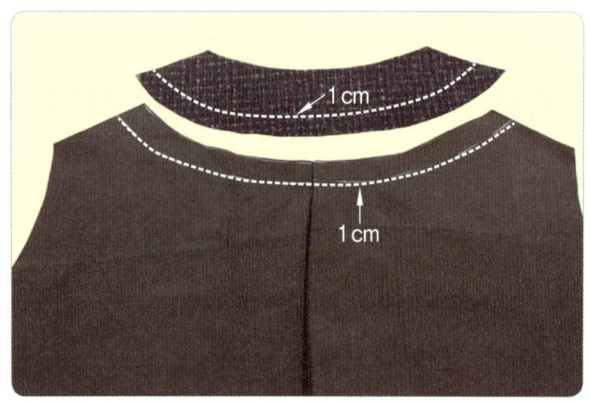

9 목단 여유분 1 cm, 안감 여유분 1 cm를 각각 포함하여 자른다.

10 소매 부분 재단된 모습이다. 소매단은 겉감을 사용하므로 **6**에서 4장을 재단한다.

차이나 칼라 재킷 랜턴 소매-만들기

1 앞판 안감을 박음질할 예정이다.

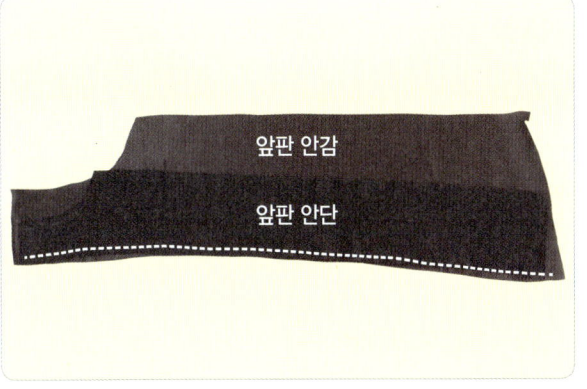

2 겉감끼리 서로 맞대어 1cm 여유분을 주고 선을 따라 박음질한다.

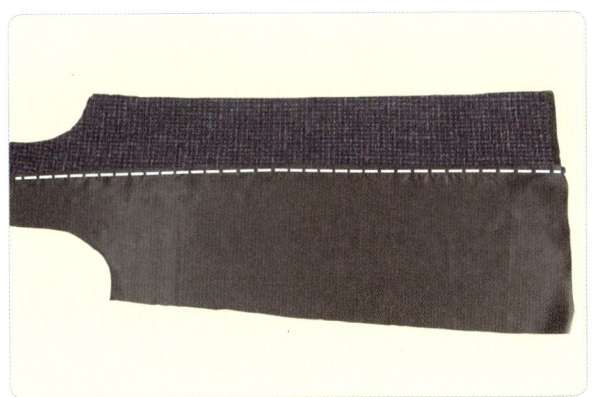

3 펴서 위에서 다시 한 번 눌러 박음질 해 준다.

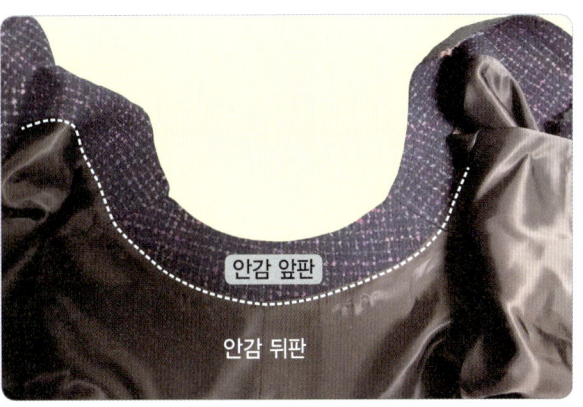

4 앞뒤판 안감을 합하여 어깨와 품을 박음질하고 안단 부분은 위에서 한 번 더 눌러 박음질한다.

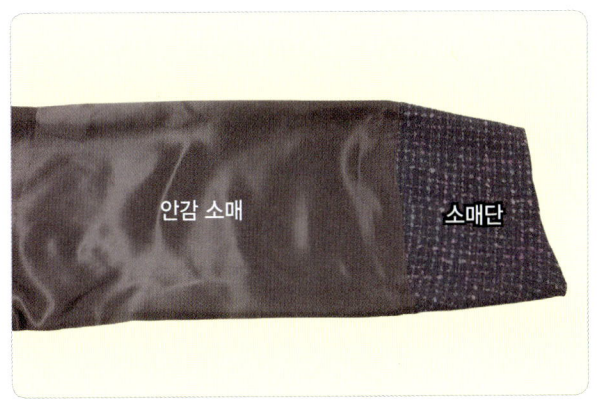

5 안감 소매도 소매단과 소매를 박음질한다.

6 안감이 완성된 모습이다.

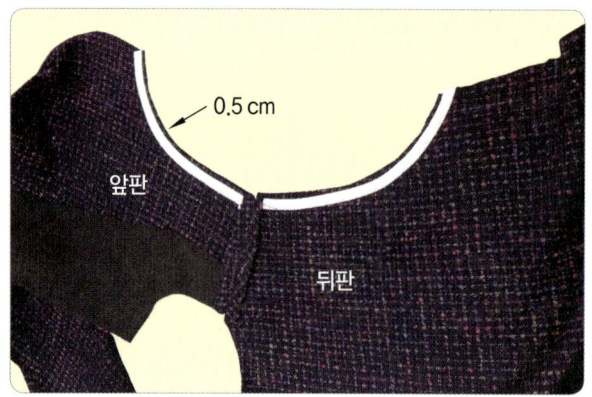

7 겉감도 앞뒤판 어깨를 박음질하고 0.5 cm 여유분을 주고 암홀테이프를 붙여준다.

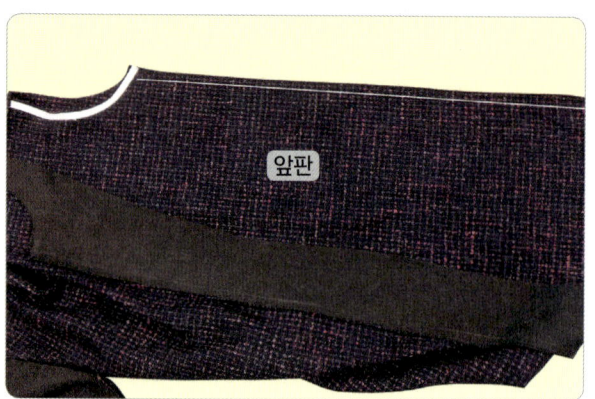

8 옆구리 박음질을 한다(여유분 만큼).

9 주머니 만들기를 한다(주머니 모음 참조).

10 소매 끝부분을 1 cm 박음질하여 살살 잡아당겨 볼륨을 준다.

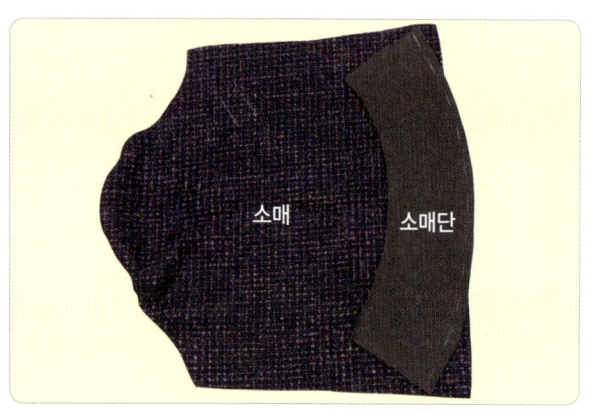

11 소매와 소매단을 연결한다.

12 소매가 완성된 모습이다.

13 몸판에 팔을 부착할 때는 핀으로 고정하고 박음질하면 좋다.

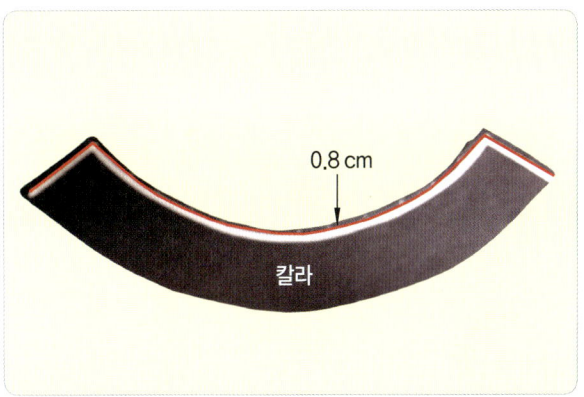

14 칼라를 만들 때 0.8 cm 떼고 심지를 붙이고 심지 끝(빨간색)을 박음질한다.

15 칼라 안쪽에서 들뜨지 않도록 끝부분을 눌러 박음질한다.

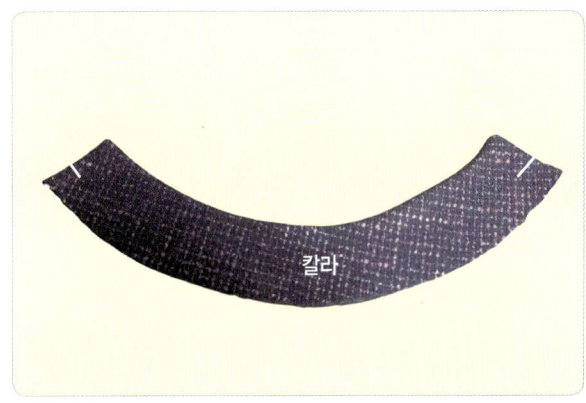

16 칼라가 완성된 모습이다. 흰색 선 부분 약 3 cm는 박음질하지 않고 남겨 둔다.

17 겉감과 안감을 합쳐서 봉제히는 모습이다. 화살표 방향까지만 박음질하고 4~5 cm 정도 남겨 둔다.

18 칼라를 겉감과 안감에 박음질하고 가름솔 다림질하며 몸판 쪽은 가위 찜을 넣어 울지 않게 펴준다.

19 17에서 남겨 둔 부분과 칼라를 만들 때 남겨 두었던 부분을 ❶과 ❷ 순서로 마감한다.

20 안감 소매단과 겉감 소매단을 마감한다. 소매 끝 안쪽을 눌러 박음질하려면 안감에서 소매통 부분을 뜯어서 박음질해야 한다.

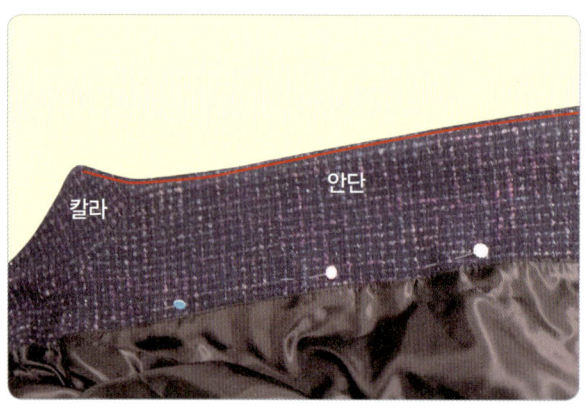

21 빨간색 부분은 겉에서 보이지 않게 박음질하여 들뜨지 않게 하고 핀을 꽂은 곳은 안쪽에서 겉감과 함께 손 바늘 시침을 해줘 흔들리지 않게 한다.

22 밑단은 모양을 잡아서 겉에서 감침질로 시침을 해 주고 안쪽에서 여유분 1cm를 넣고 박음질하면 된다 (빨간색 부분이 안쪽에서 겉감과 안감 박음질될 부분이다).

23 완성 모습. 품 여유분은 1~2cm 자유롭게 조정한다.

차이나 칼라 코트 - 본뜨기

1 본을 뜰 코트이다.

2 신문지 3장 이상이나 얇은 스펀지 위에 흰색 종이를 깔고 봉제선을 따라 송곳으로 꾹 눌러 흔적을 낸다.

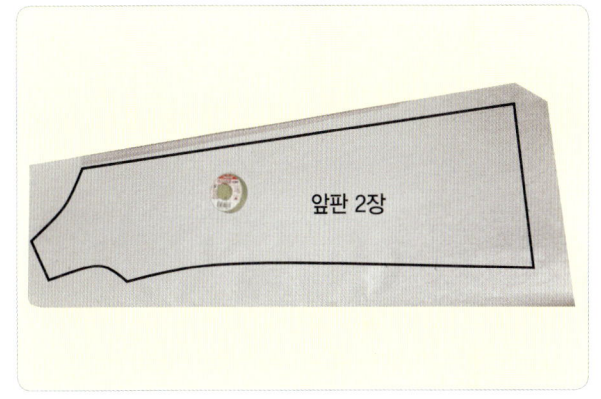

3 흔적을 따라서 암홀자, 곡선자, 직선자를 사용하여 그림을 그린다.

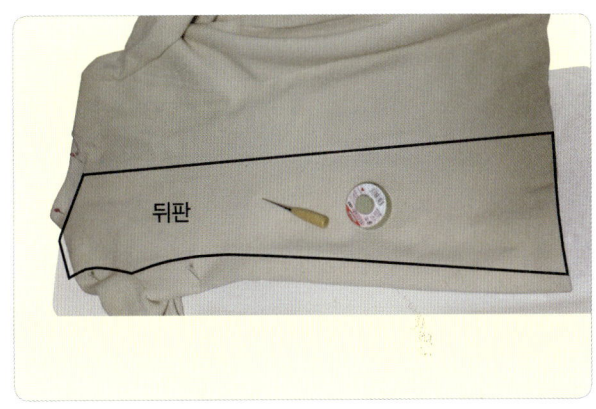

4 뒤판을 어깨 부분이 앞으로 넘어가 보이지 않으므로 2 cm 크게 그려야 한다.

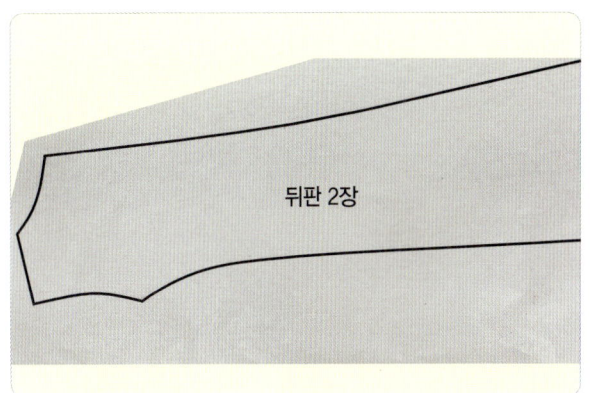

5 뒤판도 흔적을 따라서 선을 이어준다.

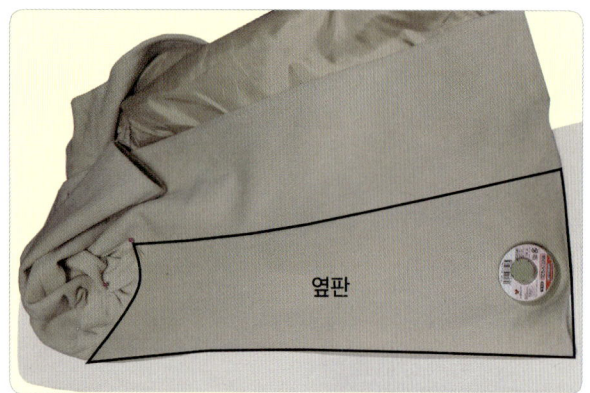

6 옆판도 봉제선을 따라서 송곳으로 꾹 눌러 흔적을 낸다.

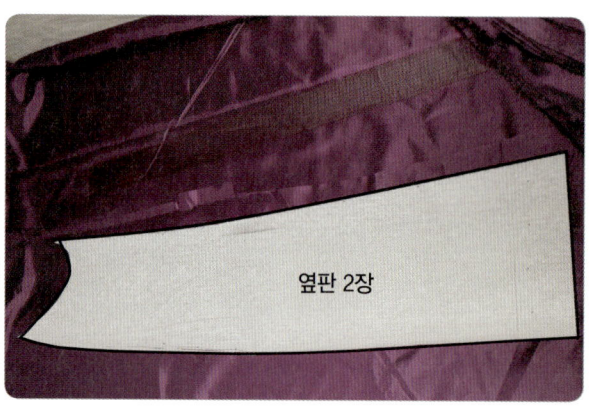

7 흔적을 따라서 선을 긋고 잘라 낸 모습이다.

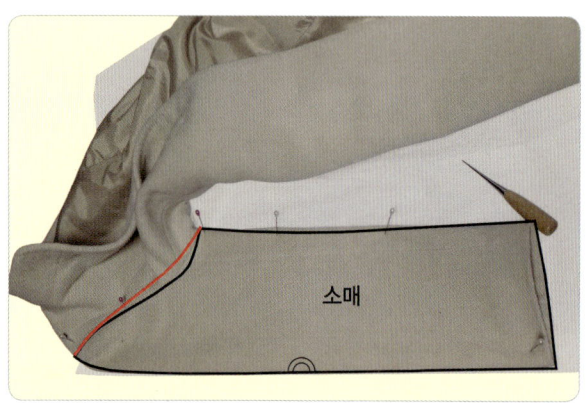

8 소매는 한 장 소매로 했으며 빨간색 부분은 뒤쪽이다.

9 소매도 흔적을 따라서 선을 긋고 잘라 낸 모습이다.

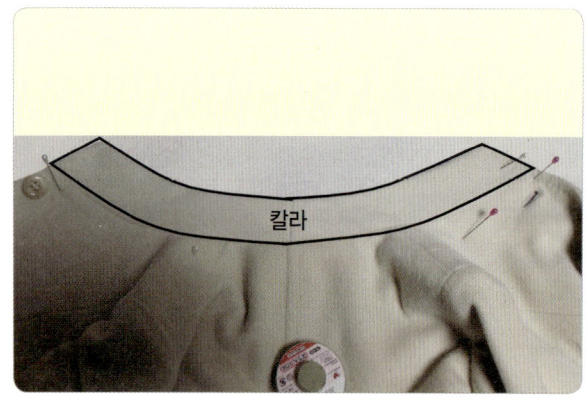

10 칼라도 바르게 펴고 봉제선을 따라서 송곳으로 흔적을 낸다.

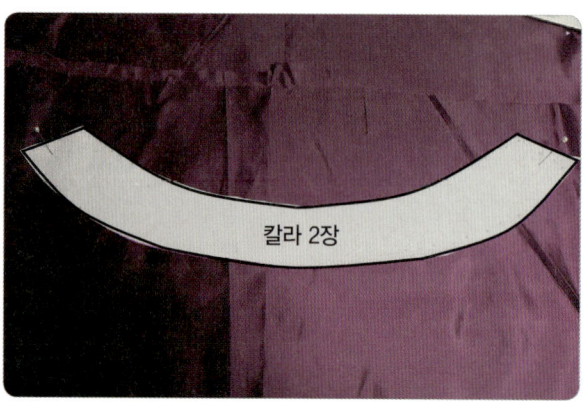

11 흔적을 따라서 선을 긋고 잘라 낸 모습이다.

차이나 칼라 코트 – 재단

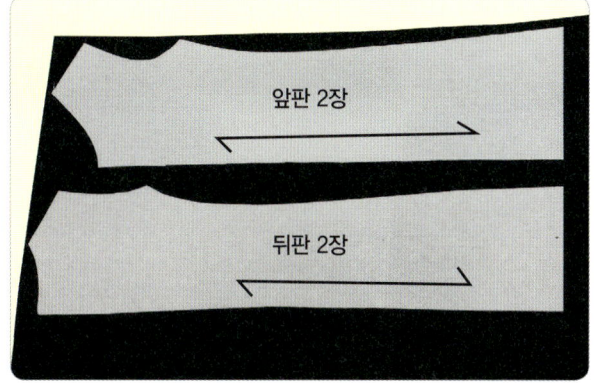

1 앞판과 뒤판을 식서 방향으로 2장씩 재단한다.

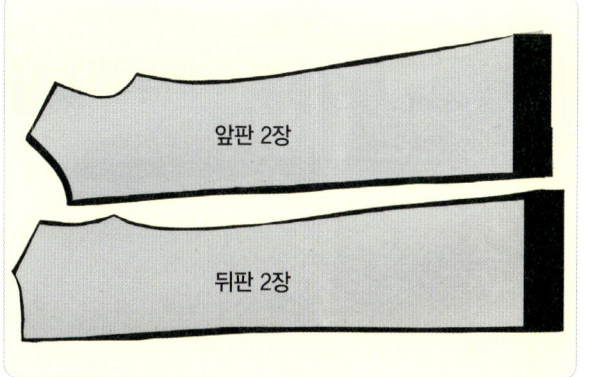

2 길이는 여유분 4 cm, 나머지 1 cm 여유분을 주고 잘라 낸다.

3 옆판 중앙은 길이 여유분 4 cm, 나머지 1 cm 여유분으로 잘라 낸다. 옆선은 2 cm 여유분으로 해도 좋다.

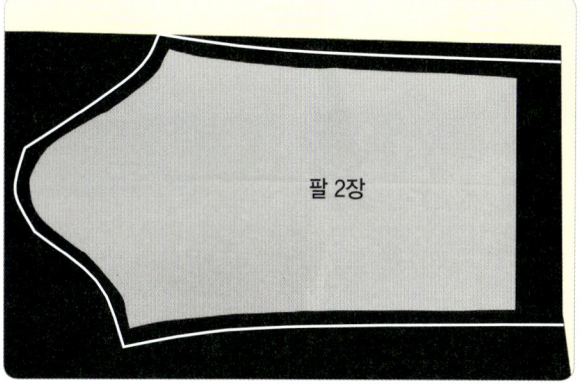

4 소매 부분도 길이 여유분 4 cm, 나머지 여유분 1 cm 남기고 잘라 낸다.

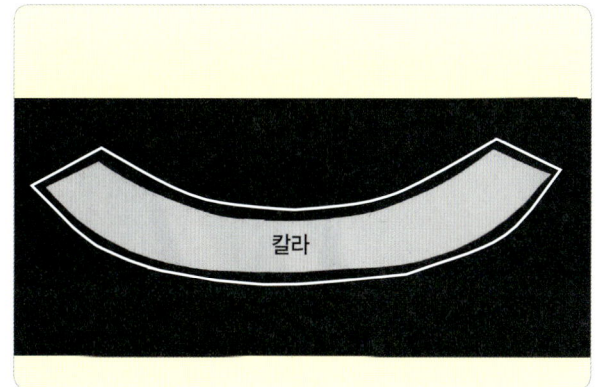

5 칼라 부분은 시방 1 cm 남기고 잘라 낸다.

6 주머니 모형은 생긴 대로 본을 떠서 사용한다.

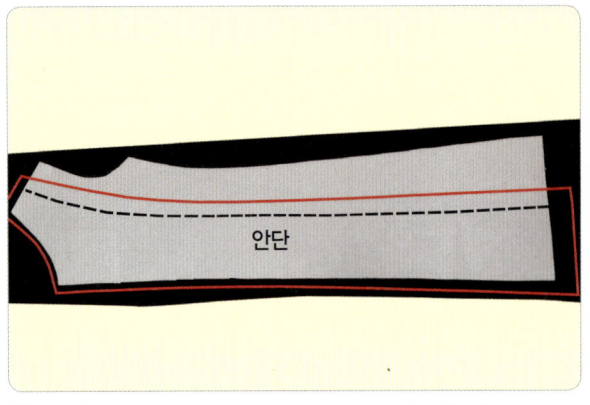

7 안단은 사방 여유분 1 cm를 두고 자를 때 검은색 선이 경계선이다. 여기서 1 cm 여유분을 주고 자른다.

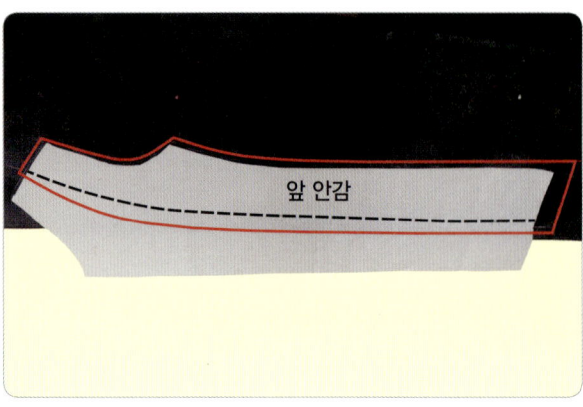

8 앞판 안감이다. 검은색 선이 경계선이며 사방 1 cm 여유분으로 재단한다.

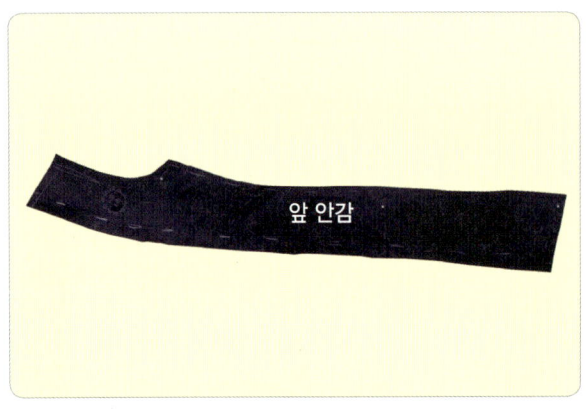

9 앞판 안감 재단된 모습이다.

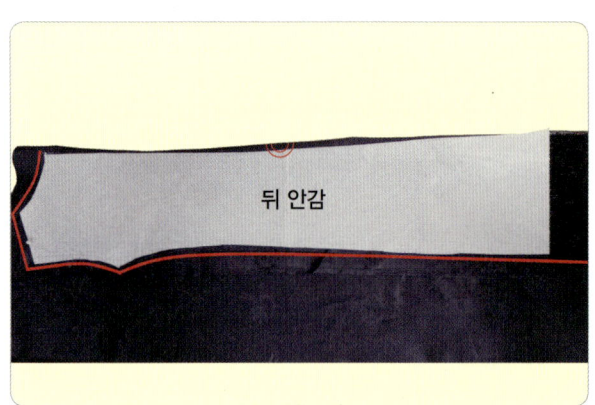

10 뒤판 안감 길이 여유분 4 cm 남기고, 모두 1 cm 여유분을 주고 자른다.

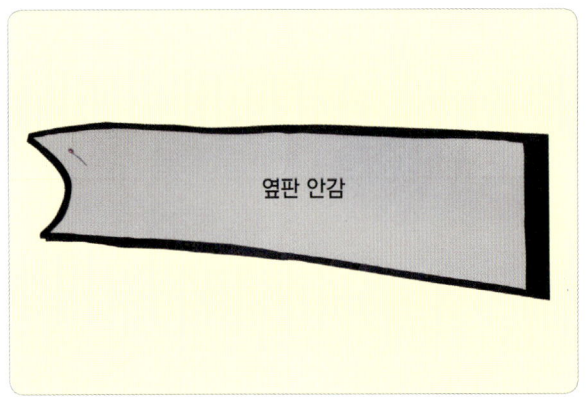

11 옆판 안감도 길이 4 cm, 나머지 1 cm 여유분을 주고 자른다.

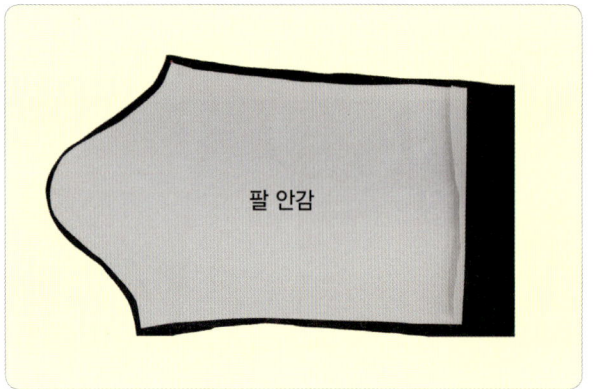

12 팔 안감도 길이 4 cm, 나머지 1 cm 여유분을 주고 자른다.

13 앞 안단 재단된 것에 심지를 붙인 모습이다.

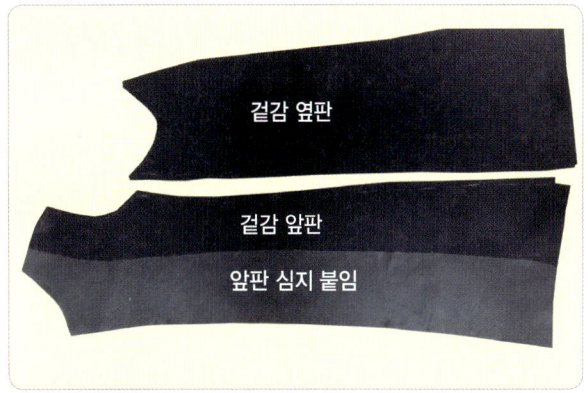

14 심지를 붙인 모습이다.

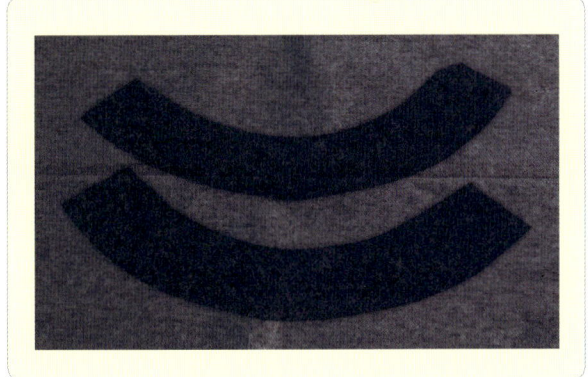

15 칼라 원단을 바르게 펴고 심지를 한 번에 붙여도 좋다.

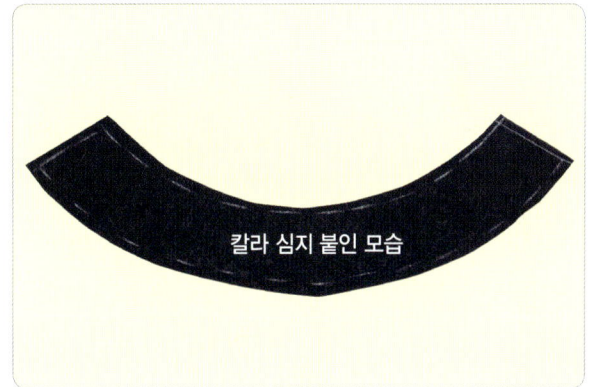

16 칼라를 잘라 낸 모습이다.

차이나 칼라 코트-만들기

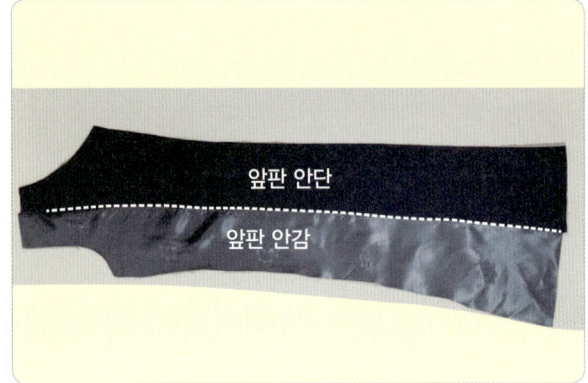

1 안단과 안감을 겉면이 마주보게 박음질하고 안감 쪽으로 흰색 선 부분을 따라서 눌러 박음질 해 주면 들뜨지 않아 좋다.

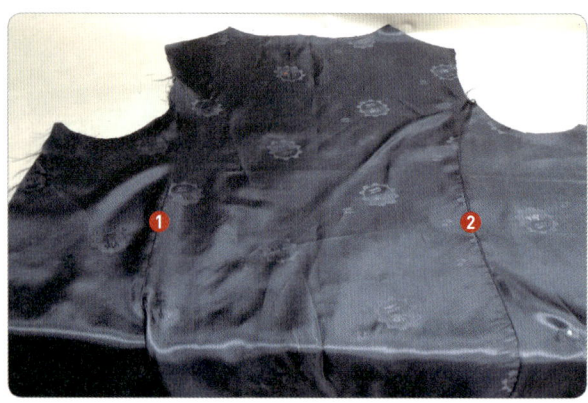

2 안감 뒤판이다. 순서에 따라서 겉면을 향하여 합쳐 박음질하고 겉면에서 다시 눌러 박음질해서 들뜨지 않도록 한다.

3 **1**과 **2**를 합쳐 박음질하고 몸판에 팔을 붙이는 작업이다.

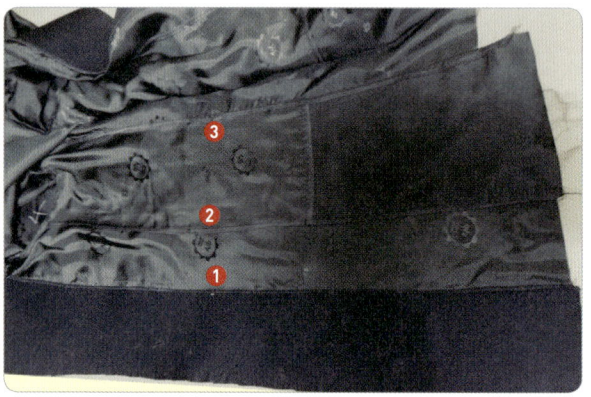

4 안감 박음질하는 순서이며 아랫부분 원단이 다른 것은 원단이 모자라 식서 방향이 다르게 재단된 것이다.

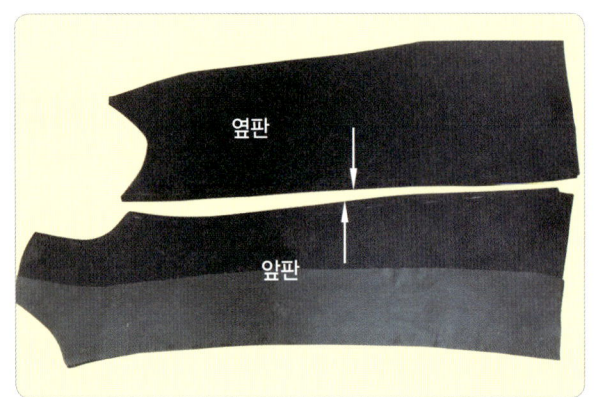

5 화살표 방향으로 겉면이 마주보게 하고 1cm 여유분으로 박음질한다.

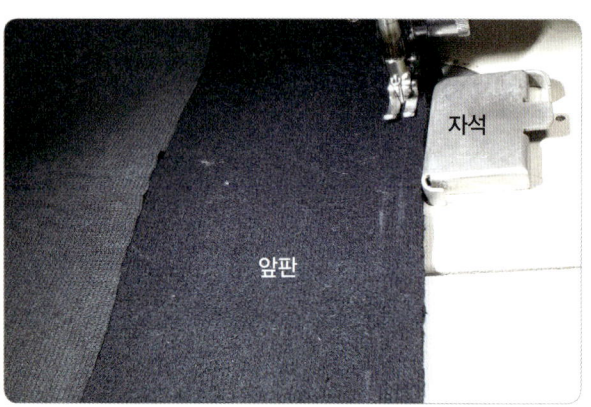

6 1cm 여유분으로 정하여 자석을 맞춰놓고 박음질하면 특별히 그리지 않아도 여유분의 넓이가 일정하다.

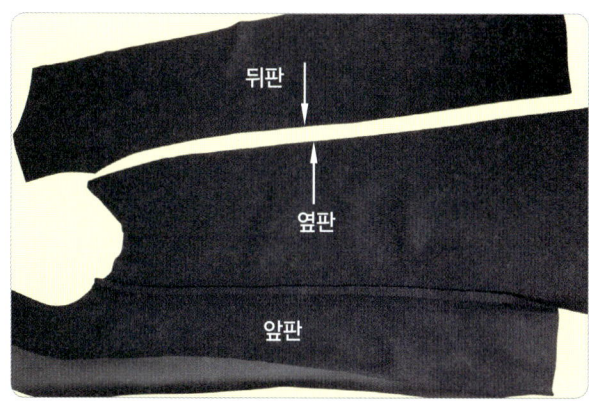

7 뒤판과 옆판도 화살표 방향으로 겉면이 마주보게 하고 1cm 여유분으로 박음질한다.

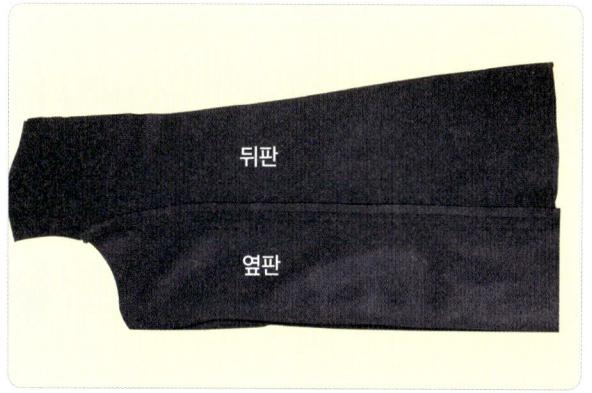

8 두꺼운 겉감은 모두 가름솔하는 것이 깔끔하다.

9 몸판과 겉감 칼라 부분을 화살표 방향으로 겉면이 마주 보게 1cm 여유분으로 박음질한다.

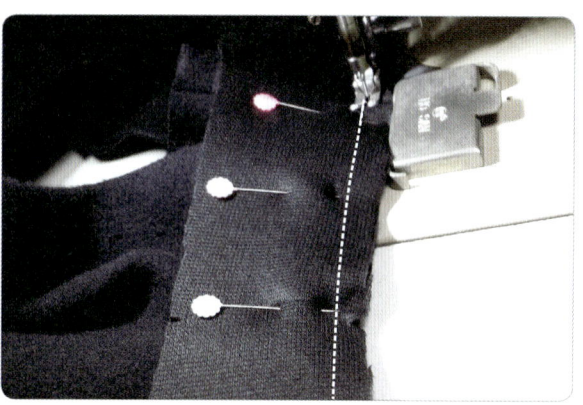

10 칼라 부분은 늘어나거나 밀리는 일이 많으므로 촘촘히 핀으로 고정하고 1cm 여유분을 주고 박음질한다.

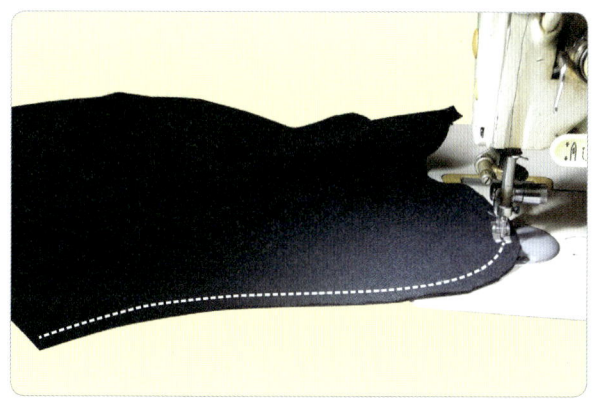

11 소매산 쪽에 1cm 여유분으로 미리 박음질을 하고 실을 당겨서 타원형을 만들어 준다.

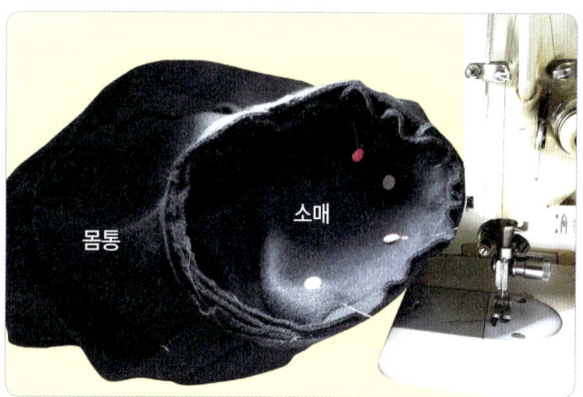

12 몸판과 소매 암홀을 서로 맞추어 핀으로 고정하고 1cm 여유분으로 박음질한다.

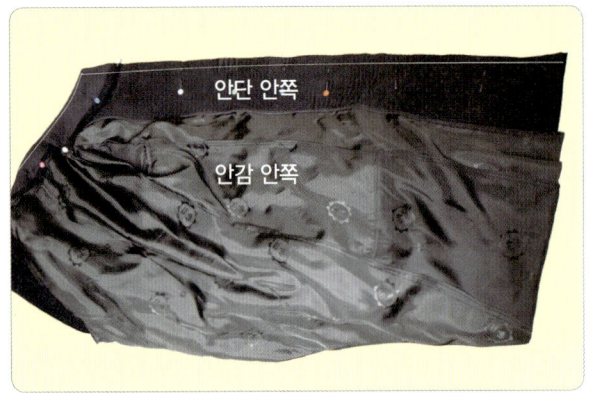

13 안감을 완성하고 칼라를 붙여 핀으로 고정하고 겉감과 합쳐 박음질한다.

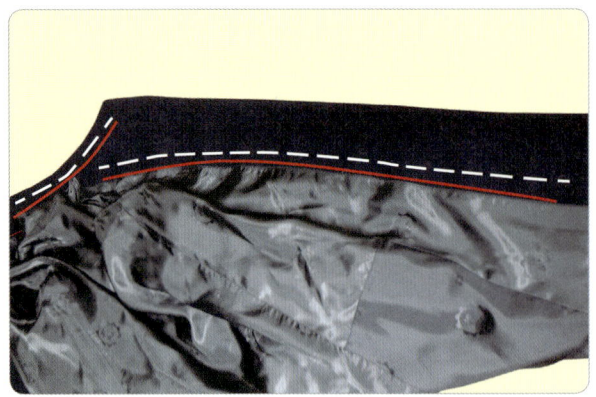

14 합쳐 박음질한 후 다림질하여 흰색 부분은 손 시침하여 고정하고 안쪽에서 실이 보이지 않게 빨간색 부분을 손 시침하여 움직이지 않게 고정하고 흰색 실은 뜯어낸다.

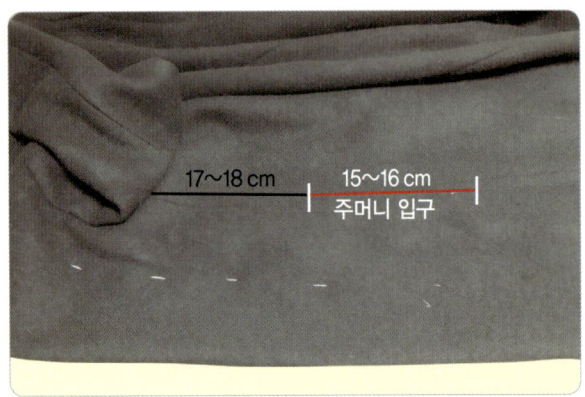

15 주머니는 옆트임 주머니를 만들려고 한다. 흰색 부분에 핀을 꽂아 안쪽에 위치 표시를 할 수 있게 한다.

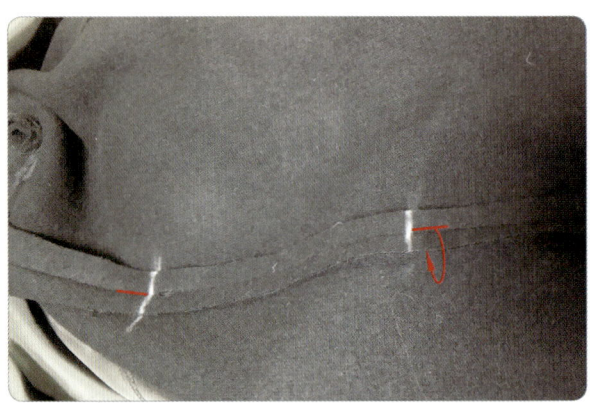

16 빨간색 부분은 주머니 입구이다(흰색 겉면 주머니 위치 표시선). 여유분 안쪽에서 튼튼히 박음질한다.

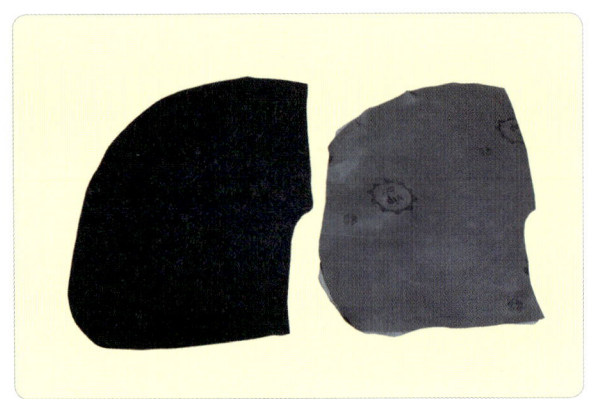

17 주머니를 겉감과 안감으로 자른다.

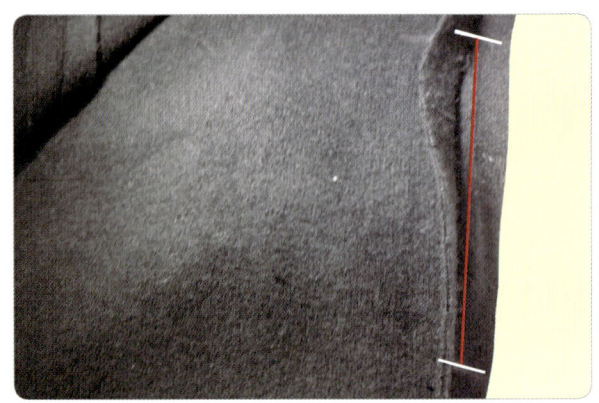

18 주머니 입구 쪽을 전체 박음질했다가 빨간색 주머니 입구 부분을 뜯어준다. 주머니 형태를 고정해야 하기 때문이다.

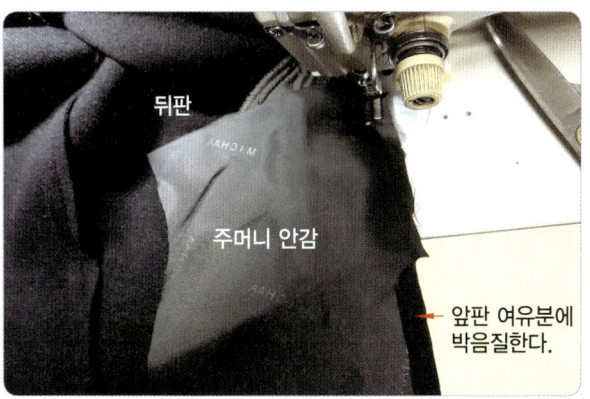

19 앞판을 아래에 놓고 앞판 여유분에 주머니 안감을 박음질할 때 가름솔 박음질선에서 0.3 cm 띄우고 박음질한다.

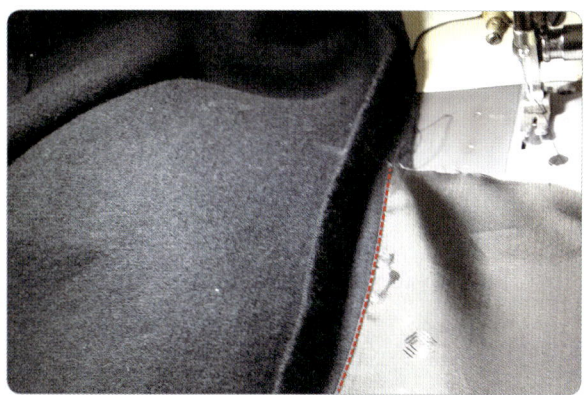

20 들뜨지 않도록 한 번 더 눌러 박음질 해 준다.

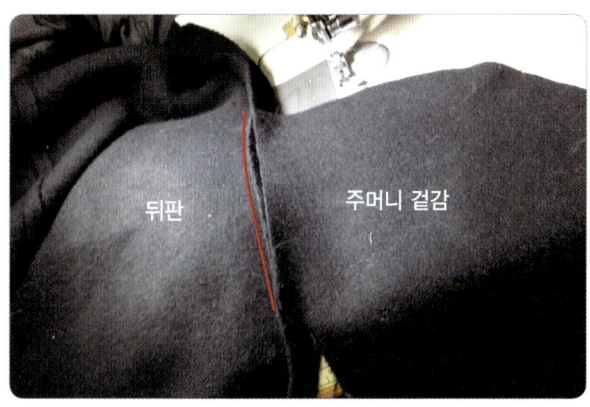

21 뒤판 여유분과 주머니 겉감 원단을 빨간색 부분에서 박음질하되 가름솔 부분 봉제선에 맞추어 박음질한다.

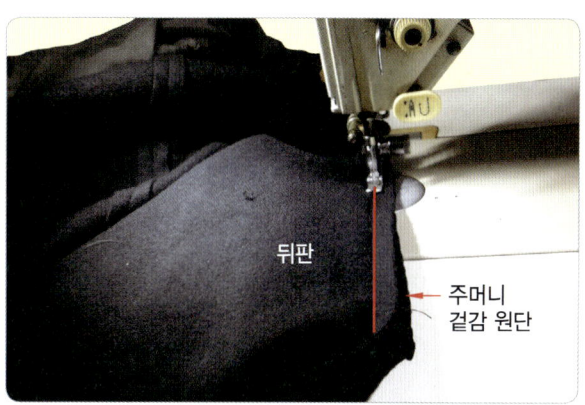

22 21 가름솔 봉제선에 맞추어 뒤판을 위에 놓고 주머니 겉감 원단을 아래에 놓고 박음질한다.

23 주머니 모형은 회살표 방향으로 박음질한다.

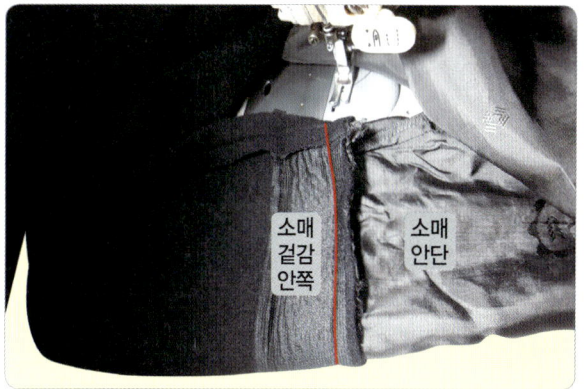

24 소매 겉감과 안감을 마주보고 합쳐서 빨간색 선을 따라 1 cm 여유분으로 박음질한다.

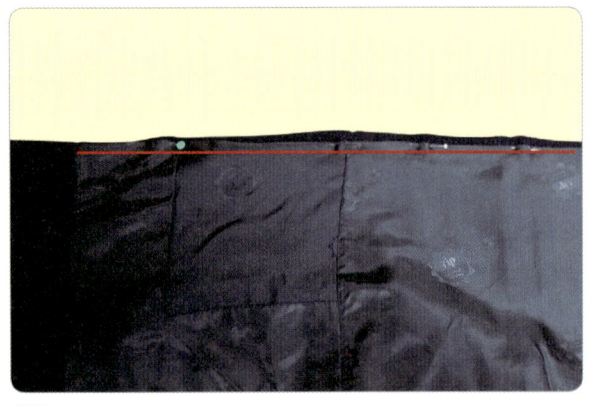

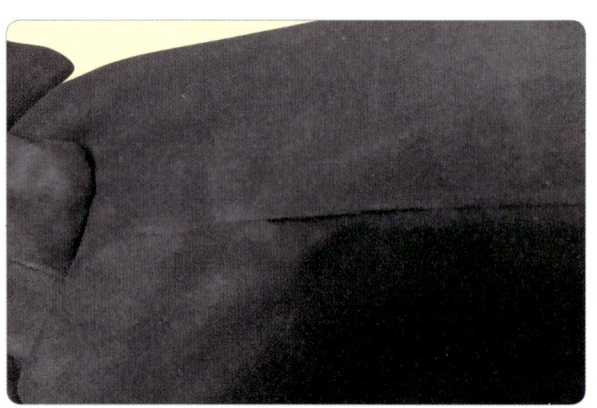

25 길이를 예쁘게 정리하여 다림질하고 핀으로 고정을 하든지 손으로 시침을 하여 안쪽에서 여유분 1 cm를 두고 박음질하면 된다.

26 완성된 주머니 모습이다.

27 완성 모습(앞, 옆, 뒤).

칼라를 부착하는 것은 몸판을 겉감과 안감을 합쳐 박은 후 칼라를 따로 만들어 부착할 수도 있고, 겉감과 안감에 각각 칼라를 부착해서 몸판과 칼라를 한꺼번에 합쳐 박음질할 수도 있다.

테일러 재킷 - 본뜨기

1 본을 뜰 테일러 재킷 앞면이다.

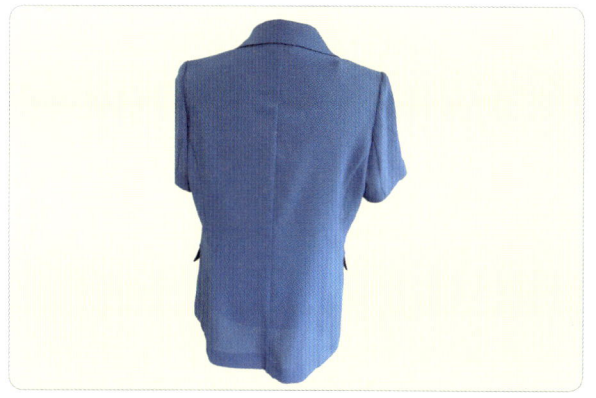

2 뒷면이다.

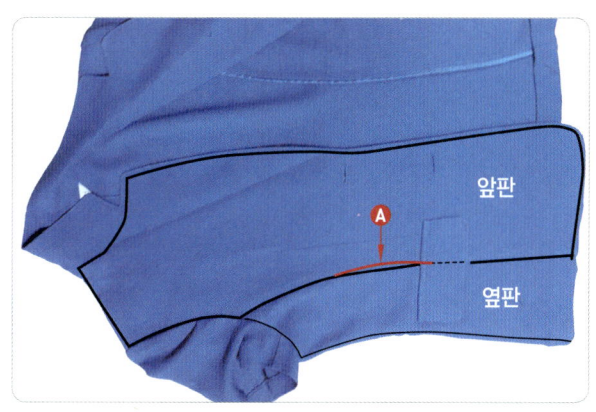

3 신문지 3~4장을 깔고 그 위에 흰색 종이를 올려놓고 재킷을 바르게 펴서 봉제선을 따라 송곳으로 꾹 눌러서 자국을 낸다(ⓐ부분은 앞 다트 여유분).

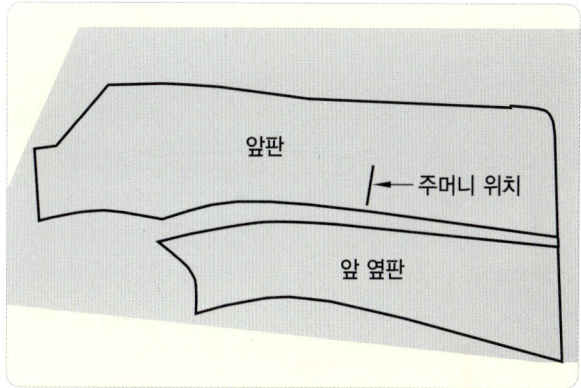

4 3의 옷을 치우면 송곳 자국이 남는다. 이것을 각종 자를 이용하여 선으로 이어주면 된다.

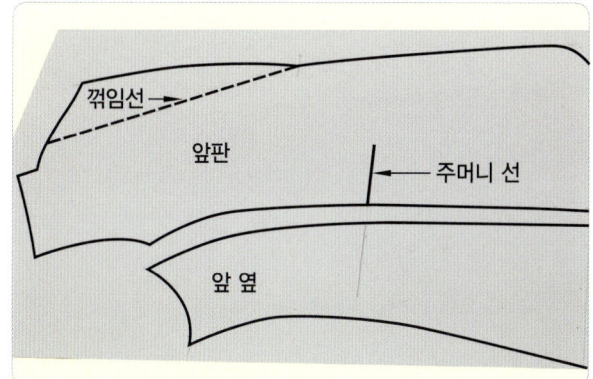

5 흔직을 낸 것을 직선자와 곡선자, 암홀자를 이용하여 그려진 모습이다.

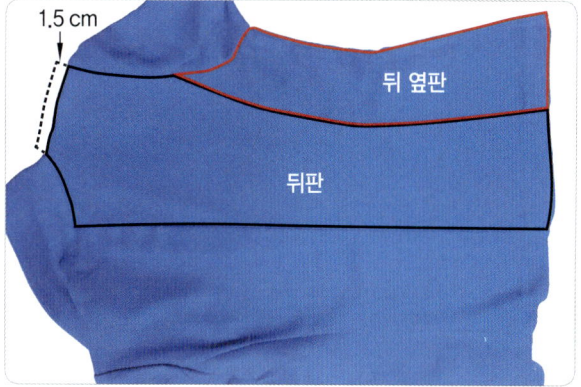

6 뒷면도 바르게 펴서 봉제선을 따라 송곳을 이용하여 꾹 눌러 자국을 내며, 앞으로 넘어간 어깨부분은 1.5 cm 크게 한다.

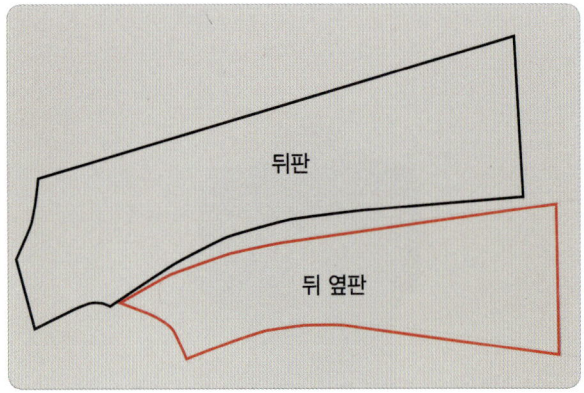

7 송곳으로 누른 흔적을 따라 선을 이어준 모습이다. 이 것은 시침핀을 사용하여 흔적을 낸 것이다. 얇은 원단은 굵은 시침핀을 이용하여 촘촘히 찍어주면 좋다.

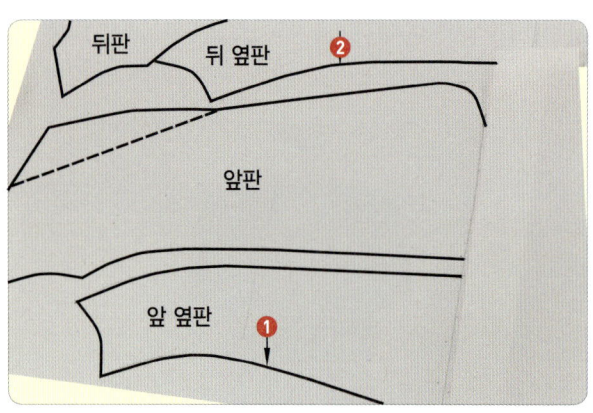

8 선을 그린 후에는 서로 맞추어보는 과정이 필요하다. ❶과 ❷ 앞판 옆선과 뒤판 옆선의 길이가 같아야 한다.

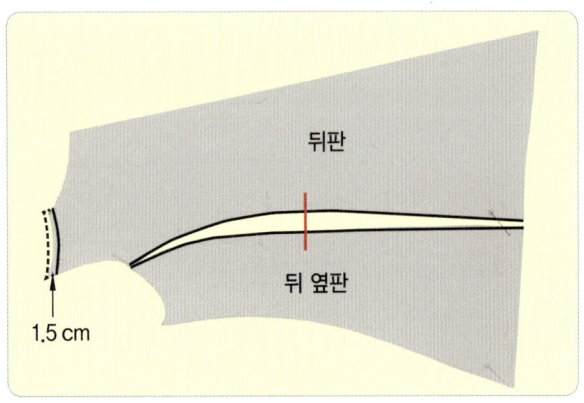

9 뒤판과 옆판의 빨간색 부분의 길이가 같아야 하며 어깨 부분은 1.5~2cm 크게 한다(바르게 펼 때 펴지지 않은 부분이 생기기 때문).

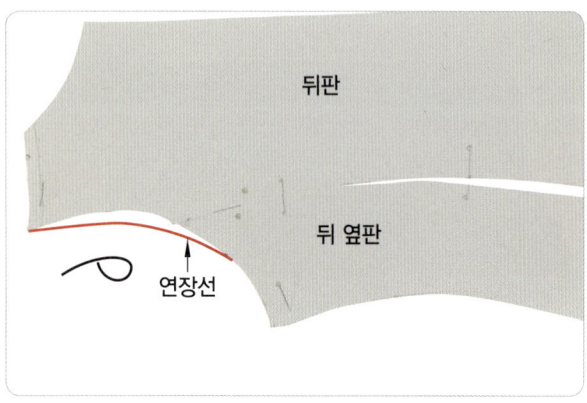

10 암홀자를 사용하여 맞추어 보니 너무 많이 파인 것 같아 조금 늘려 주려고 한다. 아래에 종이를 깔고 풀을 붙여 연장하여 그리면 된다.

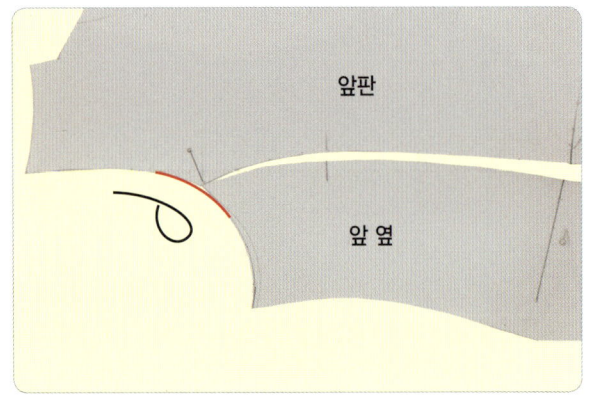

11 앞판은 각이 생긴 것 같아 각 수정을 했다.

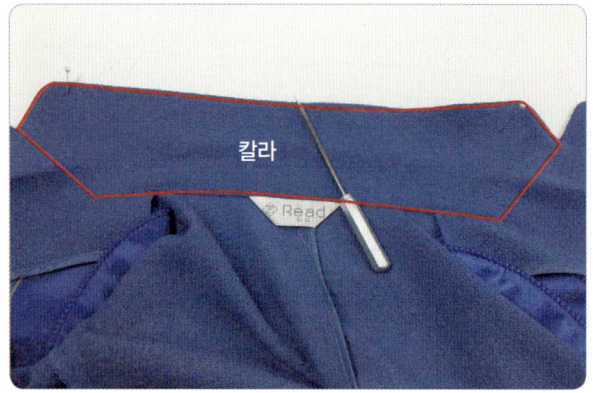

12 칼라 모양도 바르게 펴서 송곳으로 꾹 눌러 흔적을 낸다.

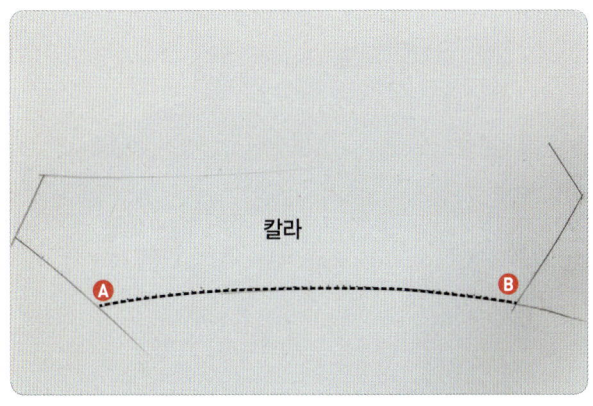

13 아래 점선 부분이 몸판과 연결선이라 정확해야 하며. Ⓐ와 Ⓑ를 반으로 접어서 자른다. 좌우가 맞지 않을 때는 본을 다시 뜬다.

14 반으로 접어서 자르는 모습이다.

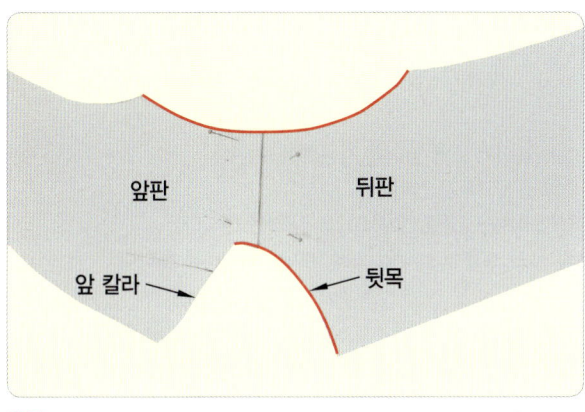

15 앞뒤 어깨 길이를 맞춰보고 흐름이 자연스러운지 확인한다.

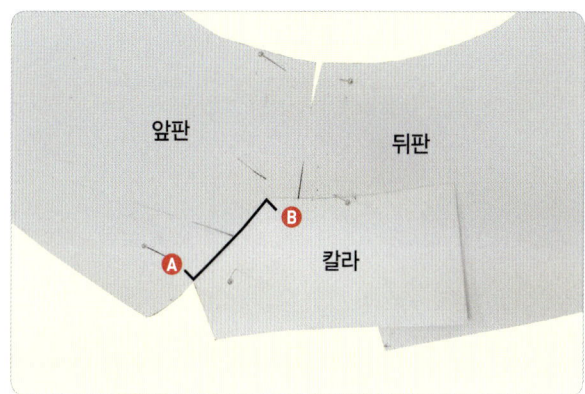

16 Ⓐ와 Ⓑ의 길이를 맞춰보고 Ⓐ부분은 몸판 칼라 끝선이다. 여기에 맞춤선 표시를 그린다.

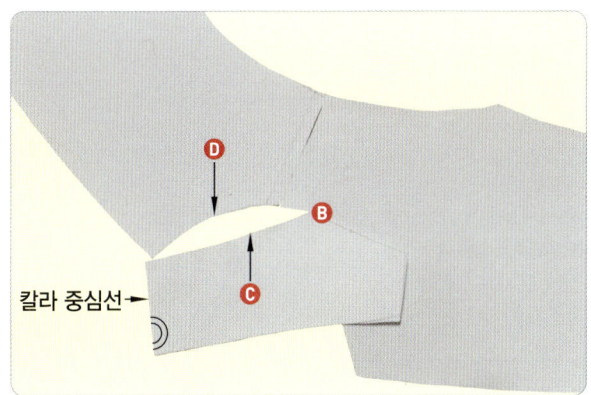

17 Ⓑ에서 Ⓒ와 Ⓓ의 길이가 같은지 확인하고 다르면 어깨에서 조절하면 암홀 길이가 달라지므로 칼라 중심선에서 조절한다.

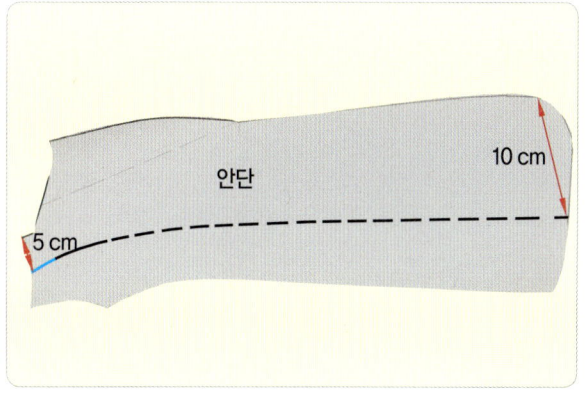

18 칼라 쪽에서 5 cm 밑단에서 10 cm 남겨 앞판 안단선을 표시하고 중간중간 잘라주어 안단 패턴으로 사용한다.

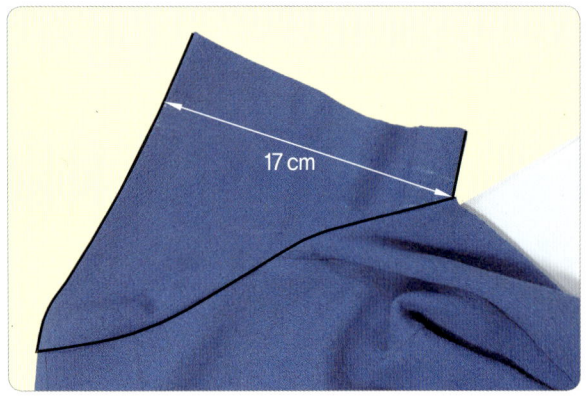

19 팔을 편편히 펴고 통을 잰다.

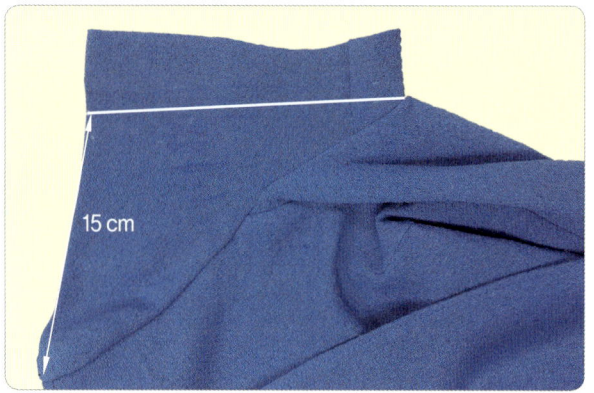

20 팔을 펴고 소매산 높이를 잰다(반팔은 본을 뜬 것을 그대로 사용해도 된다).

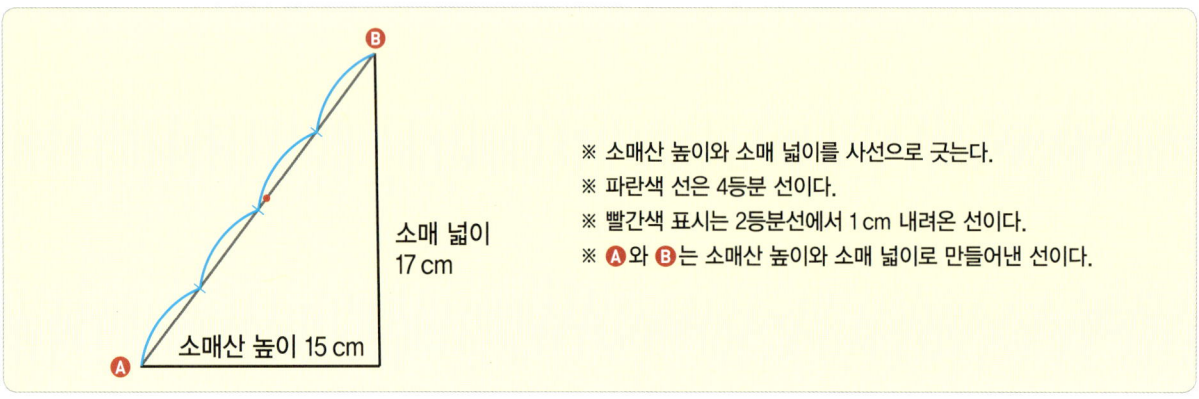

※ 소매산 높이와 소매 넓이를 사선으로 긋는다.
※ 파란색 선은 4등분 선이다.
※ 빨간색 표시는 2등분선에서 1 cm 내려온 선이다.
※ Ⓐ와 Ⓑ는 소매산 높이와 소매 넓이로 만들어낸 선이다.

21 소매산 높이와 넓이를 그리고 사선을 긋고 4등분선을 표시한다(소매 패턴 그리는 법).

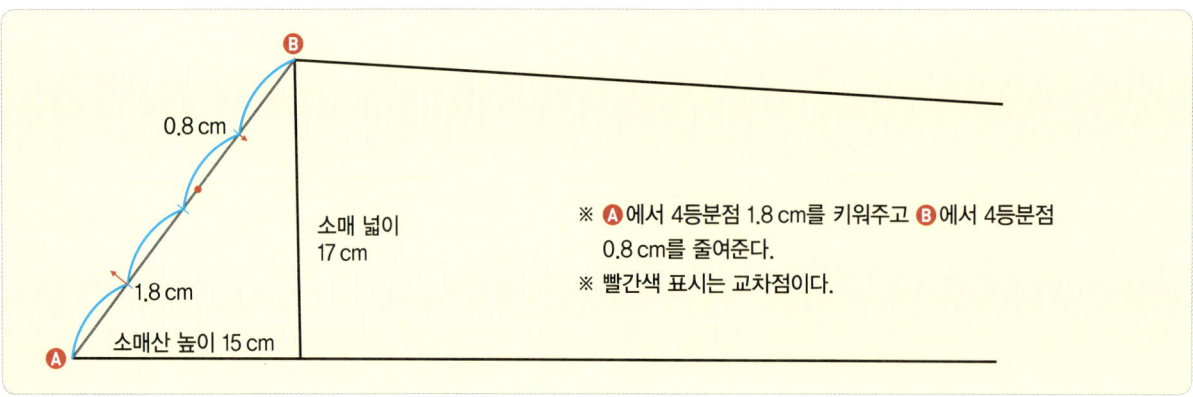

※ Ⓐ에서 4등분점 1.8 cm를 키워주고 Ⓑ에서 4등분점 0.8 cm를 줄여준다.
※ 빨간색 표시는 교차점이다.

22 표시된 곳에 1.8 cm와 0.8 cm를 표시한다.

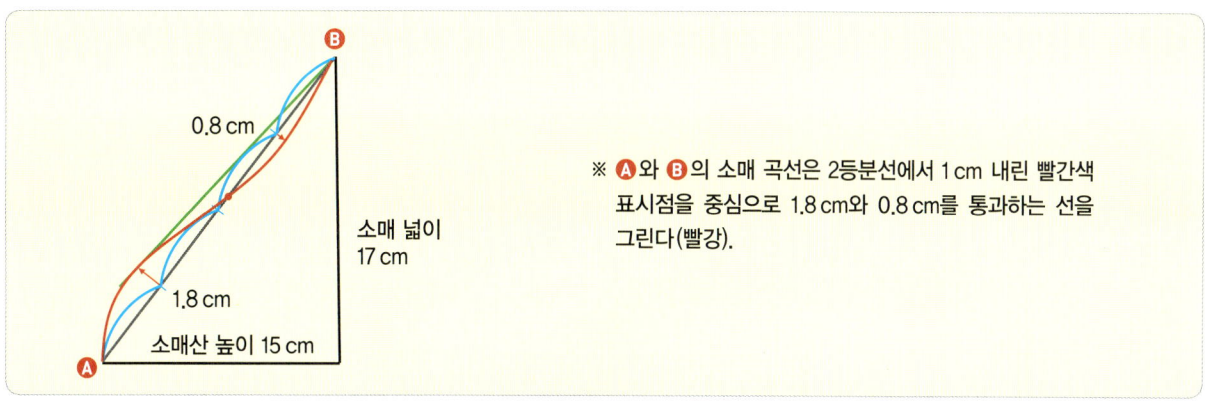

0.8 cm

소매 넓이
17 cm

1.8 cm

소매산 높이 15 cm

B

A

※ Ⓐ와 Ⓑ의 소매 곡선은 2등분선에서 1 cm 내린 빨간색
표시점을 중심으로 1.8 cm와 0.8 cm를 통과하는 선을
그린다(빨강).

23 앞판은 암홀자를 이용하여 **22**의 표시선을 따라 교차점을 지나며 그린다. 뒤판은 Ⓑ에서 빨간색 선을 따라서 7 cm 올라가서 1〜1.5 cm를 키우고 자연스럽게 뒤판을 그린다(초록색).

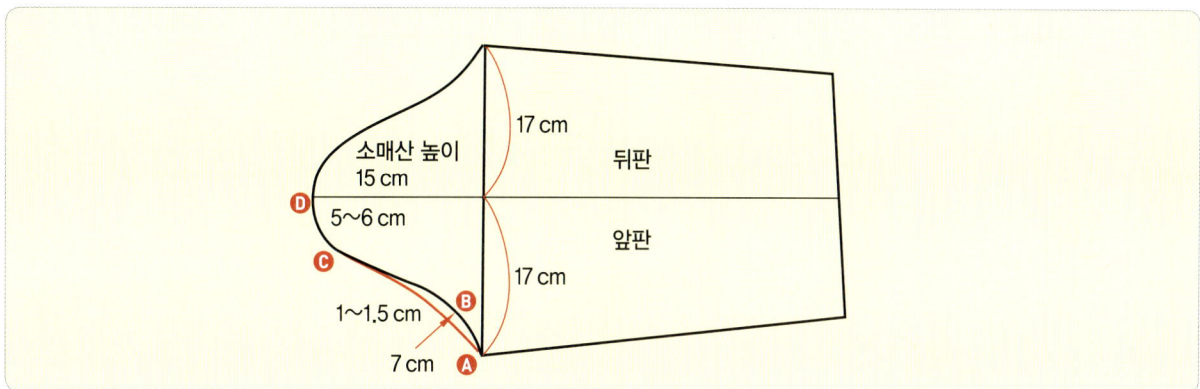

소매산 높이
15 cm

17 cm

뒤판

D

5〜6 cm

앞판

C

17 cm

1〜1.5 cm

B

7 cm

A

24 뒤판은 Ⓐ에서 7 cm 올라간 Ⓑ에서 1〜1.5 cm 키운다. Ⓒ와 Ⓓ의 길이는 앞뒤가 약 5〜6 cm로 같아야 하며 Ⓐ와 Ⓒ는 암홀자를 사용하여 자연스럽게 연결하면 된다.

테일러 재킷-재단

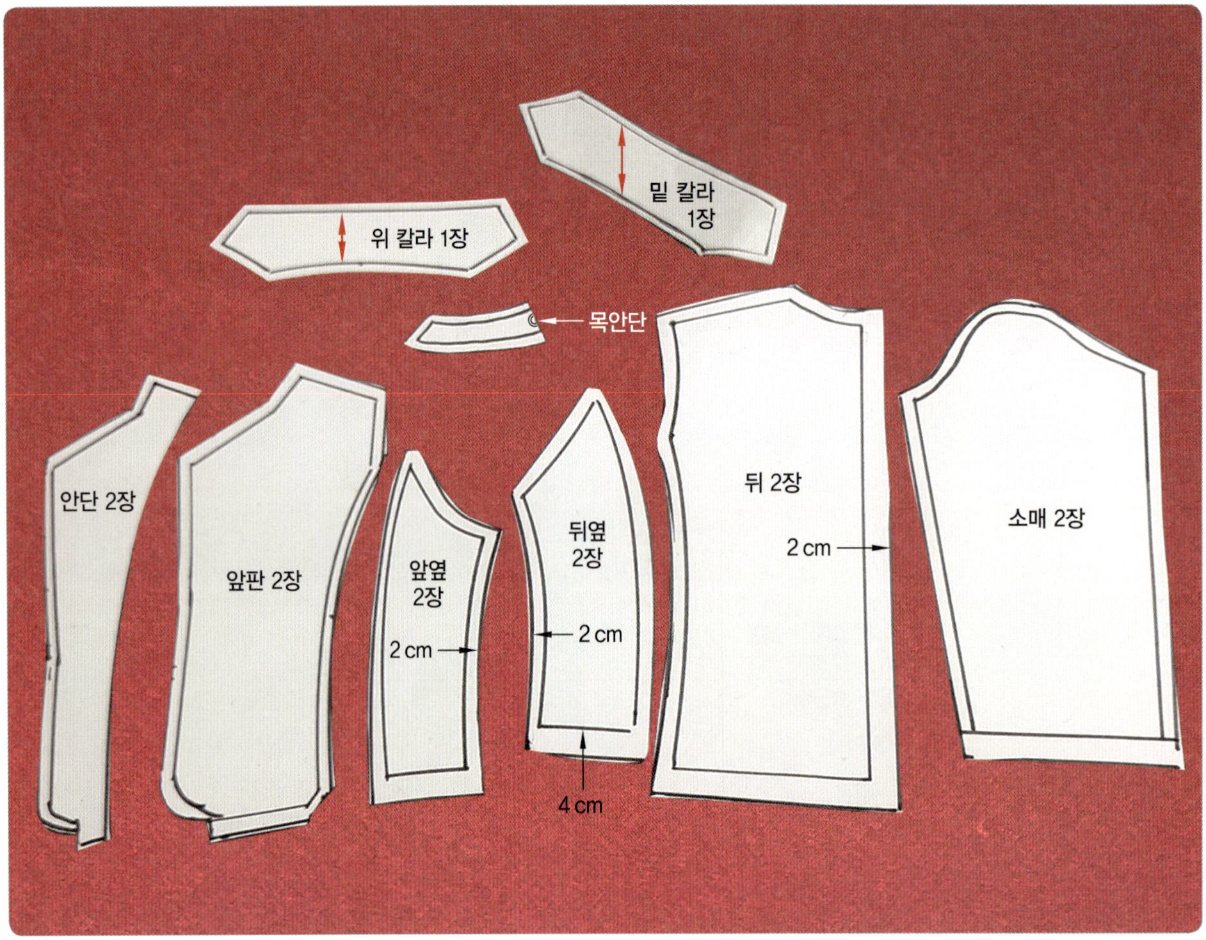

밑 칼라
1장

위 칼라 1장

목안단

안단 2장

앞판 2장

앞옆
2장

2 cm

뒤옆
2장

2 cm

4 cm

뒤 2장

2 cm

소매 2장

1 여유분은 양옆과 뒤판은 2 cm, 모든 길이는 4 cm로 하고 나머지는 1 cm로 하면 좋다.

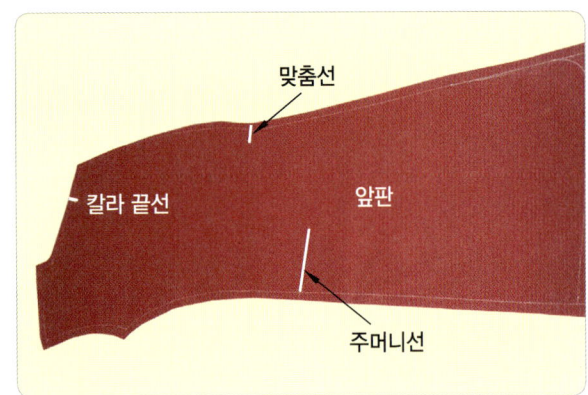

맞춤선

칼라 끝선

앞판

주머니선

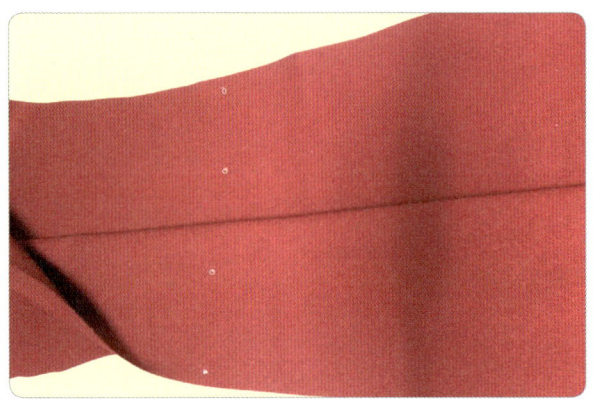

2 칼라 끝선(중요함)과 좌우 맞춤선과 주머니선을 표시하고 자른다.

3 주머니선을 송곳으로 꾹 눌러 겉면에 표시가 나도록 표시해 둔다(옆판).

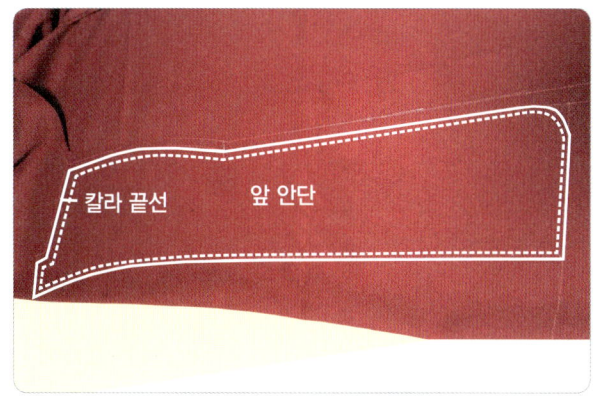

4 앞 안단도 겉감과 같이 표시하고 자른다.

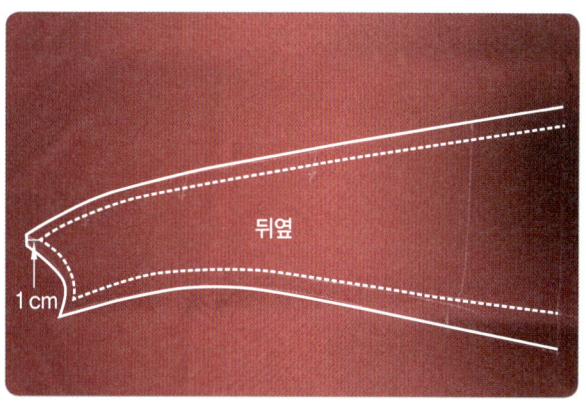

5 끝부분 삼각 그리기가 어려운데 위와 같은 방법을 사용하면 좋다.

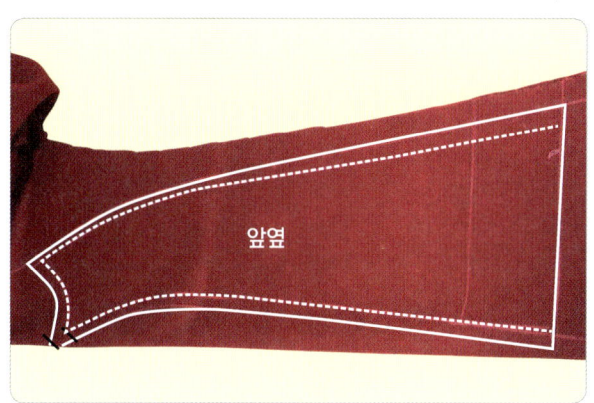

6 앞옆 부분도 위와 같은 방법이다.

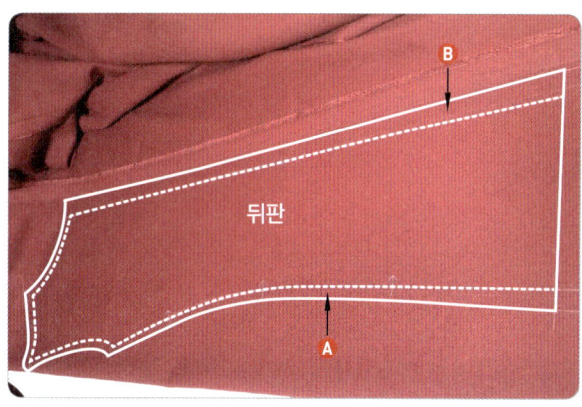

7 뒤판 허리를 일자로 할 때는 직선으로 그리고, Ⓐ는 1 cm, Ⓑ는 작으면 늘릴 수 있도록 2 cm 여유분을 준다.

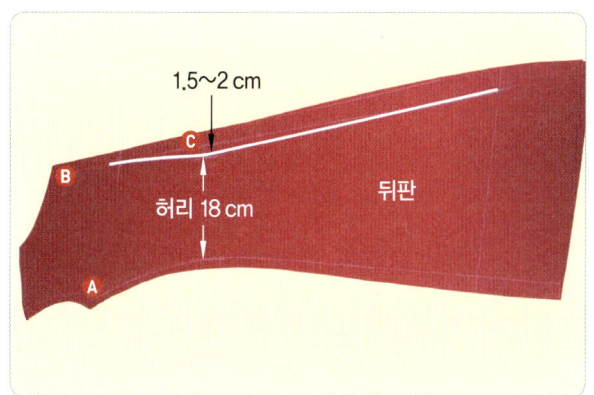

8 허리 부분을 닐씬하게 라인을 넣고 싶을 때 Ⓑ에서 허리까지 길이는 18 cm로 하면 좋다. Ⓑ에서 Ⓒ의 절반 정도에서 시작하여 허리 부분에 1.5~2 cm 들어간다.

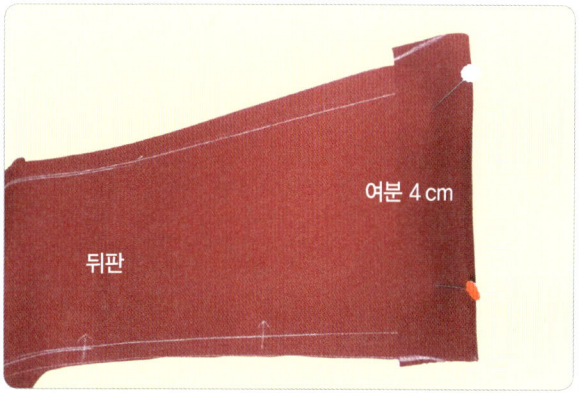

9 모든 아래 시접은 위와 같이 접어서 재단한다.

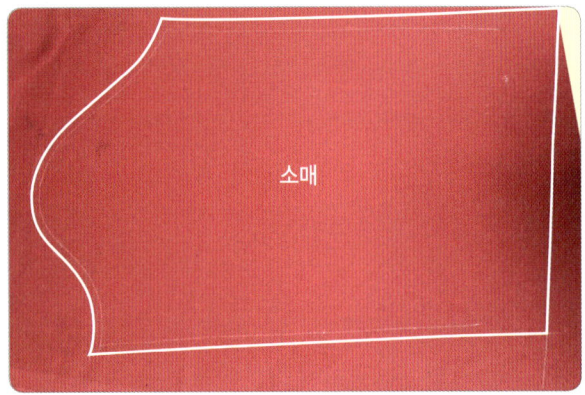

10 1장으로 통소매를 재단한 모습이다.

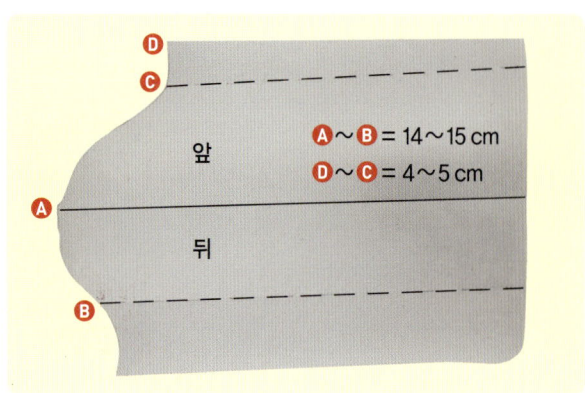

Ⓐ～Ⓑ = 14～15 cm
Ⓓ～Ⓒ = 4～5 cm

앞
뒤

11 1장 소매로 2장 소매를 만들려면 중심선을 긋고 ⒶⒷ ⒸⒹ를 표시한다.

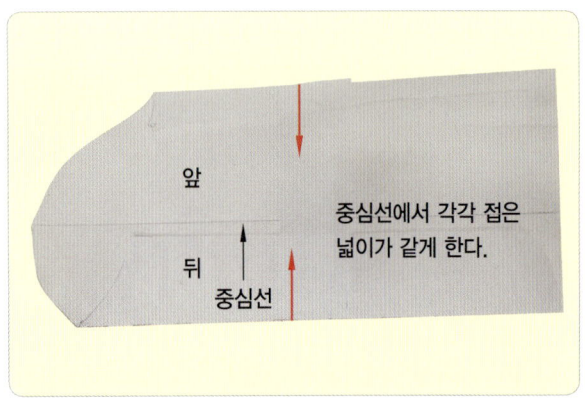

앞
뒤
중심선
중심선에서 각각 접은 넓이가 같게 한다.

12 Ⓑ와 Ⓒ를 중심선에서 각각 폭이 같도록 접어준다.

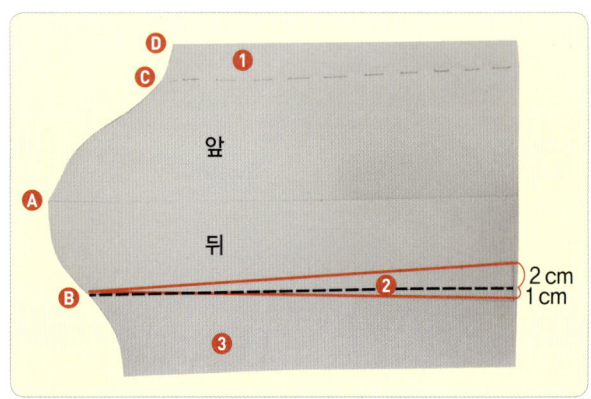

앞
뒤
2 cm
1 cm

13 Ⓑ의 ❷선은 ❸쪽으로 1 cm, ❶쪽으로 2 cm 그린다.

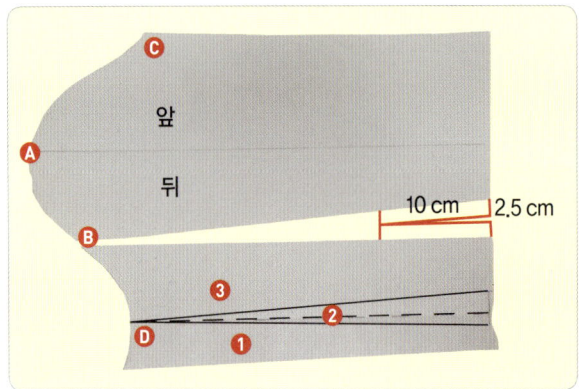

앞
뒤
10 cm   2.5 cm

14 ❶, ❷, ❸을 잘라서 모양과 같이 맞추고 빨간색 부분 날개를 그린다(2.5 cm × 10 cm).

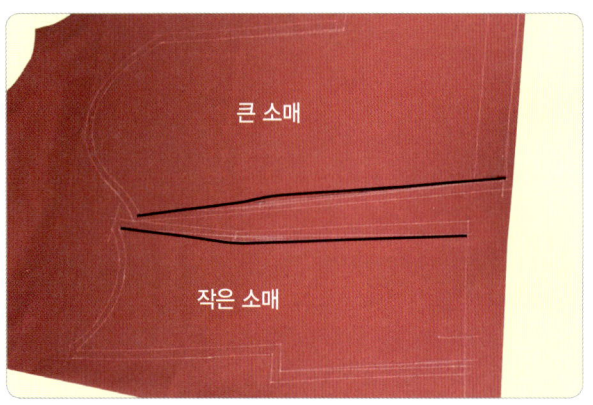

큰 소매
작은 소매

15 팔은 일자로 할 수도 있고, 검은색 선과 같이 라인을 넣으면 좀 더 날씬하게 보인다. 라인을 넣는 자리는 겨드랑이 끝에서 18 cm 정도 내려오는 팔꿈치 부분이다.

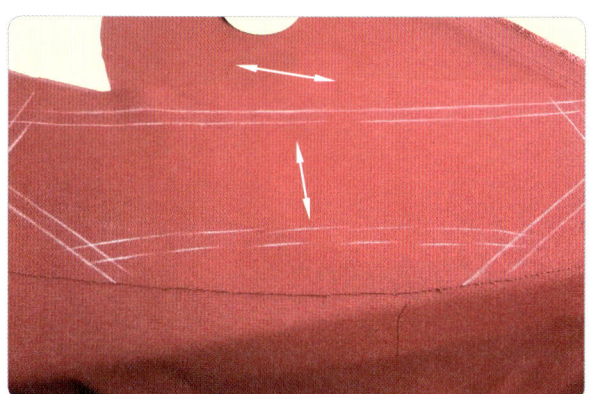

16 칼라 부분 재단은 위는 식서 방향, 아래는 사선 방향으로 재단하며, 겉감 폭을 0.5 cm 정도 키워주어야 꺾일 때 편안하다.

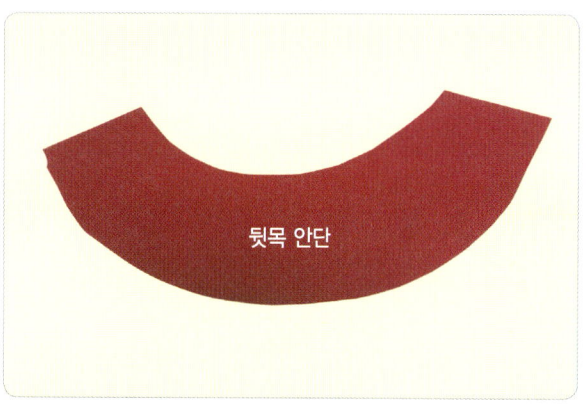

17 뒷목 안단은 뒷목 사이즈를 재서 5 cm 폭으로 하면 된다.

18 심지를 붙이는 방법이다. 안감이 없는 재킷의 앞뒤판 심지는 겉에서 보이므로 안단보다 적은 폭을 사용하거나 두꺼운 원단은 사용하지 않아도 된다.

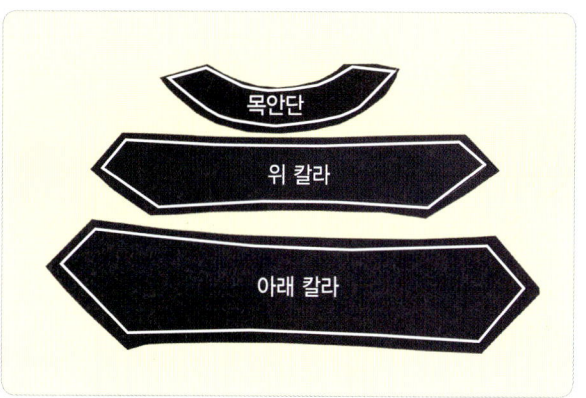

19 심지를 붙이고 박음질선은 앞뒤 모두 그리는 것이 좋다(위 칼라와 아래 칼라가 같은 크기이다).

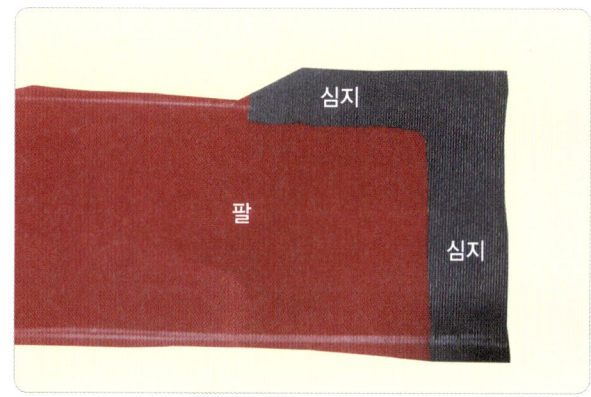

20 소매 심지 붙이는 모습이다.

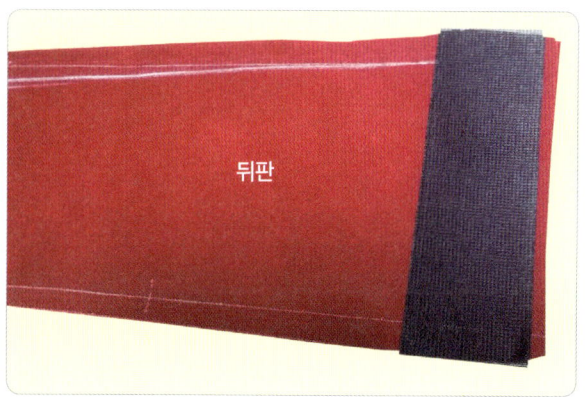

21 뒤 옆 길이 심시 붙이는 모습이다.

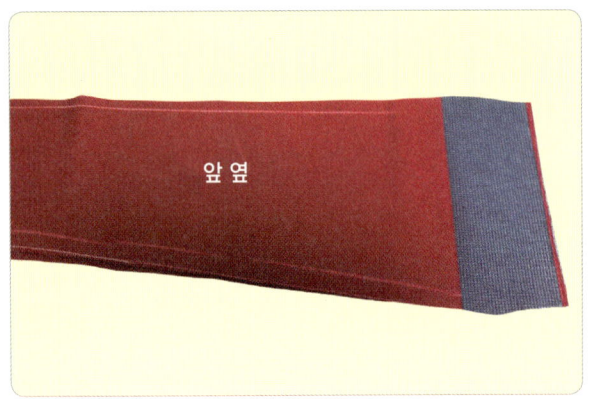

22 앞 옆 길이 심지 붙이는 모습이다.

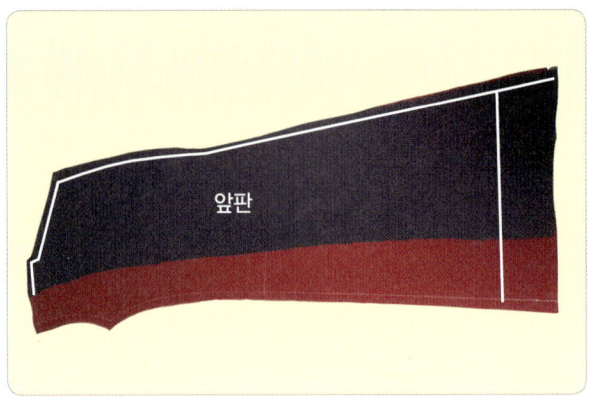

23 앞판 심지 붙이는 모습이다. 심지를 붙이고 박음질선을 그리는 것이 좋다.

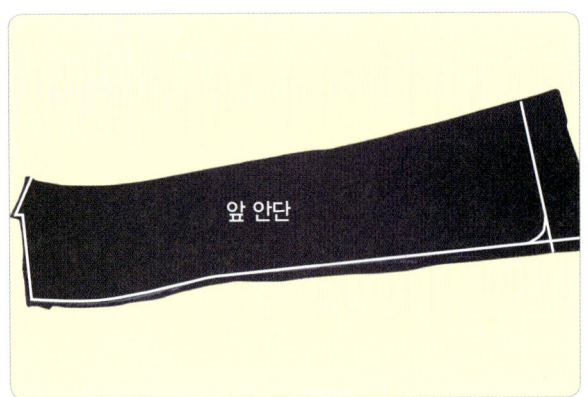

24 앞 안단 심지 붙이는 모습이다. 박음질선을 그린다.

테일러 재킷 - 만들기

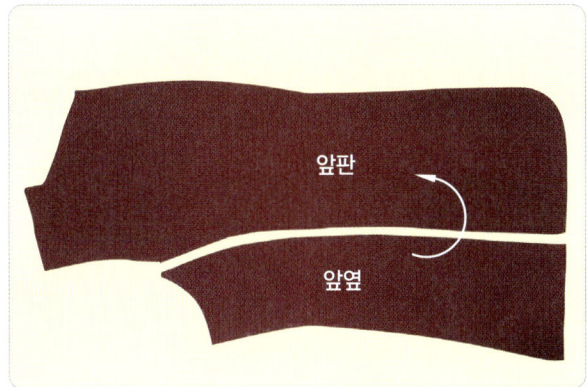

1 앞판과 옆판을 덮어 겉면을 마주보게 하고 박음질한다.

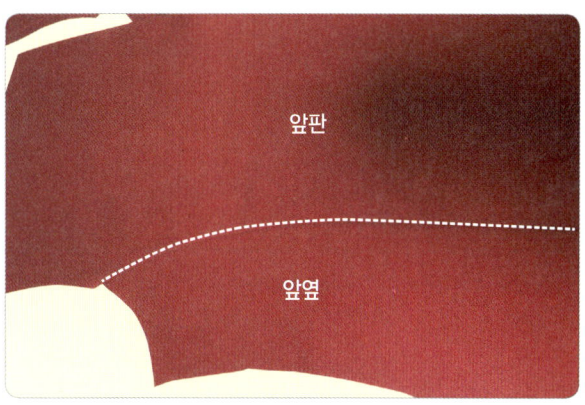

2 안감이 없는 옷은 오버로크 처리하고, 뉜솔로 위에서 눌러 박음질하는 것이 좋다.

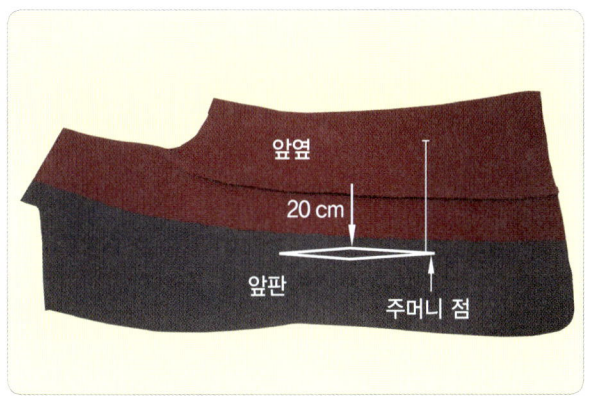

3 주머니 앞쪽 끝점에서 0.5∼0.6 cm 다트를 넣어주면 앞에서 날씬하게 보인다.

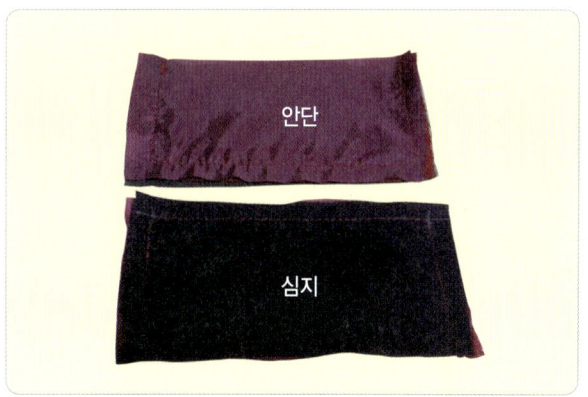

4 안감이 없는 옷이므로 주머니를 만들지 않고 플랩만 단다. 한쪽은 안감을 사용하여 부드럽게 하는 것이 좋다.

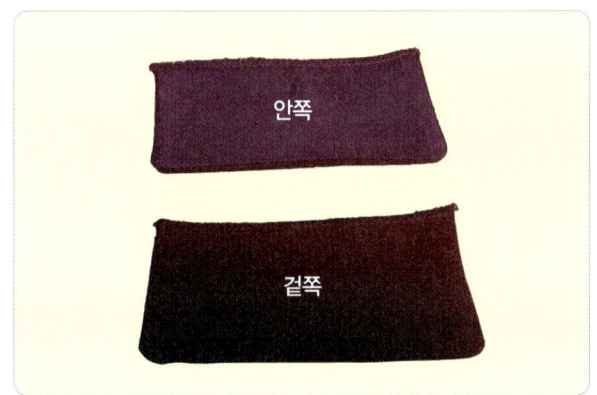

5 만들어놓은 플랩이다(입술주머니 민드는 방법은 주머니 만드는 법 참고).

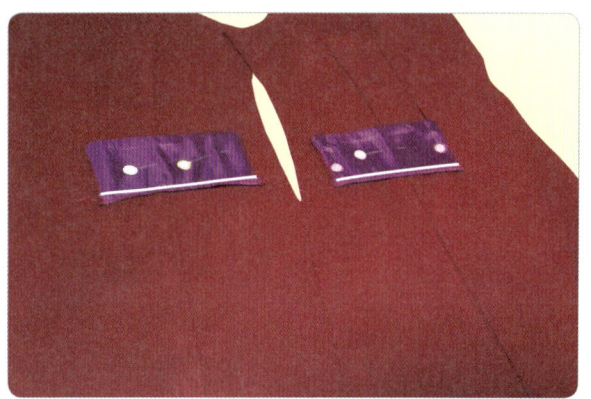

6 주머니 표시했던 위치에 흰색 선을 띠라 박음질한디.

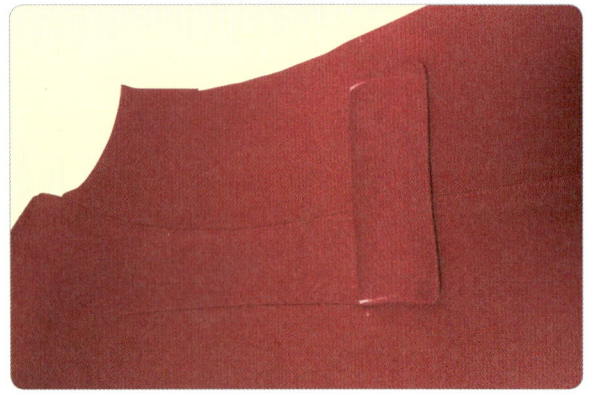

7 들뜨지 않도록 흰색 부분에 0.5 cm 되박음질한다.

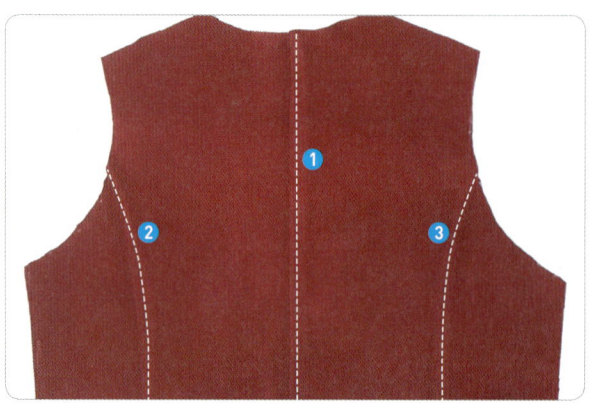

8 뒤판은 순서에 따라 안쪽에서 박음질하고, 겉에서 흰색 선을 따라 눌러 박음질한다.

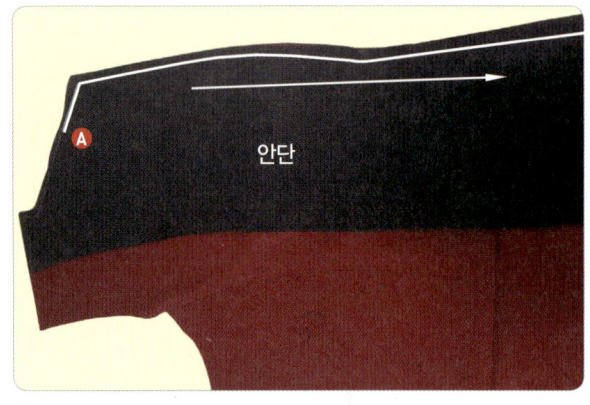

9 앞판과 안단을 마주보고 덮고 Ⓐ부터 앞판 끝까지 박음 질한다(Ⓐ는 위 칼라 끝부분이다).

10 아래 부분은 둥글려주고 끝부분을 잘라 낸다.

11 모양 만들기 할 때는 겉면을 위에 놓고 송곳으로 바느 질선이 보이도록 접어 다림질한다.

12 앞판 기장 끝 둥근 부분을 다림질한 모습이다.

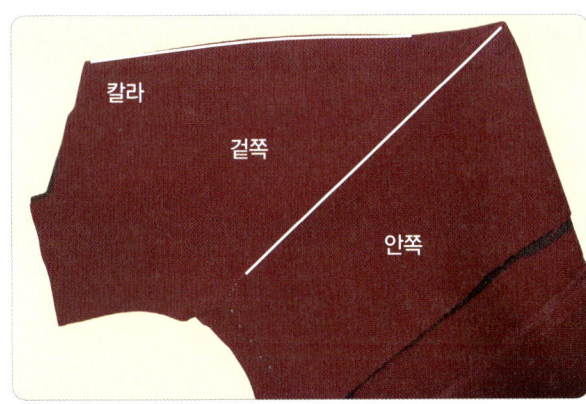

13 칼라는 겉쪽에서, 몸판은 안쪽에서 흰색 선을 따라 눌러 박음질하여 칼라가 들뜨지 않도록 한다. 겉쪽에서는 박음질이 보이지 않는다.

14 앞판과 뒤판을 합쳐서 어깨 박음질한다.

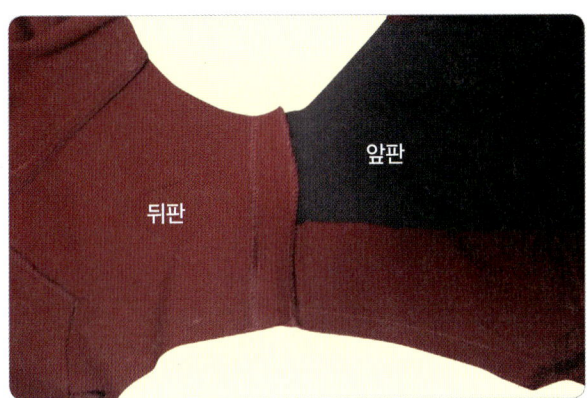

15 어깨는 가름솔로 하는 것이 좋다.

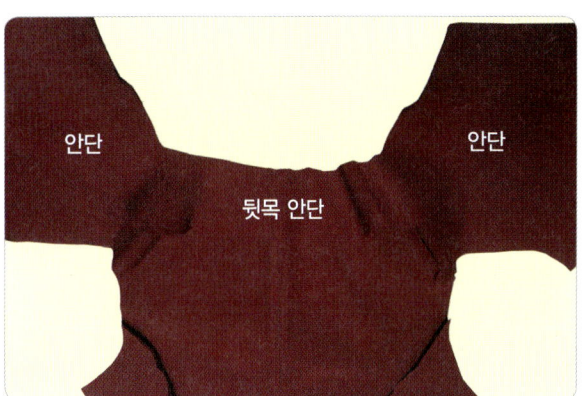

16 앞 안단과 뒷목 안단을 연결한다.

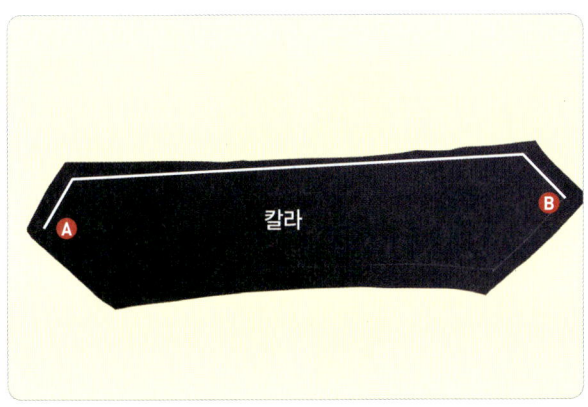

17 칼라는 흰색 선을 따라 박음질한디. ⒜외 ⒝선은 몸판 칼라 끝선이다.

18 칼라 뒷부분에 눌러 박음질을 해서 칼라가 들뜨지 않도록 한다.

19 검은색 점선 부분을 3~4 cm 정도 박음질할 선을 따라 앞뒤 잘 맞추어 접어 다림질한다.

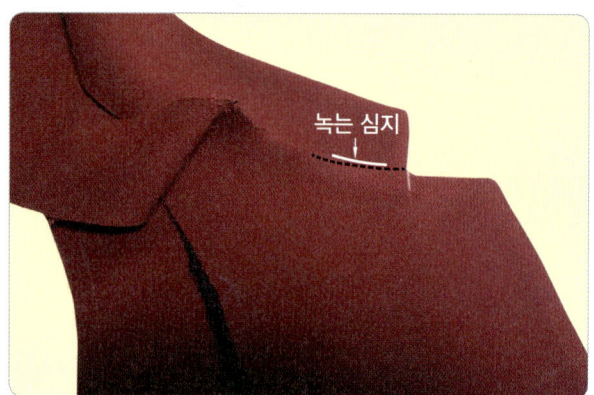

20 칼라를 몸판 칼라 부분에 끼워 넣고 녹는 심지(매직테이프)를 가늘고 짧게 잘라 넣고 다리미로 붙여 고정하거나 손바느질로 시침하고 안쪽에서 박음질하면 좋다.

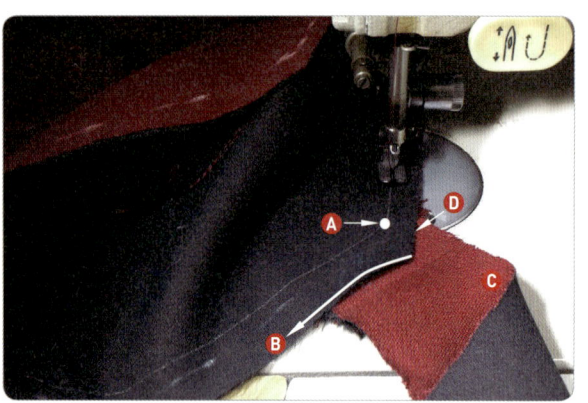

21 Ⓐ 흰색 점까지 박음질한 후 바늘을 꽂고 노루발을 들고 Ⓓ를 자른다. Ⓒ를 구부러지게 하여 Ⓑ와 Ⓒ의 면이 같아지도록 하여 박음질한다.

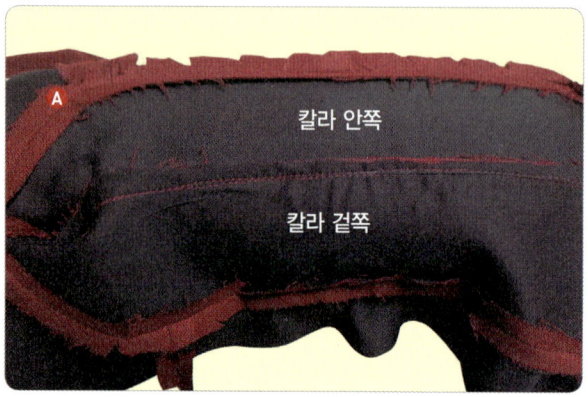

22 칼라 안과 겉이 몸판과 박음질된 모습이다. Ⓐ부분이 **21** Ⓓ의 잘라진 부분이다(4곳).

23 몸판이 완성된 안쪽 모습이다. ❶, ❺는 가름솔, ❷, ❸, ❹는 뉜솔이다.

24 여기까지 몸판 작업이 완성된 겉모습이다.

소매 만들기

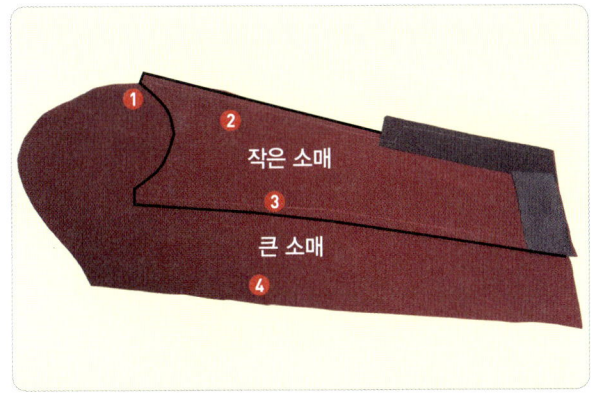

25 큰 소매를 ①과 ②를 합치고 ③과 ④를 합쳐서 박음
질한다.

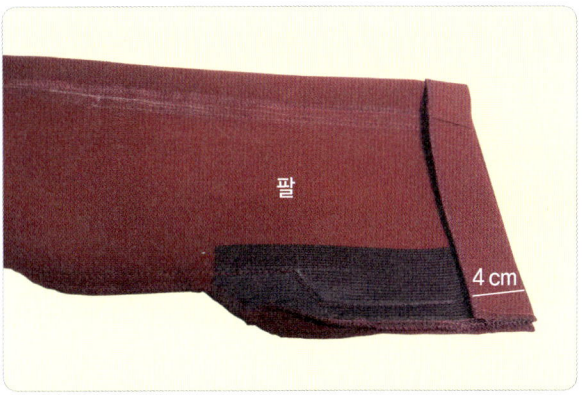

26 소매를 4 cm 접어서 다림질한다.

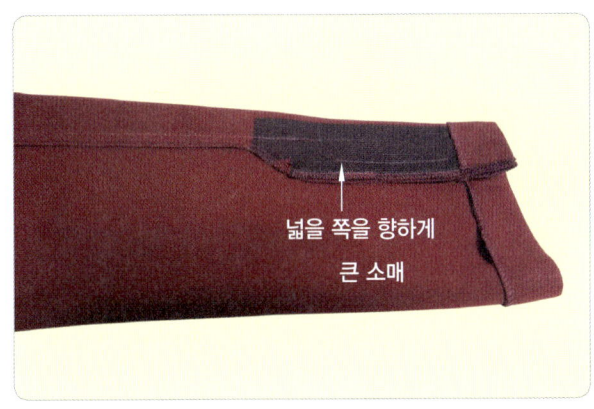

27 옆에 튀어나온 부분은 큰 소매 쪽을 향하여 다림질
한다.

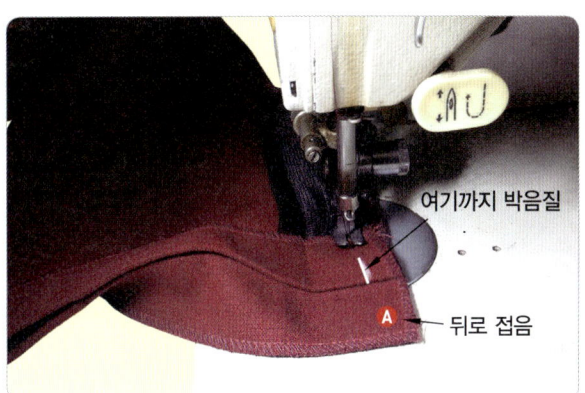

28 접은 것을 펴고 3장 박음질한다.

29 28의 ④는 집어서 겉면이 박음질되지 않게 4장을 합
쳐 박음질하든지 손바느질로 마감해도 된다.

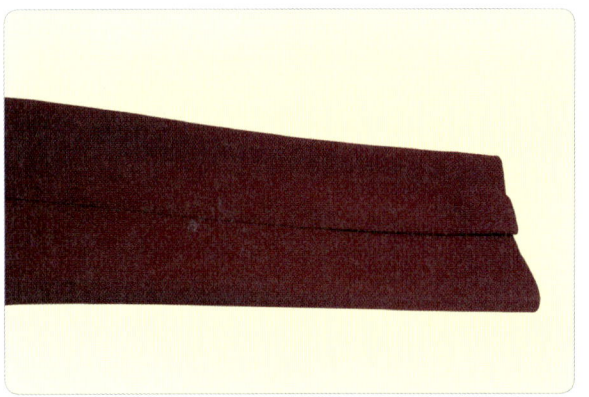

30 완성된 소매 겉모습이다.

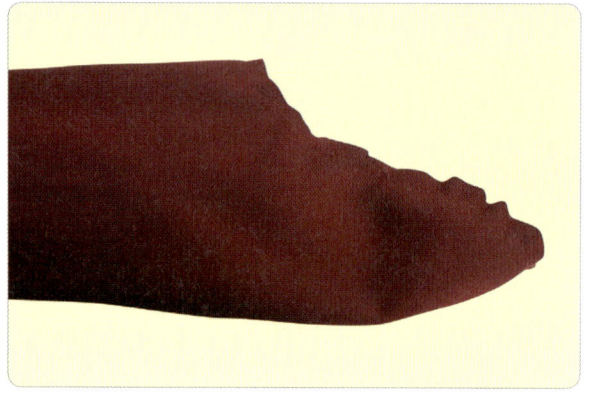

31 어깨 부분은 1 cm 여유분으로 동그랗게 박음질한 후 실을 당겨 주름지지 않은 셔링을 만든다.

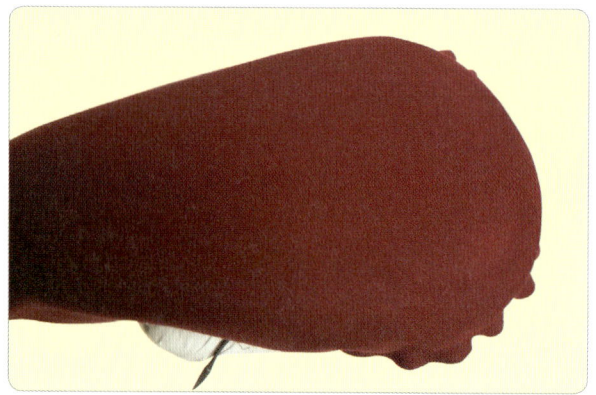

32 데스망 위에 올려 모양을 잡는다.

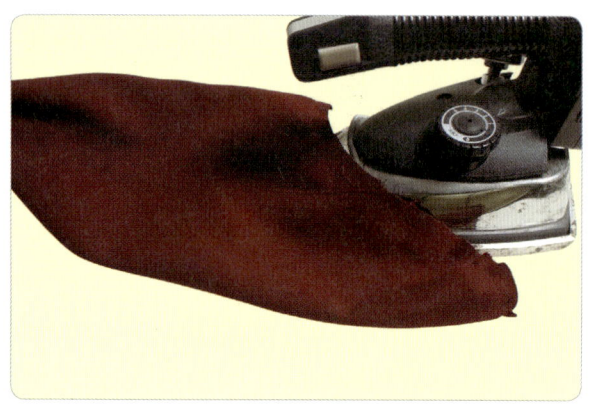

33 데스망이 없을 경우는 안쪽에서 위와 같이 좌우만 다림질해도 된다.

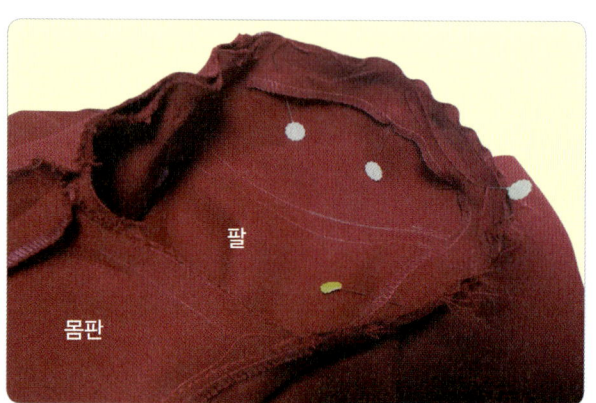

34 몸판과 팔을 맞춤선에 맞추어 핀으로 고정한다.

35 박음질할 때는 늘어나지 않도록 1 cm 실크 직선테이프를 살살 당겨 늘어지지 않도록 박음질하고 오버로크 처리한다.

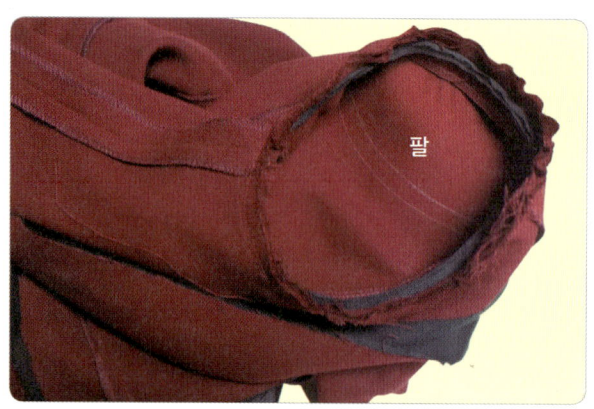

36 테이프를 사용하여 박음질한 모습이다.

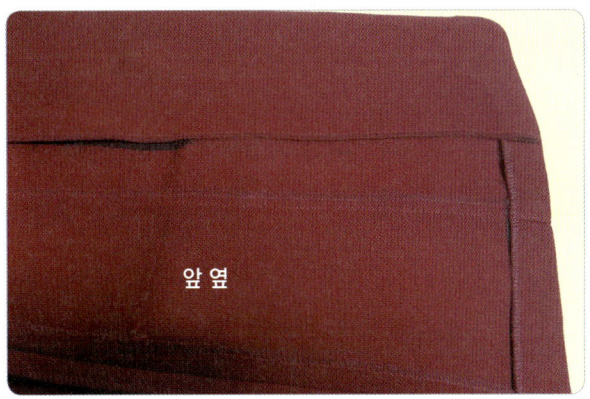

앞 옆

37 모든 봉제선은 오버로크 처리하고 길이는 4 cm 다림
질하여 손바느질한다.

38 완성 모습 (앞, 옆, 뒤).

오버로크는 봉제가 끝나면 그때그때 처리하는 것이 좋으며, 이번 재킷은 안감을 넣지 않고 만들었으므로 겉에서 전체 스티치로 눌러 박
음질하는 방법을 선택했다.

패턴을 그리지 않고
옷 만들기

2019년 5월 10일 1판 1쇄
2026년 4월 20일 2판 1쇄

저자 : 김남선 · 김수겸
펴낸이 : 남상호

펴낸곳 : 도서출판 **예신**
www.yesin.co.kr

(우) 04317 서울시 용산구 효창원로 64길 6
대표전화 : 704-4233, 팩스 : 335-1986
등록번호 : 제3-01365호(2002.4.18)

값 28,000원

ISBN : 978-89-5649-191-2